高等学校信息技术类新方向新动能新形态系列规划教材

教育部高等学校计算机类专业教学指导委员会 –Arm 中国产学合作项目成果

Arm 中国教育计划官方指定教材

arm 中国

U0233736

AI 与区块链智能

刘志毅／编著

人民邮电出版社

北　京

图书在版编目（CIP）数据

AI与区块链智能 / 刘志毅编著. -- 北京 : 人民邮电出版社, 2020.4（2023.4重印）
高等学校信息技术类新方向新动能新形态系列规划教材
ISBN 978-7-115-53236-7

Ⅰ. ①A… Ⅱ. ①刘… Ⅲ. ①人工智能－高等学校－教材②电子商务－支付方式－高等学校－教材 Ⅳ.①TP18②F713.361.3

中国版本图书馆CIP数据核字(2020)第005392号

内 容 提 要

本书主要讨论在智能经济的浪潮下，人工智能技术与区块链技术的范式变革与产业应用，以及如何从数字经济学视角理解智能经济发展的商业逻辑变化和它所带来的商业认知升级。全书包括从信息技术到智能经济、区块链技术应用与场景、人工智能技术应用与场景、智能经济时代的商业趋势四部分，共20讲内容。

本书通过跨学科研究，构建了一整套认知人工智能技术与区块链智能技术的方式。书中不仅从计算机科学视角讨论了技术与产业应用，还从经济学、管理学和信息技术哲学视角分析了技术应用所带来的商业逻辑的变化和商业认知的升级。本书在强调计算机科学技术带来的产业发展和生态变化的同时，还指出技术对经济的内在影响是通过复杂的系统演化逐步实现的。

本书可作为高等院校计算机科学、经济管理学等专业本科生或研究生的教材，也可供数字经济领域的研究者学习参考。此外，普通读者可将本书作为了解智能经济和数字经济学的一本通识类书籍来阅读。

◆ 编　著　刘志毅
责任编辑　祝智敏
责任印制　王　郁　陈　犇

◆ 人民邮电出版社出版发行　北京市丰台区成寿寺路 11 号
邮编　100164　电子邮件　315@ptpress.com.cn
网址　http://www.ptpress.com.cn
固安县铭成印刷有限公司印刷

◆ 开本：787×1092　1/16
印张：12　　　　　　　　　　2020 年 4 月第 1 版
字数：290 千字　　　　　　　2023 年 4 月河北第 5 次印刷

定价：45.00 元

读者服务热线：**(010)81055256** 印装质量热线：**(010)81055316**
反盗版热线：**(010)81055315**
广告经营许可证：京东市监广登字20170147号

编委会

拥抱亿万智能互联未来

在生命刚刚起源的时候，一些最最古老的生物就已经拥有了感知外部世界的能力。例如，很多原生单细胞生物能够感受周围的化学物质，对葡萄糖等分子有趋化行为；并且很多单细胞原生生物还能够感知周围的光线。然而，在生物开始形成大脑之前，这种对外部世界的感知更像是一种"反射"。随着生物的大脑在漫长的进化过程中不断发展，或者说直到人类出现，各种感知才真正变得"智能"，通过感知收集的关于外部世界的信息开始通过大脑的分析作用于生物本身的生存和发展。简而言之，是大脑让感知变得真正有意义。

这是自然进化的规律和结果。有幸的是，我们正在见证一场类似的技术变革。

过去十年，物联网技术和应用得到了突飞猛进的发展，物联网技术也被普遍认为将是下一个给人类生活带来颠覆性变革的技术。物联网设备通常都具有通过各种不同类别的传感器收集数据的能力，就好像赋予了各种机器类似生命感知的能力，由此促成了整个世界数据化的实现。而伴随着 5G 技术的成熟和即将到来的商业化，物联网设备所收集的数据也将拥有一个全新的、高速的传输渠道。但是，就像生物的感知在没有大脑时只是一种"反射"一样，这些没有经过任何处理的数据的收集和传输并不能带来真正进化意义上的突变，甚至非常可能在物联网设备数量以几何级数增长的情况下，由于巨量数据传输造成 5G 等传输网络的拥堵甚至瘫痪。

如何应对这个挑战？如何赋予物联网设备所具备的感知能力以"智能"？我们的答案是：人工智能技术。

人工智能技术并不是一个新生事物，它在最近几年引起全球性关注并得到飞速发展的主要原因，在于它的三个基本要素（算法、数据、算力）的迅猛发展，其中又以数据和算力的发展尤为重要。物联网技术和应用的蓬勃发展使得数据累计的难度越来越低；而芯片算力的不断提升使得过去只能通过云计算才能完成的人工智能运算现在已经可以下沉到最普通的设备之上完成。这使得在端侧实现人工智能功能的难度和成本都得以大幅降低，从而让物联网设备拥有"智能"的感知能力变得真正可行。

物联网技术为机器带来了感知能力，而人工智能则通过计算算力为机器带来了决策能力。二者的结合，正如感知和大脑对自然生命进化所起到的必然性决定作用，其趋势将无可阻挡，并且必将为人类生活带来巨大变革。

未来十五年，或许是这场变革最最关键的阶段。业界预测到 2035 年，将有超过一万亿个智能设备实现互联。这一万亿个智能互联设备将具有极大的多样性，它们共同构成了一个极端多样化的计算世界。而能够支撑起这样一个数量庞大、极端多样化的智能物联网世界的技术基础，就是 Arm。正是在这样的背景下，Arm 中国立足中国，依托全球最大的 Arm 技术生态，全力打造先进的人工智能物联网技术和解决方案，立志成为中国智能科技生态的领航者。

亿万智能互联最终还是需要通过人来实现，具备人工智能物联网 AIoT 相关知识的人才，在今后将会有更广阔的发展前景。如何为中国培养这样的人才，解决目前人才短缺的问题，也正是我们一直关心的。通过和专业人士的沟通发现，教材是解决问题的突破口，一套高质量体系化的教材，将起到事半功倍的效果，能让更多的人成长为智能互联领域的人才。此次，在教育部计算机类专业教学指导委员会的指导下，Arm 中国能联合人民邮电出版社一起来打造这套智能互联丛书—高等学校信息技术类新方向新动能新形态系列规划教材，感到非常的荣幸。我们期望借此宝贵机会，和广大读者分享我们在 AIoT 领域的一些收获、心得以及发现的问题；同时渗透并融合中国智能类专业的人才培养要求，既反映当前最新技术成果，又体现产学合作新成效。希望这套丛书能够帮助读者解决在学习和工作中遇到的困难，能够提供更多的启发和帮助，为读者的成功添砖加瓦。

荀子曾经说过，"不积跬步，无以至千里。"这套丛书可能只是帮助读者在学习中跨出一小步，但是我们期待着各位读者能在此基础上励志前行，找到自己的成功之路。

安谋科技（中国）有限公司执行董事长兼 CEO　吴雄昂

2019 年 5 月

序
二

人工智能是引领未来发展的战略性技术，是新一轮科技革命和产业变革的重要驱动力量，将深刻地改变人类社会生活、改变世界。促进人工智能和实体经济的深度融合，构建数据驱动、人机协同、跨界融合、共创分享的智能经济形态，更是推动质量变革、效率变革、动力变革的重要途径。

近几年来，我国人工智能新技术、新产品、新业态持续涌现，与农业、制造业、服务业等各行业的融合步伐明显加快，在技术创新、应用推广、产业发展等方面成效初显。但是，我国人工智能专业人才储备严重不足，人工智能人才缺口大，结构性矛盾突出，具有国际化视野、专业学科背景、产学研用能力贯通的领军性人才、基础科研人才、应用人才极其匮乏。为此，2018 年 4 月，教育部印发了《高等学校人工智能创新行动计划》，旨在引导高校瞄准世界科技前沿，强化基础研究，实现前瞻性基础研究和引领性原创成果的重大突破，进一步提升高校人工智能领域科技创新、人才培养和服务国家需求的能力。由人民邮电出版社和 Arm 公司联合推出的"高等学校信息技术类新方向新动能新形态系列规划教材"旨在贯彻落实《高等学校人工智能创新行动计划》，以加快我国人工智能领域科技成果及产业进展向教育教学转化为目标，不断完善我国人工智能领域人才培养体系和人工智能教材建设体系。

"高等学校信息技术类新方向新动能新形态系列规划教材"包含 AI 和 AIoT 两大核心模块。其中，AI 模块涉及人工智能导论、脑科学导论、大数据导论、计算智能、自然语言处理、计算机视觉、机器学习、深度学习、知识图谱、GPU 编程、智能机器人等人工智能基础理论和核心技术；AIoT 模块涉及物联网概论、嵌入式系统导论、物联网通信技术、RFID 原理及应用、窄带物联网原理及应用、工业物联网技术、智慧交通信息服务系统、智能家居设计、智能嵌入式系统开发、物联网智能控制、物联网信息安全与隐私保护等智能互联应用技术。

综合来看，"高等学校信息技术类新方向新动能新形态系列规划教材"具有三方面突出亮点。

第一，编写团队和编写过程充分体现了教育部深入推进产学合作协同育人项目的思想，既反映最新技术成果，又体现产学合作成果。在贯彻国家人工智能发展战略要求的基础上，以"共搭平台、共建团队、整体策划、共筑资源、生态优化"的全新模式，打造人工智能专业建设和人工智能人才培养系列出版物。知名半导体知识产权（IP）提供商 Arm 公司在教材编写方面给予了全面支持，丛书主要编委来自清华大学、北京大学、北京航空航天大学、北京邮电大学、南开大学、哈尔滨工业大学、同济大学、武汉大学、西安交通大学、西安电子科技大学、南京大学、南京邮电大学、厦门大学等众多国内知名高校人工智能教育领域。

从结果来看，"高等学校信息技术类新方向新动能新形态系列规划教材"的编写紧密结合了教育部关于高等教育"新工科"建设方针和推进产学合作协同育人思想，将人工智能、物联网、嵌入式、计算机等专业的人才培养要求融入了教材内容和教学过程。

第二，**以产业和技术发展的最新需求推动高校人才培养改革，将人工智能基础理论与产业界最新实践融为一体**。众所周知，Arm 公司作为全球最核心、最重要的半导体知识产权提供商，其产品广泛应用于移动通信、移动办公、智能传感、穿戴式设备、物联网，以及数据中心、大数据管理、云计算、人工智能等各个领域，相关市场占有率在全世界范围内达到 90%以上。Arm 技术被合作伙伴广泛应用在芯片、模块模组、软件解决方案、整机制造、应用开发和云服务等人工智能产业生态的各个领域，为教材编写注入了教育领域的研究成果和行业标杆企业的宝贵经验。同时，作为 Arm 中国协同育人项目的重要成果之一，"高等学校信息技术类新方向新动能新形态系列规划教材"的推出，将高等教育机构与丰富的 Arm 产品联系起来，通过将 Arm 技术用于教育领域，为教育工作者、学生和研究人员提供教学资料、硬件平台、软件开发工具、IP 和资源，未来有望基于本套丛书，实现人工智能相关领域的课程及教材体系化建设。

第三，**教学模式和学习形式丰富**。"高等学校信息技术类新方向新动能新形态系列规划教材"提供丰富的线上线下教学资源，更适应现代教学需求，学生和读者可以通过扫描二维码或登录资源平台的方式获得教学辅助资料，进行书网互动、移动学习、翻转课堂学习等。同时，"高等学校信息技术类新方向新动能新形态系列规划教材"配套提供了多媒体课件、源代码、教学大纲、电子教案、实验实训等教学辅助资源，便于教师教学和学生学习，辅助提升教学效果。

希望"高等学校信息技术类新方向新动能新形态系列规划教材"的出版能够加快人工智能领域科技成果和资源向教育教学转化，推动人工智能重要方向的教材体系和在线课程建设，特别是人工智能导论、机器学习、计算智能、计算机视觉、知识工程、自然语言处理、人工智能产业应用等主干课程的建设。希望基于"高等学校信息技术类新方向新动能新形态系列规划教材"的编写和出版，能够加速建设一批具有国际一流水平的本科生、研究生教材和国家级精品在线课程，并将人工智能纳入大学计算机基础教学内容，为我国人工智能产业发展打造多层次的创新人才队伍。

教育部人工智能科技创新专家组专家

教育部科技委学部委员　　　　　　　焦李成

IEEE/IET/CAAI Fellow　　　　　　　2019 年 6 月

中国人工智能学会副理事长

前言

进入 21 世纪以来，随着人工智能、大数据、区块链、云计算等技术的发展，智能经济逐渐成为全球科技创新最重要的领域。在众多的技术概念中，影响最为深远且受关注度最高的当属人工智能技术与区块链智能技术（以下简称区块链技术），前者定义了整个智能经济发展的基本技术范式，后者则逐渐成为"下一代互联网"技术的重要代表之一。考虑到我国现阶段正在借助智能化和信息化技术进行经济发展的新旧动能转换，我们可以认为掌握智能经济领域的上述两种技术范式的基本概念和应用是智能时代科技人才的基本素养之一，也是理解智能时代科技创新和产业变革的重要前提。因此，我编写了《AI 与区块链智能》这本书。

有别于传统教科书的编写方式，我在编写本书时通过跨学科研究和以具体技术实践案例为主的方式，为读者梳理了相应技术的发展思路和应用趋势。全书分为四个部分共 20 讲，每 1 讲都针对一个特定的主题进行讨论，力求系统而又深刻地帮助读者了解人工智能技术与区块链技术的影响和应用场景；四个部分也比较完整地从技术、应用和商业逻辑等多个层面对人工智能技术与区块链技术进行了讨论与分析，为读者梳理出了系统性的知识体系。

第一部分"从信息技术到智能经济"主要讨论了在智能经济时代的大背景下，人工智能技术与区块链技术是如何发展起来的，尤其是区块链技术的原理、演化以及如何与人工智能技术进行融合。第 1 讲内容从信息技术的哲学视角帮助读者建立了理解信息技术的基本框架。后面 4 讲内容则讲解了区块链技术的基本原理与概念，以及区块链技术与人工智能技术之间的关系，帮助读者建立对这两种技术相互关系的基本认知框架。

第二部分"区块链技术应用与场景"重点讨论了区块链技术在金融与非金融领域的应用。由于区块链技术与金融行业的发展密切相关，因此，第二部分专门讨论了其在支付清算、供应链金融以及资产数字化等方面的应用。值得注意的是，我之所以在这里采用"区块链智能"的概念，是因为区块链技术正在从一种主要应用于金融领域的创新技术转变为能够应用于实体经济和智能经济等各个领域的创新技术，"区块链智能"可以反映我们对区块链技术发展的内在逻辑的认知。因此，书中关于区块链技术的应用案例涉及金融科技、数字版权、物联网等多个领域，充分反映了区块链技术的"智能"属性，也反映了区块链技术正在逐渐进行"脱虚向实"的转变。

第三部分"人工智能技术应用与场景"讲述了人工智能技术的基本概念、发展历史、前沿算法和产业生态，力求帮助读者建立起对人工智能技术发展的系统化认知。在这一部分中专用一讲内容讨论了人工智能芯片行业的发展，这不仅是因为芯片是人工智能技术可能实现突破性发展的最受关注的领域，也是因为人工智能芯片行业代表了整个智能经济发展的基本技术能力，其是信息技术创新和发展最重要的领域。这一部分的最后两讲具体讨论了人工智能在各个领域的应用，包括医疗、金融、机器人、智能制造等。丰富的应用领域恰好反映了我们对智能化技术的重要性的认知：人工智能技术推动了数字经济向智能经济发展。

第四部分"智能经济时代的商业趋势"从商业组织的变革以及科技行业的商业变化趋势角度讲解了技术的发展。从智能组织的新范式、智能商业的生态与模式，到下一代共享经济与区块链技术、价值网络的创新以及未来的趋势，都是基于技术和经济互相内嵌并相互影响的逻辑去梳理的。在我们理解新技术和新概念的时候，不能停留在概念表面，而是需要从更加宏观的、系统的、跨界的视角来审视概念背后的经济学逻辑，本书就从经济学的视角分析了智能经济时代最重要的两类技术的发展。作为数字经济学理论的创立者，我将在本书中尽量采用通俗易懂的方式来帮助大家从经济学和计算机理论交叉的视角分析技术的经济学价值和二者之间的内在关联。

以上就是我对全书内容的基本概述。在此，我由衷感谢同济大学人工智能与区块链智能实验室的刘儿兀教授，是刘教授的认可和举荐让我有机会撰写这本具备探索创新价值的人工智能领域的专著；感谢人民邮电出版社的高级策划编辑祝智敏老师，正是祝老师的坚持和专业才使得这本书能够呈现出我们认为的最好的样子；最后感谢 Arm 中国的支持，正是由于 Arm 中国的加入，这样一本专注于讨论前沿技术基本原理和产业实践的专著才能够快速面市。

人工智能技术已经发展了 60 余年，区块链技术也在 10 多年前诞生了。我们正处在智能经济时代发展的开端，因此，我们对知识的态度应该是更加开放包容的，我们对科技创新应该具有更大程度的热情和坚持。本书撰写之时，我国将区块链作为核心技术自主创新的重要突破口，加快推动区块链技术和产业创新发展。本书将作为一本入选高等院校教材体系的探讨区块链技术的专著面世，毫无疑问，我也很欣喜能够看到这样的成果诞生于自己的学术生涯中。作为一名数字经济学者，我非常幸运能够看到智能化技术正在重塑工业时代的经济系统，推动社会发展和经济进步。希望这本书对智能经济时代的发展有所助益，对每个想要理解智能商业的读者都有所帮助，这是我作为一名学者最朴素的愿望。

由于个人能力所限，书中难免有所遗漏，恳请同行专家及读者批评指正。期待未来我们能够共同在智能经济的浪潮中发挥出自己的价值，成为这个时代走在科技创新前沿的"智识分子"。

刘志毅

2019 年 11 月于同济大学

目录
CONTENTS

第一部分 从信息技术到智能经济

本部分的目标是帮助读者梳理概念、理解原理和建立框架。具体来说，主要是从"信息"的角度讨论从信息技术到智能革命的发展逻辑。理解信息技术革命的关键，首先要对基本的定义和概念有深刻的认知，因此，我们在第 1 讲从信息技术哲学的角度对"信息"的概念进行了探讨。接着对新一代的网络技术——"区块链"的原理、应用和所涉及的加密经济学进行介绍，目前是从技术的本质、技术的原理和技术的经济学思考三个维度来帮助读者认识区块链这一新兴技术。需要强调的是，我们在此更多地是从网络化的信息技术角度来理解区块链的，而不是从金融科技的角度来理解的，因为区块链技术的核心价值就是指明了作为"价值网络"的信息化技术的重要方向。

除此之外，本部分还初步讨论了人工智能技术的概念和人工智能技术与区块链技术的融合方向。我们认为，区块链技术如果想要得到大规模的产业化应用，那就一定要与人工智能进行融合。如果说人工智能是信息技术中最重要的"能源技术"之一，那么区块链技术可能就是下一阶段最重要的"管道技术"之一，只有同时拥有能源和管道，才能真正推动信息网络技术在产业互联网终端获得更加广泛的实践和更加系统的应用。

第1讲 信息技术与信息技术哲学

进入 21 世纪之后，人工智能、物联网、云计算、大数据、区块链、5G 等技术推动着万物互联、万物智能时代的到来，我们的社会正经历着一次技术革命。与以往的技术革命不同的是，这次技术革命改变了人类社会的基本结构和人们的心智模式。无论是已经改变了社会经济运行规则的互联网技术，还是正在蓬勃发展的人工智能、物联网与大数据技术，或者是将要改变社会的区块链、量子计算等技术，都在这次以信息技术为核心的技术革命中改变了人类社会的基本结构，同时也改变了人们对外部世界的认知。因此，我们要理解这些技术的本质和它们对社会经济运行所产生的影响，就必须理解信息技术的概念及其背后的思想，也就是信息技术原理与信息技术哲学。我们在全书的第 1 讲（即本讲）中，主要就来讨论信息技术哲学的基本范式，以及信息技术哲学的思想对信息技术发展的影响。

从人类文明发展的角度来看，人类在完成工业革命和启蒙运动之后，学会了通过劳动分工和相互协作创造现代文明，进而使得古典主义时代的以自然和神为中心的农业文明转向以人类自己为中心的工业文明。从农业文明向工业文明转型的过程中，人类不仅进行了生产方式的变革，还以技术为基础对整个社会的制度安排和生产关系进行了改造，重新塑造了政治、经济、文化、法律等体系。我们当下正在经历从工业文明向信息文明的转型，其核心是以数字化、网络化和智能化的技术方式来变革以往的生产方式与生产关系，并颠覆工业文明所塑造的传统的技术观念和思维方式。现代科技虽然已融入我们的日常生活，但是社会的主流思维方式、制度安排以及社会形态还受工业文明的影响。因此，如果说工业文明把人们从自然和神的桎梏中解放了出来，让人们能够从现代化的思考回归到对文明本身的理解，那么，信息文明就是让人们重新认知自我、认识人与自然的关系。技术不仅能改造自然，还能重新定义生命！智能时代，生命的内涵也会因为技术的发展而产生新的变化。从哲学角度来说，信息文明将解构基于工业文明形成的二分法的理念，使得实在与虚在、主体与客体、公共空间与私人空间、人文主义与科学主义、工具理性与价值理性等多个概念重新被定义。我们需要以全新的认知方法和能力去认识外部世界。为此，我们将首先从信息技术哲学角度来讨论信息文明中的"信息"的概念和技术的本质。

1.1 信息技术哲学概述

显而易见，过去三十年间，改变社会最重要的技术是以计算机和互联网为代表的信息技术。"数字经济""互联网+""社交网络"等极大地丰富了过去数十年间人们的生产和生活。以我国互联网的发展为例，可以说正是互联网（尤其是移动互联网）的发展深刻地影响和改变了整个社会。对创业创新的关注，也正是在互联网发展的浪潮中被不断地加强的。从宏观角度来说，互联网技术改变了传统经济的生态，数字化和智能化是在网络时代才真正得以逐步普及的。同以往的技术相比，信息技术的奇妙之处在于，它不仅改变了人们生存和物质生活的基本方式，也改变了人们的价值观和精神生活，造就了新时代的思维方式和生活哲学，对未来人类文明和社会发展的趋势具有决定性的影响。因此，研究未来信息社会的发展，应从信息技术范式带来的改变开始。

当信息技术从消费、生产逐渐延伸到个人生活的各个角落时，人们的精神生活发生了改变，理解世界的哲学也就发生了改变。从哲学角度探讨信息技术，就是从根本的世界观和认识论上研究技术：一方面是研究信息技术时代的内在价值观的演变，另一方面是研究信息技术对未来文明改变带来的认识论的影响。由此可知信息技术哲学的研究使命：将信息技术的研究从社会意义和人文影响提升到哲学的高度，用研究哲学的方法论来研究信息技术引发的哲学思考，包括利用本体论、认识论以及分析哲学等对其进行探索，以构建一整套理解信息技术的哲学逻辑。

在研究信息技术哲学之前，我们要树立一个基本认知：特定的时代（或者特定的文明）会产生特定的哲学，特定的哲学包含了这个时代人们对世界的基本认知和价值观。我们身处信息时代，我们要研究的信息技术哲学与传统的哲学有很大的区别，这一区别之所以能存在，不仅是由于传统的哲学理论无法解释信息技术带来的新问题和新思想，还因为信息技术哲学根植于技术本身，其所关注的课题也往往与传统哲学有着很大的差异。信息技术哲学的特质是探讨信息技术带来的已经发生或将要发生的所有关于新世界图景的想象和思考。不同于近代哲学的二元对立和后现代哲学的解构与分析，信息技术哲学在自然与人、技术与人、物质与心灵、实践与认识、理性与情感等之间造就了更为紧密的联系，使这些传统的二元对立趋向于对接，形成主客体、主客观融合度更高的世界。如果说信息技术带来的是实现传统世界从分裂到融合的技术纽带，那么信息技术哲学就继承了这样的特质，将传统哲学中的二元对立在解构之后进行融合，并从技术、制度、思维方式等多个维度对其进行探讨。传统哲学的研究方法是自上而下地探索。信息技术哲学来源于从技术到社会再到思想"涌现"这一过程。这决定了我们研究信息技术哲学的方法论与研究传统哲学有所差异，对研究者的基本素养也有了更高的要求。

我们可以从两个角度对信息技术哲学进行探索：一个是从哲学的角度去看待信息技术范式的演化，另一个是从信息技术范式演化带来的影响这一角度去理解哲学。

前者的方法论是将哲学理论作为分析的工具，对信息技术的本质和价值进行研究，形成与信息技术相关的哲学思考系统，进而建立起一套理解信息技术的"哲学思维"。因此，我们要研究信息技术哲学，就需要有研究哲学的理论知识体系，其中包括但不限于分析哲学和现象学的后现代流派的思想，传统经典哲学主要研究的本体论和认识论，以及社会哲学、生物哲学、数学哲学、人本哲学等。这也是建议做信息技术研究的学者充分涉猎哲学思考的原因所在，唯有如此，我们才能深刻地认识技术的本质和影响。

后者则是从信息技术范式演化的角度来理解它对哲学领域的影响，尤其是对人类社会价值观和时间观的影响，如人工智能技术带来的关于信息伦理的讨论。信息技术对哲学领域的影响主要表现为出现了一系列在传统哲学中没有讨论过的、结合了技术概念的哲学问题，如"赛博空间""人机共生""计算机伦理"等话题。

如果说前者是对信息技术哲学的反思，那么后者就是对信息技术哲学的前瞻。通过探讨和反思前瞻的理论，我们才能基于归纳和演绎的基本方法对信息技术哲学进行充分地研究和思考。

在理解信息技术哲学时，我们可以重点运用双重视角研究方法，如我们从本体论视角分析信息技术的实在性特征时，可以理解信息技术构成"虚拟实在"的基本逻辑；我们从现象学的角度分析信息技术时，可以看到传播技术的"在场效应"的发展脉络；我们从伦理学的角度分析信息技术时，可以看到人工智能伦理学中所涉及的关于"机器伦理"的问题……简而言之，双重视角研究方法是信息技术发展的必然产物，也是学术研究过程中实现从抽象到具体、从理论到实践的重要方法。换言之，正是因为信息技术的巨大影响力，信息技术哲学才可能成为未来最重要的哲学研究方向之一，也应该成为所有研究信息技术的学者都涉猎的研究方向。从这一角度来说，我们从信息技术哲学入手探讨技术范式的变化正好可以切中信息技术研究的要害。信息技术哲学是信息技术范式与哲学互相影响所塑造的新学科，而在对哲学本质进行思考的过程中，信息技术所"隐蔽"的关于人类思想和文明的底层真相才被我们真正地"解蔽"出来，进而得知事物发展背后的本质。

最后，我们将介绍牛津大学哲学与伦理学教授卢西亚诺·弗洛里迪（Luciano Floridi）基于信息技术哲学定义的信息与通信技术相关的概念，主要是信息圈（infosphere）和再本体论化（re-ontologize）这两个概念。信息圈是基于"生物圈"的概念提出来的，它指由所有信息化实体及其属性、互动、处理与相互关系所构成的信息化环境。由于包括线下和模拟的信息空间，因此信息圈是一个远高于网络空间范畴的概念。换言之，信息圈可以理解为信息化本体论的实在或者存在的同义词，即某种具有语义属性的同时又具有本体属性的事物。所谓再本体论化，即通过信息技术从根本上改变原有事物的固有本性的方式，如纳米技术与生物技术能让事物再本体论化。

通过对上述两个概念的理解，我们可以建立一种根本认知，即利用信息技术对信息圈进行再本体论化，可获知信息技术所有问题的根源所在。再本体论化最明显的方式是从模拟信号到数字信号的转换。在工程实施中，通过一系列的信息技术要素，如软件、算法、数据库和协议等，将外部对象纳入信息圈，进而成为信息圈内部的实体与能动者，即可逐渐构成我们所看到的信息空间。换言之，信息技术的应用既是实体世界的再本体论化，又是新世界的创造过程。因此，现实和虚拟之间的界限会逐渐模糊起来，这一点也会成为信息时代最大的特质。

1.2 技术哲学视角的信息

信息技术哲学作为新兴学科从学科属性上与技术哲学和传播学关系最为紧密，因此我们从技术哲学和传播学角度分别来探讨信息技术哲学的内涵和外延。前者决定了信息技术哲学的研究范畴，后者决定了信息技术哲学的内在价值。

首先我们从技术哲学角度来讨论，由于信息技术哲学的重点研究对象是当代信息技术，尤其是互联网、大数据、人工智能、虚拟现实、区块链等，因此我们将技术哲学放在了技术的当代形态中进行研究。也就是说，基于当代技术的主要范式是信息技术，因此技术哲学的当代范式就是信息技术哲学。从托马斯·库恩（Thomas Kuhn）的科学范式理论来说，技术范式的演变推动了哲学范式的演变，正因为信息技术的范式演化导致了技术哲学的范式演化，使得技术哲学有了新的主题和方向。

在这一框架与逻辑下，我们看到技术哲学出现了所谓的"后现代转向"，这种转向不仅使技术哲学拥有了当代哲学的诸多特质，如解构、多元和语义化，而且使得技术哲学将"信息"作为研究的主体，信息的内涵和外延得到了非常大的扩展，因此信息技术哲学汇聚了当代技术哲学转向后的各种内在要素。这里将引用我在以往的研究中关于信息技术哲学的讨论，来大致说明信息技术哲学中"信息"的含义。

我们从本体论、信息论和认识论3个维度讨论信息概念演变的过程。

从本体论角度讨论，就是讨论本体自身产生的信息的内涵。从信息论角度讨论，就是从通信科学相关的理论思想进行讨论。从认识论角度讨论，就是讨论信息的认识论转向过程和经验主义哲学在信息概念演变过程中的作用。

（1）首先我们讨论信息的本体论内涵，这是信息在一般意义上的概念。本体论层次的信息可以理解为两个层面：第一是"形式"，第二是"知识"。信息（information）这个词的英文字面意思是"赋予某物以形式的行动"，也就是说有两层哲学含义："赋予质料以形式的行动"和"传授知识给他人的行为"。前者偏向于本体论，后者偏向于认识论。

注意，"形式"这个词实际上是古代西方哲学中的一个重要的理论概念，尤其是在古希腊哲学中，无论是德谟克利特（Democritus）还是柏拉图（Plato），都将形式作为最重要的哲学概念进行研究，如柏拉图的"理念论"和亚里士多德的"只有理念世界是真实的"理论，都涉及形式概念的讨论。而到了中世纪，哲学家或者神学家们通常也将 information 一词同古希腊的"形式"对应起来，如圣·奥勒留·奥古斯丁（Saint Aurelius Augustinus）在《论三位一体》中发展了柏拉图的知觉理论，认为视觉过程包含外在世界的物质形式和通过视觉感知的 information 印在心灵中的形式。因此，"形式"是理解信息概念不可缺少的一部分。

另外一个本体论的维度就是将信息理解为知识，即确定性信息。其基本特质就是本体信息是客观存在的事物、事件或者过程，它既可以是事物本身，也可以是事物的运动状态或变化方式。知识是通过感官知觉获取的，这也就是中世纪大学体系里形成的一个基本理念，即塑造学生对感官知觉的信息获取能力。人工智能通常从"知识"的角度理解信息，将信息视为一系列知识术语的集合，通过对可共享的概念进行显性地描述，实现了信息检索、信息访问等功能。

（2）从信息论角度理解信息。这里主要涉及信息论的奠基人克劳德·香农（Claude Shannon）和控制论的奠基人诺伯特·维纳（Nortert Wiener）的工作。香农将信息定义为不确定性的消除，他认为通信的本质在于获取信息以降低人类心灵关于某事的不确定性。当然，也可以理解为信息就是通过知识的获取来减少接受者的主观认知状态的不确定性。

因此，通信理论的基础就在于从发送者传递到接受者的信息减少了接受者的不确定性，一方面这个概念强调了信息的语义内涵，认为信息携带的消息内容减少了接受者关于某事的主观认知状态的不确定性，另一方面，由于信息的存在，个人内在心灵认知状态的不确定性被转换为个人外在选择的不确定性，通过这个转换人们可以对信息进行客观地测量，因此完成了信息的科学化，信息的哲学意味就被科学"测量的艺术"所替代了。控制论的奠基人维纳在《人有人的用处：控制论与社会》一书中写道，"信息就是我们在适应外部世界，并把这种适应反作用到外部世界中，以同外部世界进行交换的名称"。维纳认为人与外部环境交换信息的过程都可以被当作是一种广义的通信过程，因此，人与人、机器与机器、人与自然物等不同对象都可以进行信息传递和交换，这就是维纳建立控制论科学的基本逻辑之一。

另外，维纳也认为信息是负熵，即有序程度的度量。"熵"，在物理学中是系统混乱程度的度量，我们所了解的热力学第二定律，即在孤立系统中，体系与环境没有能量交换，体系总是自发地向混乱度增大的方向变化，进而使整个系统的熵值增大，即孤立系统一直在不断地熵增，整个宇宙也一直在不断地熵增。从这个角度看，信息的价值在于抵抗熵增，将无序变得有序。总之，从信息论角度理解信息的核心在于：一方面要看到信息概念的科学化，即信息逐渐成为可以精准测量的对象，另一方面要看到信息和负熵之间的联系，我们可以认为只有信息能帮助我们储备知识，从而对抗熵增，实现个人或者社会价值的提升。

（3）从认识论角度讨论信息。如果考虑到信息从产生、认识、获取到应用都离不开人，那么就可以将信息定义为主体所感知或者表述事物存在的方式和运动状态，这就是信息在认识论层面的本质。

现在我们知道信息的本质有本体论和认识论两个层面的含义，而从西方哲学完成了从本体论到认识论的转向开始，学者们不再探讨世界的本质是什么了，而是开始探讨我们如何在这个世界中获取知识，结果就是"宇宙由形式组织的观念变得声名狼藉，这种'使形式化'的语境由物质转换到了心灵"。因此，信息的本体论逐渐被遗忘，并逐步转换到了认识论的研究中。

信息被经验主义哲学家们认为是"感官碎片化"的、不会变动的外在物质，信息从神圣秩序的宇宙中坠落为由微观粒子运动所产生的系统的一部分，从形式结构转变为实物，从理智秩序转换为感觉刺激。因此，我们可以看到在很多涉及科学和商业的领域中，信息成为了一个单纯外部知识输入的对象，而并不包含其本体论的哲学意味，如博弈论、信息经济学等学科的发展都是从认识论的角度去理解信息的外部性的，而现在所谓的"信息时代"更多地强调的也是信息作为外部环境的演变，而不是信息内在形式的逻辑。

基于以上对信息概念的梳理，我们可以将整个信息革命理解为将所有"原子世界"的信息转移到"比特世界"的过程，因此所有技术就获取了价值。

简单总结：信息=数据+意义，其中"数据"取决于信息的总量和链接的节点，"意义"取决于关系的价值和信息的价值。因此，我们看到计算机技术发展的内涵就在于：一方面通过节点和容量的增加获取数据的数量（大数据、互联网与物联网），另外一方面通过智能算法和加密手段提升信息的意义（人工智能与区块链）。

然后，我们从传播学的角度来理解信息哲学，这里需要简单地了解"信息方式"和"哲学方式"之间的关系。所谓信息方式就是信息技术发展所带来的信息处理、生产和传输的不同方式，也就是信息技术的现实表达。所谓哲学方式，就是信息技术改变社会、文明和世界观导致的信息技术的意义表达。从传播学的角度看，马歇尔·麦克卢汉（Mershall Mcluhan）和马克·波斯特（Mark Postar）将信息方式区分为"口语时代""印刷时代"和"电子时代"，不同的信息传播方式塑造了不同类型的哲学，而"电子时代"塑造的是后现代哲学，信息技术哲学正是其中最重要的技术哲学范式之一。

另外，媒介的变化会改变人们认知世界的方式，如随着互联网的发展，我们看到网络结构成为理解世界的重要方式。网络意味着非线性结构对线性结构的消解、关系对实体的消解、现象对本质的消解以及情境对定义的消解，我们看到后现代的表达方式不仅出现在各种网络媒介之中，也出现在人们认知世界的方式之中。正如媒介哲学家沃尔夫冈·希尔马赫（Wolfgang Schirmacher）所说："IT 是一种人工自然，是一种后现代技术，我们用它得以自由地生活在一种没有预先决定的、游戏般的、富有审美的境界之中。"因此，我们可以理解信息革命改变了哲学家认知世界的方式，尤其是改变了哲学中对思维、意识、经验、推理、知识等话题的研究。可以说信息技术的概念和方法正成为后现代哲学的"解释学"，形成了哲学家们对世界的新的解释逻辑，成为一种理解信息技术的"元认知"。

最后，我们从信息技术哲学的分科来看，一门学科的发展前提就是要拥有很多分支学科，信息技术哲学也需要相关的哲学研究分支学科。如科学哲学中，最重要的技术哲学除了"信息技术哲学"之外，还包括"生物技术哲学""纳米技术哲学"和"认知技术哲学"，形成了所谓"四大会聚技术"。而信息技术哲学则包括很多具体的技术范式领域的研究，如计算机、物联网、人工智能、新媒体等，从而形成了相应的"计算机哲学""物联网哲学""人工智能哲学""新媒体哲学"等，由此构成了更微观的或更下一级的分支信息技术哲学。由此可见，信息技术哲学的分支学科的内涵就是可以通过不同的技术范式构建不同的分支，使其能够覆盖所有的技术领域，这一方面使信息技术哲学的内涵被拓宽，另一方面使信息技术哲学具备了更好的适应性和实用性。

这里要解释下所谓技术的"会聚"现象,由纳米、生物、信息和认知四种技术所组成的"NBIC会聚技术"是 21 世纪提出的新概念,指的是四个迅速发展技术领域的协同与融合的现象。会聚技术可以通过不同技术的融合与交叉发挥单个技术无法发挥的功能,形成集合与协同的作用。正是由于技术的会聚现象,信息技术哲学也可以通过与其他分支技术的会聚形成交叉学科的哲学探讨。一方面我们知道信息作为一种新的人工制品,是一种杂糅物,本身就具备易于融合的特质,另一方面信息技术哲学也具备了影响其他学科的作用,为我们探索新领域的哲学思考提供了基本的研究路径。

1.3 信息技术哲学的意义

在讨论了信息空间的本质以及信息的技术哲学概念之后,我们还需要探讨信息技术哲学的具体影响和价值。下面,我们将从信息技术哲学对哲学发展的意义、对技术发展的意义以及对社会发展的意义 3 个角度讨论这个问题。

(1)首先讨论信息技术哲学对哲学发展的意义。信息技术哲学虽然是一个非常细分的哲学分支,但是,由于它具备了上文所探讨的融合及与技术发展强相关的特质,因此,对信息技术哲学的研究,一方面可以体现哲学的丰富性与深刻性,另一方面可以体现哲学的具体性和多元性,由此延续了传统哲学的生命力。

这里需要关注的一个重点是信息技术自身的特质导致其很容易过渡到哲学的研究。当今社会,人们都在使用信息技术认知外部世界,因此,它的媒介作用就很自然地过渡到了各种使用场景中。信息技术从根本上改变了我们所处的这个复杂世界的基础,并在这个过程中不断调整人类与物质现实和文化现实的体验和联系。正是基于这个逻辑,泛计算主义思潮才成为了新的理解世界的形而上学(所谓"计算主义"就是认为所有的物理系统都是计算系统,宇宙本身也是一个巨大的计算机)。

这种泛计算主义思潮来源于"计算机之父"康拉德·楚泽(Konrad Zuse),正是他将数字计算模型推广到了宇宙论的尺度,后来的学者弗里德金(Fredlcin)将这个构想进行延伸,把宇宙设想为一个巨大的元胞自动机(Cellulan Automation,CA)。这种观点在早期主要来自于对图灵机模型的思考,即将宇宙理解为时空离散的,把宇宙中的计算映射为数字计算。正是由于这样的思想,我们才构建了整个信息技术发展的基本模型。

除此之外,我们看到信息技术的发展很容易涉及不同领域的哲学问题。信息技术发展中的其他技术范式,如虚拟现实,使得我们很自然地研究哲学上的"实在与虚在""多重身份认同"等关于本体论的形而上的问题。信息技术中脑机接口等技术的发展,也涉及哲学中的认识论尤其是关于人的自由意志问题,这是以往的经典哲学中最重要的哲学辩题之一。除此之外,关于计算机硬件和软件的讨论、人工智能与人类之间的伦理关系等都引发了哲学中关于人类的基本世界观和哲学的反思。换言之,信息技术作为一个哲学问题的"多发地带",是一个可以带给我们前所未有的哲学启迪的新源头,其也使"信息技术"的哲学解释和影响力在时空维度上得到了空前的扩展。信息社会已然打造了焕然一新的新世界,使得前所未有的现象和经验成为可能,为我们提供了极为强大的工具和方法论,并提出了非常宽广和独特的问题与概念,在我们面前展开了无穷的可能性。不可避免地,信息革命也深刻地影响了哲学家从事研究的方式,影响了他们如何思考问题,影响了他们考虑什么是值得考虑的问题,影响了他们如何形成自己的观点甚至是所采用的词汇。简而言之,哲学和信息技术之间的互动使得哲学的生存空间得到了极大地延展,也使得哲学的研究成果可以拓展到人类文明和未来底层的思考,因此,哲学获得了"新的生命力"。

(2)接下来讨论信息技术哲学对技术发展的意义。通常来说,哲学与科学之间的关系是非常紧密的,正是哲学对终极问题的思考导致了人们认知世界方法的变革,从而使得技术发展趋势和边界有了新的变化和拓展。在信息技术哲学对技术发展的影响上,也存在类似的推动关系。例如,对计算机本质的理解差异就会推动计算机技术从机器向智能化设备以及人工智能等更深入的领域发展,这是我们理解信息技术哲学价值很重要的一点。又如,人工智能哲学理论认为智能的底层逻辑来自对外部世界认知的可程序化,尤其是对原子世界和信息世界关系的讨论,推动了人工智能哲学的研究。在关于认知哲学的讨论中,有一种意见认为世界可以全部分解为与上下文环境无关的数据或原子事实的假想,是人工智能研究及整个哲学传统中隐藏得最深的假想。换言之,用不同的哲学方法去理解信息技术的发展,会获得不同的信息技术范式,这也导致了不同技术路径演化的周期和程度差异。

总之,信息技术哲学为信息技术的发展提供了思想的根基,在发展路径和认知边界上提供了基础的思考范式。我们理解了信息技术哲学的框架,就抓住了整个信息技术发展的底层逻辑和发展脉络。

(3)最后讨论信息技术哲学对社会发展(尤其是信息社会发展)的意义。信息技术哲学的研究直接帮助我们认识到计算机和网络是信息社会的"建构物"和"核心表征物",并进一步理解信息技术为什么会造成社会的时代性变迁和根本性变化,即从哲学的层面上把握上述的关联,引导我们更有效地"顺应"新的时代、更好地"建构"信息社会。信息技术奠定了当今信息社会的基础,而信息技术哲学则是我们理解这个纷纭复杂的信息社会的基本视角。正是由于人类文明在信息技术的推动下不可避免地走向了信息社会(甚至"智能社会"),因此信息技术哲学是我们今天认知社会不可或缺的工具。

在此,我们需要提到西班牙社会学家曼纽尔·卡斯特(Manuel Castells)所提出的"信息主义"概念。卡斯特在 20 世纪 90 年代陆续出版了包括《网络社会的崛起》《千年的终结》《认同的力量》在内的"信息时代三部曲",其中用"信息主义"的概念描述了当今社会新的技术范式,并将其视为重塑社会的决定性的物质基础,认为这一新的技术范式改变了社会结构,导引了相关的社会形式。他对信息技术中的网络技术尤为重视,认为网络社会崛起的过程就是网络技术造就当代社会的过程。他的这些观点实质上是信息技术决定论的社会观,是以当代信息技术为支点对社会的新解释,是关于"信息技术与社会"的一种社会哲学。从卡斯特的分析中可以看到,信息、数据、技术等载体正与政治、经济、文化等社会资本产生种种复杂多变的联系,从而重构今天的人类社会。而在这个过程中,传播学研究的范式、路径与方法也必须重构。

从我国发展的现实来看,信息技术哲学对如何面对我国可持续发展过程中的问题有着非常重要的指导意义。如对如何通过信息技术推动我国发展过程中遇到的产业转型与升级,如何通过信息技术推动信息化与工业化两化融合,如何通过信息技术中的大数据技术进一步提升政府管理效率等问题,都有着重要的研究价值和深刻影响。作为数字经济大国,我国需要构建一整套符合我国现实的信息技术哲学研究理论与体系,这有助于我们理清当前问题,并准确把握未来趋势。

在上述分析的基础上,我们须进一步讨论信息技术的发展对"人"的概念的内涵与外延的影响。信息技术极大程度地解放了人的脑力和体力，以"图灵机"为代表的人工智能技术正在不断地挑战人类关于智能、意识和自由意志等话题的思考。信息技术不仅构建了社会，还构建了社会中的个体"人"的新的价值和意义。在以色列学者尤瓦尔·赫拉利（Yuval Harari）的著作《人类简史》和《未来简史》中，很重要的讨论就是关于人的讨论，以及未来关于人机结合下的信息文明的讨论。未来人们在信息技术的发展过程中不断获得新的特征和能力，出现诸如"信息人""赛博人"和"网络人"的概念，从而使得人的能力得以延伸。正是因为信息技术的发展，才引发了技术思想家关于人类社会和文明更深层次的思索，人的自由与本质的问题、人的数字化发展新方式、人的情感的技术性增强、人在网络空间中的价值和异化……信息技术对人的本质、人的价值乃至人的未来等根本性的问题必然会产生重要的影响。如果不从信息技术的角度来认识人的问题，就很难具有时代性和前瞻性，也很难切中问题的要害和关键。这里不得不提麻省理工学院物理学教授迈克斯·泰格马克（Max Tegmark）在《生命 3.0》一书中的讨论，他将生命的发展史分为三个不同的阶段：1.0 阶段生命只能通过自然选择进行演化，无法从个体意义上进行设计；2.0 阶段以人类为代表，可以对软件进行设计，即通过学习来调整自我的行为模式；3.0 阶段以"人机共生"的生命体为代表，软件和硬件都可以进行设计，这个生命主体可以通过升级来提升软件，也可以通过更换零件来提升硬件。基于这个逻辑，我们思考人类文明未来的路径时思路被极大地拓展，我们对生命的认知也得以丰富。我们很容易基于信息技术哲学开始思考对技术、人文、社会和文明的基本态度，换言之，信息技术在促进人类的发展方面起着空前强大和深刻的作用，但也给人类带来了新的异化。于是，信息技术的技术限度与人文限度就自然而然地成为了需要从哲学角度加以探讨的问题，尤其是涉及信息技术与人类未来的问题时，我们难免要关心它是更容易导致技术乐观主义还是技术悲观主义？信息技术哲学如何对此加以分析和评价，也成为了重要的课题。

总而言之，信息技术不仅改变了我们对人类社会发展的认识，也带来了新的人本观和伦理观。因此，信息技术哲学的研究所涉及的领域不仅是技术本身，也是关于未来人类对生命的认知以及对文明的底层思考，读者需要建立一种基于哲学维度的思考能力。信息技术改变我们认知的基本方式有两种：一种是外向的，或者叫作"关乎外部世界的方式"；一种是内向的，或者叫作"关乎自身的方式"。我们的世界正在逐渐成为一个"信息圈"，所有的外部世界正在信息技术的作用下"再本体化"，而信息技术揭示了认知身份雇佣的信息本质。因此，未来人类文明进入信息文明后最大的变化在于人类将成为信息体，并加入那些对于信息造物更加友好的环境之中。作为数字时代的"移民"，我们将会被数字时代的"原住民"所取代，我们将在信息技术所构建的世界中重新获得并理解世界的意义。

第2讲 区块链技术原理与演化

区块链技术是过去两三年产业界和学界都在研究的技术体系，考虑到市场上已经有太多的入门类的书籍，我们在这一讲中将不会涉及过多具体的技术细节，而是会从区块链技术的核心来讨论，然后讨论区块链如何构建信任及其带来的生产关系的变革。因为对于某个技术范式来说，尤其是在它的早期阶段，重点不在于其技术实现细节，而是这个技术范式会带来哪些影响以及这些影响所产生的基本逻辑。我们在这里会讨论区块链技术的原理和技术特质，包括其所涉及的数学基础，以及如何理解加密经济与区块链之间的关系。

区块链技术之所以在过去两三年间受到产业界广泛的关注，一方面原因是"数字货币"带来的炒作和泡沫所引发的讨论，2013 年 12 月 3 日，中国人民银行等五部委联合印发了《关于防范比特币风险的通知》，明确比特币不具有与货币等同的法律地位，2017 年 9 月 4 日，中国人民银行等七部委发布《关于防范代币发行融资风险的公告》，要求自此公告发布之日起，各类代币融资活动（ICO）立即停止；另一方面原因是信息技术尤其是互联网技术发展到这一阶段，在区块链技术上找到了"下一代互联网"的解决方案——通过"去中心化"的网络技术来构建"信任的机器"。2019 年 10 月 24 日下午，中共中央政治局就区块链技术发展现状和趋势进行了第十八次集体学习。区块链技术的集成应用在新的技术革新和产业变革中起着重要作用。我们要把区块链作为核心技术自主创新的重要突破口，明确主攻方向，加大投入力度，着力攻克一批关键核心技术，加快推动区块链技术和产业创新发展。我们理解区块链技术最重要的关键词就是"信任的机器"，一方面是因为互联网发展到这一阶段，由于其越来越中心化而导致的一系列数据隐私泄露、垄断和欺诈等问题越发严重，因此需要新的技术革命来改变现状；另一方面是因为信息技术在区块链技术出现之前的核心问题在于提升"信息"的传播效率和容量，但是对传统经济的影响也仅限于这个角度，对经济的核心影响力尤其是底层逻辑改变不多，而区块链技术则提供了一种全新的切入商业本质的技术路径。

2.1 区块链技术的原理

2008 年 11 月 1 日，一个自称中本聪（Satoshi Nakamoto）的人在一个隐秘的密码学评论组上贴出了一篇论文《比特币：一种点对点的电子现金系统》。这篇论文陈述了他对"数字货币"的新设想，勾画了他对"比特币"的构想——第一个由用户自己掌握、无须中央管理机构或中间人的"数字货币"网络，其中首次提到了区块链的概念。

这篇论文开启了区块链和"数字货币"的发展浪潮，其中涉及了比特币的 5 个基本特征：①一种点对点的电子现金系统，实现了点对点"交易"，中间不需要任何金融机构；②不需要授信的第三方支持就能防止双重支付；③全部"交易"盖上时间戳，并把他们并入不断延展的基于哈希（Hash）算法证明工作量的链条，作为"交易"记录，实现了不可更改；④最长的链条不仅将作为被观察的事件序列的证明，而且将被视为来自 CPU 的计算能力最大的池；⑤这个系统本身需要的基础设施非常少，节点尽最大努力在全网传播信息就可以，节点可以随时离开和重新加入网络。

由此可知，在比特币区块链中，当一笔"交易"经由某个节点（或钱包）产生时，这笔"交易"需要被传送给其他节点来做验证，具体的做法是将"交易"资料经由数位签章加密并经哈希函数得出一串代表此"交易"的唯一哈希值后，再将这个哈希值广播（broadcast）给比特币区块链网络中的其他参与节点进行验证。而当一笔新"交易"产生时，会先被广播到区块链网络中的其他参与节点，每个节点会将数笔未验证的"交易"哈希值收集到区块中，每个区块可以包含数百笔甚至上千笔"交易"。比特币区块链是以工作量证明（Proof of Work，POW）的共识机制来决定谁来完成这笔"交易"的记录，也就是由各节点进行工作量证明的计算来决定谁可以验证"交易"——由最快算出结果的节点来验证"交易"，而此时取得验证权的节点将区块广播给所有节点，其他节点会确认这个区块所包含的"交易"是否有效，确认没被重复花费且具有有效数位签章后，接受该区块，此时区块才正式接上区块链，至此区块链上所记录的"交易"资料无法再被篡改。当一笔"交易"验证完成时，所有节点一旦接受该区块，先前没算完 POW 工作的区块会失效，各节点会重新建立一个区块，继续下一次 POW 计算工作。

我们可以看到比特币的技术基础就是由区块链技术构成的，因此我们现在可以给区块链一个明确的定义，即区块链是一个分布式账本，是一种将数据区块以时间顺序相连的方式组合成的、并以密码学方式保证不可篡改和不可伪造的分布式数据库，同时也是通过"去中心化""去信任"的方式集体维护一个可靠数据库的技术方案，从而通过技术的手段实现对价值的编程以及点对点的安全和有效传输。简言之，区块链技术就是通过一个加密网络构造出一个分布式账本，并可以实现对价值进行编程和传输的一种组合型技术。区块链的三个要素分别是交易、区块和链。对于区块链上的一次交易（transaction）来讲，区块链上的一个节点发生一次操作会导致区块链账本状态的一次改变，并通过哈希算法形成一个固定的哈希值，添加一条记录，从而产生一个区块（block），这个区块会记录一段时间内发生的交易和状态结果，从而促进区块链网络的所有节点对当前账本状态达成一次共识，而一个个区块按照发生顺序进行串联，从创始区块（genesis block）开始连接到当前区块，形成整个网络状态变化的日志记录，最终形成链（chain）。

这里的关键在于记账，在比特币的网络中，大约每十分钟出一页账单，账单记录这十分钟之内的所有"交易"，这个账单叫作"区块"。记账的权力是可以竞争的，也就是说，记账人每获得一次记账权，就会获得系统产生的新比特币作为奖励，即系统规则把比特币的发行和记账行为绑定到一起了，其规定比特币的总量为 2100 万枚，每个比特币的产生伴随着每个区块的产生。一开始每个区块的奖励是 50 枚比特币，每四年减半一次，直到 2140 年全部奖励完成，比特币发行完毕。

如何保证整个账单不被篡改呢？比特币每一页账单都有严格的顺序，如果有人想修改数据，就得重新计算超复杂的数学题，需要在非常短的时间内赶上现在的账单数量，这个操作的成本非常高，以至于篡改数据在现实中成为不可能。只有当一个人掌握的运算能力达到全部网络运算能力的 50%以上，才有可能在理论上改掉一页账单里的数据。但是对于一个节点足够多的分布式网络来说，单一节点的算力要达到全网的 50%几乎是不可能的，这就确保了记账的公平性，这在账本历史上是前所未有的创新。

比特币实现了分布式记账，在没有中心化机构监督的情况下，能够进行比特币的发行、记账和激励，而比特币底层的技术就是区块链。在区块链系统中，每笔交易的副本会被广播给全网所有的用户，而不是被一个中心控制的两本分类账。这个分布式账本的局限性仅在于用户数量和全网的算力，所以理论上这个账本可以无限记账。如果每个人都有系统中每笔交易的副本，那么没有交易能够不经验证就被修改，这样，除了输入的时候，其他过程是不可能发生欺诈或者错误的。区块链技术的发展使得分布式记账成为可能，这解决了以往记账形式不能解决的假账、坏账等难题。

因此，从技术层面来说，区块链的本质是一个分布式账本，通过加密技术构成一个可信的网络，从而实现对社会价值的编程；而当区块链能够真正地与各行各业开始结合以后，这个账本从简单的记账到能够记录我们生活的一切的时候，区块链便真正能够影响和改变我们生活的方方面面了。我们在这里重点关注区块链技术在未来可能对市场经济的基本结构产生的推动作用。如何构建"信任"和"信用"的网络？一个基本逻辑是市场的核心在于交易，而市场机制中的交易是陌生人与陌生人之间的交易，如何构建陌生人之间的信任是最根本的问题。在区块链技术出现之前，所有的交易活动一定要依赖中介才能产生信任：传统的经济活动需要法律制度和银行提供信用保障，交易主体如果不守信用会受到制度的惩罚，这会产生非常高的交易成本；互联网经济则需要依赖类似支付宝和微信支付等中间工具来保障信用，这也是通过第三方中介提供保障。换言之，在传统经济或者互联网经济中，都是通过一个"三方机制"来协调信用的，如果没有中介，两个完全陌生的主体的交易成本就会非常高，而要建立一个有信用的三方机制的市场需要很高的制度成本和社会成本，这是区块链技术出现之前的市场机制，也是难以解决的核心问题。

在此，我们需要引入账本的经济学价值概念，从人类开始协作和生产，账本就出现了。账本是商业活动的核心要素，最常见的就是用于记录金钱和产权这类资产的账本。账本不仅是业务的基础需求，也是监管和审计的基础。大体来说，伴随着账本技术的变化，我们可以将经济发展分为 4 个不同的阶段。

（1）第一个阶段：单式账本阶段，出现于公元前 3000 年到公元 1490 年。在数万年前的原始社会，人们凭借大脑记住每天猎取猎物的数量。随着部落文化的产生，生产力迅速提高，单凭大脑已经没法记住变化多端的数字了，于是，人类发明了符号来简化记录，或者把交易的场景直接绘出来，有了泥板标记、甲骨刻字、竹简刻书等。随着生产力的发展，经济繁荣，人们开始根据收支情况，按照时间顺序记流水账，流水账后来发展成日记账和现金出纳账，也就是按照时间、物品名、人名等设立主题账本，这时候记账的历史已经发展到了单式账本时期。

（2）第二个阶段：复式账本阶段，从 1490 年出现至今，复式账本都是主流的记账方式。随着经济的发展，单式账本容易被篡改、很难做统计的缺点日益明显，已经不能满足人们记账的需求，于是出现了复式账本。在西方，复式账本最早出现在 12 世纪—13 世纪的意大利威尼斯，主要在商人和银行家之间流行。在我国，复式账本最早可追溯到明末清初的"龙门账"，后来又发展成"四脚账"。复式账本和单式账本的不同之处在于，复式账本不仅能够核算经营成本，还可以分化出利润和资本，保证企业经营的持久性。复式账本是以资产与权益的平衡关系为记账基础，对于每一项经济业务，都要在两个或两个以上的账户中相互联系进行登记，系统地反映出资金运动变化的结果，即"有借必有贷，借贷必相等"。德国哲学家歌德（Goethe）赞誉其为"人类智慧的绝妙创造之一，每一个精明的商人从事经营活动都必须利用它"。

（3）第三个阶段：数字账本阶段，从 1960 年左右开始，即通过数字化技术记录复式账本的信息。随着信息技术的发展，经济组织方式的进化，企业的经营者和所有者不再是一个人，多位股东不参与公司具体事务，但是对账本又有随时查看的需求，而计算机技术的发展让会计行业迅速数字化，数字账本出现。账本的数字化也经历了三个阶段，一开始是人工录入，接着实行自动化记账，最后进入智能化记账，记账的方式越来越高效。

（4）第四个阶段：分布式账本阶段，随着区块链技术在 2009 年产生，分布式账本正式登上了历史舞台。数字账本虽然高效方便，但是依然存在三大问题：①信任问题，谁来记账？谁来保证记账的准确性？②安全问题，谁运行系统？谁保证系统不出错？③许可问题，谁该看什么数据？谁不该看什么数据？数字账本无法解决这些问题，于是分布式账本应运而生。比特币的诞生标志着分布式账本成为可能，基于对算法的信任，通过构建互信监督系统，"人人可记账、人人可查阅"的分布式账本就出现了。

从比特币的发展与经济的发展过程来看，区块链技术的本质在于提供了分布式帐本的技术基础。我们可以看到分布式账本有如下好处。

（1）分布式账本无需信用中介，依靠机器的共识机制进行记账，人人都是参与者，人人都是监督者，这样大大提高了记账的民主性，降低了信用的成本。

（2）分布式账本的信息会被打包成一个区块，并且加密，盖上独一无二的时间戳，这样可以防止重复支付现象的发生。一个个区块按照时间戳顺序，链接成一个总账本。所有人都能验证"交易"的合法性，通过共识机制确认记账权，数据可以透明分享，数据不可篡改，解决了账目造假的问题。

（3）分布式账本的每个区块，都可以看作这个账本的一页，而区块链可以无限叠加，最后形成一个事无巨细的账本，所有的账本都在区块链上一目了然，降低了信任成本，提高了账目的精确度，让整个账本更加高效。

简而言之，分布式账本很好地解决了信用的问题，它的出现可能是账本技术继数字化之后的又一次重大飞跃。所有关于区块链技术的理解都需要先理解分布式记账这一概念，然后才能理解它在其他领域的特性与应用。

2.2　区块链技术的演化

本书的核心是人工智能与区块链技术的范式革命，选择这两种技术的原因在于人工智能技术代表了生产力的革命，而区块链技术则代表了生产关系的变革。如何理解区块链技术代表生产关系的变革呢？可以从三个角度理解这个问题：区块链技术特点、区块链数学基础和区块链演化过程。

（1）我们先从区块链技术特点讨论，区块链技术的创新主要体现在以下四个方面。

分布式账本。交易记账由分布在不同地方的多个节点共同完成，而且每个节点都记录完整的账目，因此任一节点都可以参与监督交易合法性，同时也可以共同为其作证。不同于传统的中心化记账方案，分布式账本没有任何一个节点可以单独记录账目，从而避免了单一记账人被控制或者被贿赂而记假账的可能性。另外，由于记账节点足够多，理论上讲，除非所有的节点都被破坏，否则账目就不会丢失，从而保证了账目数据的安全性。

智能合约。智能合约基于这些可信的、不可篡改的数据，可以自动化执行一些预先定义好的规则和条款。以保险为例，如果说每个人的信息（包括医疗信息和风险发生的信息）都是真实可信的，那就很容易在一些标准化的保险产品中进行自动化理赔。

密码学技术。存储在区块链上的交易信息是公开的，但是账户身份信息是高度加密的，只有在数据拥有者授权的情况下才能访问，从而保证了数据的安全和个人的隐私。区块链的加密技术主要有哈希算法和非对称加密。

共识机制。所有记账节点之间怎么达成共识去认定一个记录的有效性，这既是认定的手段，也是防止篡改的手段。区块链提出了四种不同的共识机制，适用于不同的应用场景，在效率和安全性之间取得平衡。以比特币为例，比特币采用的是工作量证明机制（POW），只有在控制了全网超过50%的记账节点的情况下，才有可能伪造出一条不存在的记录。当加入区块链的节点足够多的时候，这基本上是不可能的，从而可以最大限度地杜绝造假的可能。

这里尤其需要关注分布式账本的特点，所谓分布式账本技术从本质来说就是一种可以在由多个站点和不同机构组成的网络中进行分享的资产数据库，每个网络节点都可以获得唯一、真实账本的副本，而账本中的任何改动都会在副本中反映出来，这个账本储存的资产可以是金融或者法律上定义的资产，也可以是实体的或者电子的资产。这个账本存储的资产的安全性和准确性则是通过公私钥和签名来控制，从而实现密码学基础上的维护。根据网络中达成共识的规则，账本中的记录可以由一个或一些或所有参与者共同进行更新。换言之，在分布式网络的基础上加上非对称加密的密码学账本体系，就形成了分布式账本。

（2）下面讨论区块链技术所涉及的数学基础，在第1讲中我们探讨了信息技术哲学中的计算主义思想，本质上讨论的是技术背后的思想根源。信息技术发展到现在，已经形成了两个完全不同的平行世界：一个世界是我们所处的物理世界，这个物理世界是由实体经济主宰的世界，是由物理法则主宰的真实的世界；一个世界是观念的世界，也就是由比特组成的世界，这个世界中起核心作用的是信息世界的规则。连接这两个世界的方式有很多种，过去三十年是由信息互联网作为载体进行连接，所以我们看到了信息网络的作用；接下来的数十年我们可以看到区块链网络将会成为新的载体，构建两个平行世界之间的连接基础。

从科学哲学的角度来看，数学提供了所有现代科学理论的基本思考方式。古希腊哲学家、"科学哲学之父"泰勒斯（Thales）提出在数学中通过逻辑证明命题的正确性，奠定了整个西方科学研究的基础。而另外一位伟大的哲学家毕达哥拉斯（Pythagoras）则奠定了数学哲学的基础，他提出了"万物皆数"的概念，建立了从古希腊一直延续至今的对基础数学理论极为重视的科学精神。我们可以看到，目前西方学者所取得的大部分基础性研究工作的进展，都是建立在数学基础理论的研究之上的。

这里需要注意的是，就具体技术范式而言，过去数十年间关于互联网的研究基础在于其背后的数学基因，整个互联网都建立在图灵机的架构以及相关的算法逻辑之上。那么，区块链技术也应该拥有自己的数学理论基础，只有在数学和算法的基础上才能发展出整套的应用场景和技术演化过程。

这里我们简要讨论区块链技术已经具备的应用数学范式的条件。

• 区块链技术不是单一的技术，而是一组技术的组合。这其中包括密码学、大数据、网络通信、计算机科学以及通信技术等，这些技术背后都包含有相应的数学理论，这使得区块链技术拥有跨学科研究的数学理论基础，也有了能够基于图灵机的信息技术框架讨论的核心架构。

• 区块链技术所涉及的理论难题都与数学研究相关，包括通过非对称密码学解决"拜占庭将军问题"、通过博弈论的数学算法解决"共识机制问题"和通过大规模的数学运算解决分布式网络的效率问题等，由上可以看到区块链技术与数学之间是紧密相连的。

• 区块链技术在更复杂的应用场景中有着非常重要的应用前景，这其中包括但不限于在数字金融中的应用、在数字身份中的应用和在智慧城市中的应用，无论哪一种场景都是以往互联网技术无法单独解决的，而每一种场景中所涉及的数学问题都非常复杂，包括但不限于数理统计、群论、拓扑数学理论等。

我们可以看到，区块链技术所涉及的技术范式实际上是在过去数十年间积累起来的，尤其是关于密码学部分的理论。除此之外，我们看到基于网络理论的数学研究已经涉及图论相关的领域，即以空间、维度和变换作为研究对象，这使得区块链技术在未来有了更大的研究前景。在近几年关于互联网的研究中，所涉及的基于网络经济、分享经济和信息经济的数学理论研究，实际上都跟区块链技术有着或多或少的联系。我们将区块链技术作为"下一代互联网"技术，需要弄清楚这些理论背后的数学基础与区块链技术发展之间的关系。

（3）最后我们分析区块链 1.0 到区块链 3.0 的演变。值得注意的是，演变的各阶段主要是以过去十年间区块链技术发展为基础来划分，事实上区块链技术还处在非常早期的阶段，在更长的时间周期内，我们可以预见到这个划分会被重新定义。基于现有的约定俗成，我们按照目前的技术发展阶段来为读者介绍。

区块链 1.0 阶段始于 2009 年 1 月份上线的比特币区块链。比特币区块链的目标是做一个"点对点的电子现金系统"，发送方和接收方"直接交易"，它们之间不需要中介机构的介入。比特币的区块链是基于工作量证明形成的带时间戳、由存储数据的数据块和哈希指针连接形成的链条，这个链条以分布式的形式存储在比特币网络的每个节点上。

下面介绍比特币区块链技术涉及的基本概念，主要有以下 3 个。

• 工作量证明控制：所谓工作量证明指的是比特币网络中的节点按照规则进行加密哈希计算，以竞争获得生成新区块的权力。节点在竞争获胜后就获得记账权，在生成区块成为最新区块后能够获得与区块相对应的生产奖励，工作量证明机制是最重要和最基础的共识机制之一。

• 最长链原则：比特币工作量证明机制的本质是一个节点一票，而最长链包含了最大的工作量，所以"大多数人"的决定可以表达为最长链。通俗来讲，比特币区块是依靠"矿工们"不断进行数学运算而产生的，每一个区块都必须引用上一个区块，因此，最长的链也是最难以推翻和篡改的，节点永远认为最长链才是有效的区块链，只有在最长链上"挖矿"的"矿工"才能够获得奖励，这就是常说的比特币最长链原则。

• 未使用的"交易"输出（Unspent Transaction Output，UTXO）：比特币账本本质上可以被认为是一个状态转换系统，每一个新区块和之前所有区块形成了一个新的状态，且在确认之前是不可以随意篡改的，而 UTXO 就是这种记账方式的基础技术概念。因此有一种说法是"世界上没有比特币而只有 UTXO"，地址中的比特币指代的是没有花掉的"交易"输出。

区块链 2.0 阶段始于 2015 年 7 月上线的以太坊。以太坊在 2014 年通过 ICO 众筹开始得以发展，2017 年 9 月 4 日中国人民银行等七部委发布公告，要求代币融资活动（ICO）立即停止，明确指出以太币是所谓"虚拟货币"。以太坊最大的价值在于通过"智能合约"构建了"去中心化"应用的平台，也就是构建了基于区块链技术的操作系统。由于比特币区块链存在着事实上的缺陷，包括缺少图灵完备性（无法支持所有的计算）、无法为账户的取款额度提供精细样本以及无法进行复杂的合约计算等，因此，以太坊被创造出来了。按照以太坊创始人维塔利克·巴特林（Vitalik Buterin）的说法，以太坊的目标是"提供一个区块链，内置有成熟的图灵完备的编程语言，用这种语言可以创建合约来编码，实现任意状态转换功能"。也就是说，以太坊创造了新的"公有链"，这个区块链具备图灵完备的脚本，能够用来创造复杂的智能合约，以控制所有区块链状态的转换，由此可以进行链上的数字资产的确认和转移，从而实现从"信息互联网"到"价值互联网"的转换。以太坊有一个非常宏大的计划：把以太坊建成世界计算机，建立一个全球性的大规模的协作网络，所有人都在以太坊的区块链上进行计算和运用。当然，这个想法目前还没有得到完全的验证，只是具备了基本的雏形。

这里需要读者注意"智能合约"概念，这个概念是计算机科学家和密码学家尼克·萨博（Nick Szabo）在 1995 年提出的，他定义"智能合约是计算机化的交易协议，是用于执行一个合约的条款"。智能合约的设计目标是执行一般合同的条件，与此同时最大限度地降低恶意和意外的状况，以及最大限度地减少信用中介的使用。

智能合约不是合同，智能合约是一套保证合同能够在不借助第三方的情况下得以执行的计算机程序。我们可以这么理解：区块链存储的是状态，而智能合约是它用于转换状态的方式。智能合约是一个计算机程序，这个计算机程序能够确定合同签完之后由谁来自动触发执行相应的条款，这是区块链 2.0 的本质。值得注意的是，尼克·萨博在其论文中还讨论了如何把智能合约用于实体资产以形成智能资产，即如何通过智能程序设定的规则来实现对资产的控制。

我们可以看到，区块链 1.0 的核心是"数字现金"，区块链 2.0 的核心是"数字资产"，而区块链 3.0 则应该是大规模商业化应用的平台。区块链 2.0 能够支持一部分的应用开发，但是它在很多方面仍有缺陷，如它不能支持大规模的商业应用开发。到目前为止，真正的区块链 3.0 应用尚未实现，无论是以超级账本（hyperledger）为代表的联盟链还是以通用公链为代表的商业分布式设计区块链操作系统（Enterprise Operating System，EOS），都还在探索和成长过程中。可以预见的是，区块链 3.0 时代将形成以行业类基础公链、功能类基础公链和通用类基础公链同时并存的产业生态，这也是我们对区块链 3.0 阶段发展的预期。

目前的区块链技术所处的阶段可以类比为 20 世纪 90 年代末的互联网技术所处的阶段，即处于相对早期的阶段。但是这并不意味着我们就要无视它的发展，由于区块链技术的发展不必依赖于硬件的发展，而是依赖于算法、数学和软件生态的发展，因此，从逻辑上来说，它的发展速度相比于互联网会更加迅速。一方面区块链技术能够应用于金融尤其是数字资产相关的领域，另一方面区块链技术在解决"去中心化"问题上能够为互联网提供新的技术基础。由此可以预期，未来数十年间区块链技术将实现真正的大规模商业化应用，成为下一个真正引发产业变革的基础技术。

2.3　加密经济学的发展

关于加密经济学（Cryptoeconomics）的研究在区块链技术发展起来后越来越多，但还是处于非常早期的理论研究阶段。如果要理解区块链技术所带来的经济学思想上的影响，就必须了解一些加密经济学的理论知识。我们需要从数字经济的发展历程中理解新技术与新的经济学思想之间的关系。

自从互联网发展起来以后，陆续出现了互联网经济学、信息经济学、虚拟经济学等相应的新经济学理论。其中比较著名的有网络经济学和信息经济学。在国外，代表性的相关著作有凯文·凯利（Kevin Kelly）的《失控》、艾伯特－拉斯洛·巴拉巴西（Albert-László Barabási）的《链接》以及卡尔·夏皮罗（Carl Shapiro）的《信息规则：网络经济的策略指导》等书籍，主要讨论的都是与网络效应相关的理论。所谓网络效应，也称为"网络外部性"（network externality）或者叫作需求方的范围经济，是指产品价值随着使用者或者消费者的数量增加而增加的现象，其中有以社交网络为代表的案例。这个概念在罗伯特·梅特卡夫（Robert Metcalfe）提出"梅特卡夫定律"后广为人知，这个定律指出：一个网络的价值与联网的用户数的平方成正比。也就是每位用户所获得的效益并非常量，而是会随着网络用户总人数的增长而增长。当"网络外部性"以负面呈现时（类似于"网络塞车"之类的情况），网络用户总人数越多，每位用户所获得的效益越低，也就是说网络整体总的价值以低于线性的速率随着用户人数增长或负增长。我们可以认为，网络效应是互联网时代最重要的经济理论思想，也是互联网时代（包括移动互联网时代）几乎所有商业模型思想的基础。

网络效应解决了在数字经济中的增长模型的问题，但却没有解决在增长过程中的价值分配问题，即创造出来的新的价值增量的归属问题，在经济学上我们通常称之为"公地悲剧"问题。加密经济学则是针对这个问题的解决方案，通常我们认为加密经济学主要研究去中心化数字经济学中的协议，这些协议被用于管理商品与服务的生产、分配和消费，通过研究这些协议的设计和界定方法，解决价值分配和激励机制等问题。

限于篇幅，这里不讨论加密经济学的细节，而是讨论其理论的核心：通过密码学和经济学的思想，研究加密安全和去信任的账本带来的经济学价值。传统的经济学理论主要研究的是稀缺资源的生产和分配，和支撑这种生产与分配的影响因素。而加密经济学研究的则是在数字经济领域尤其是区块链技术领域，如何通过相应的机制设计来实现增效和体现公平的机制，应用的主要是博弈论和密码学的知识。

以比特币为例，比特币的创新之处就在于它允许区块链的陌生节点间可以基于比特币区块链的不同状态转换达成共识，即通过共识机制形成一种技术契约。这种契约包含经济激励和惩罚的机制，是一种加密经济学的应用。比特币区块链网络的激励和惩罚与它的安全模型相关联，即所谓的"50%的攻击"。要实现这种攻击需要足够的算力，这意味着非常高的成本，因此比特币网络拥有传统互联网不具备的安全性。网络中的加密协议通过非对称加密技术提供了每个节点的安全机制，将安全问题和经济成本挂钩，这反映了加密经济学的一个重要的理论思想：信息安全是可以计算成本的，是可以按照经济学的思想去构建的。

这里需要注意的是加密经济学思想实际上对以往的互联网经济提出了新的解决方案，如共享经济只有在区块链网络中才能真正实现。共享经济的思想是需要真正"去中心化"的，是基于使用权的，其本质还是基于中心化网络构建场景，是基于拥有权所构建的思想。

更进一步，加密经济学实际上挑战了基于工业经济的许多规则，如传统经济学中涉及的大规模生产所构建的公司组织，以及传统的流水线逻辑在生产上的使用等。在这一点上，加密经济学和数字经济学理论一样，对传统的经济学领域提出了新的问题和新的思考。按照"科斯定理"，合约是经济和商业组织的核心，同时也是加密经济学的核心。区块链技术的智能合约允许将相关的商业契约和程序写入相关的协议之中，这使商业化的合约受到算法的限制，可以维护、执行和确认合约的所有工作。在传统商业环境中，这些工作是由专业的法律和财务人员完成的。这就是未来数字经济领域要研究的经济学的重要特质：所有的经济活动都与算法相关联，技术契约和商业契约之间需要建立新的规则。

基于以上思考，我们可以看到加密经济学和区块链技术带来的新的经济学会涉及以下内容的变革。

（1）由于区块链网络是以算法所运行的智能合约为基础，因此公司制度会有新的变化。按照"科斯定理"，现代公司制度的产生是因为有了更低的交易费用，即在加密经济学的逻辑下，算法会带来更低的交易费用。换言之，"公司"之所以被发明，之所以有存在的必要，是因为市场交易成本过高，所以我们有必要把某一部分市场功能内化为企业内部的流程，降低成本。企业能够存在，就是因为内化后的某些功能的成本会低于市场。而在区块链网络诞生的时候，边际成本会无限趋近于零，那么现代公司制度的基础就会产生巨大的变化。

（2）如果基础组织产生了变化，产权关系也会随之产生变化。之前讨论的共享经济与使用权的关系就能在新的网络中实现。数字经济是基于使用权的经济，因此以拥有权为核心的传统商业理念被挑战，以服务和体验为核心的数字经济商业理论会进一步得到贯彻和证明。

当今社会新的商业逻辑和商业模式层出不穷，如果说以往的互联网经济只是从信息层面和媒介层面改变了人们生活和消费的方式，那么区块链技术将带来更多传统领域的变革。一方面因为加密经济所构建的分布式的、"去中心化"的逻辑能够降低众多产业的交易费用，另一方面因为区块链技术能够通过与其他技术（尤其是人工智能技术）融合，产生与以往的互联网经济完全不同的价值。

加密经济学实际上是反映区块链技术带来的关于新的经济现象和商业逻辑的初步思考。在新的技术范式带来的变化中，经济学者往往会提出新的框架来理解技术与经济现象之间的关系。后文中会为读者提供一个更加完整的经济学框架，帮助读者更好地理解整个数字经济发展的内在逻辑和演化方向。

第 3 讲 区块链与分布式账本

随着越来越多的机构包括传统的中心化组织（如银行和政府等）开始尝试使用区块链技术，我们看到分布式账本的概念已经被越来越关注和提及。

2016 年 1 月 19 日，英国政府发表了一份关于区块链技术的重要报告《分布式账本技术：超越区块链》。这份长达 88 页的报告分析了区块链技术的潜力和应用前景，表达了英国政府对推动区块链技术发展的决心，并将其提升到国家战略高度。报告中提到，英国政府正在探索类似于区块链技术这样的分布式账本技术，并且分析了区块链应用于传统金融行业的潜力。这显示出英国政府正在积极评估区块链技术的潜力，考虑将它用于减少金融欺诈、错误，以及改造目前以纸张为主的记账流程，并借此降低成本。报告中还指出，"去中心化"账本技术在改变公共和私人服务方面有着巨大的潜力。它重新定义了政府和公民之间数据共享的透明度和信任度，可能会主导政府数字改造规划方案。

这一讲就来讨论分布式账本技术，以及区块链技术与分布式账本技术之间的关系，并通过 Hyperledger Fabric 等超级账本技术的分析，提供区块链技术在具体应用时的案例，最后我们会从技术视角来分析区块链技术在应用时应该注意的方面。

3.1 分布式账本技术

分布式账本技术与区块链技术有着非常紧密的联系，也有很大的区别。对于大多数看好区块链技术应用的企业来说，考虑到"数字货币"在全球所引发的金融和政策上的风险，如何利用区块链技术实现分布式账本的应用可能才是最重要的。换言之，分布式账本的一系列特性可以真正让区块链技术应用于政府、银行和不同的产业中，这也是我们讨论分布式账本技术的原因。

分布式账本是一个可以在多个站点、不同地理位置以及多个机构组成的网络里进行分享的资产数据库。网络里的参与者可以获得一个唯一、真实账本的副本。账本里的任何改动都会在所有的副本中被反映出来，反映时间会在几分甚至是几秒内。这个账本存储的资产可以是金融或法律上定义的资产，也可以是实体的或是电子的资产。这个账本存储的资产的安全性和准确性则是通过公私钥以及签名的使用来控制，从而实现密码学基础上的维护。根据网络中达成共识的规则，账本中的记录可以由一个或一些或所有参与者共同进行更新。

换言之，分布式账本是一种跨越多个站点、国家或机构的数据库，通常情况下是公开的，它的数据是在一个连续的账本里按照先后顺序记录的，只有当参与者达成一定数量的赞同票之后，记录才能增加到账本里面。与分布式账本密切相关的概念是"共享账本"，这个概念由分布式账本组织 R3 CEV 的首席科学官理查德·布朗（Richard Brown）所提出，其通常是指一个产业或者私营联盟共享的任何数据库和应用程序。共享账本可使用分布式账本或者区块链作为底层的数据库，且通常会根据不同用户进行权限分层。因此，共享账本可以被看作是具有一定程度的许可管理的账本或者数据库技术的统称，某个产业的共享账本会由一些限定范围的校验者去维护。

从数字经济学视角来看，现代经济正逐渐形成一种实体经济与数字经济相互融合的复杂经济体，而分布式账本正是这种复杂经济体的重要的技术形式。分布式账本技术吸收了现代密码学、安全通信、可信计算、对等网络和博弈论的研究成果，并在这些技术成果的基础上创造性地推动了新的数字经济形态出现。以往的数字经济本质上是一种规模递增的网络经济，如社交网络、共享经济等形态，而未来的数字经济则会在规模经济的基础上完成更加高效和公平的分享经济模式的创造，这种经济模式不仅会将网络效用的复杂程度提升，也会极大程度地将数字经济的形态边界拓展到真实世界的传统经济系统中。虽然我们现在还无法预测下一代数字经济的完整形态，但是毫无疑问，分布式账本技术将是这种经济形态的重要技术基础，也将是推动数字经济朝着复杂经济演变的技术基础。

从数字经济学视角看，现代经济正逐渐形成一种实体经济和数字经济相互融合的复杂经济体，而分布式账本正是这种复杂经济体的重要的技术形式。分布式账本技术吸收了现代密码学、安全通信、可信计算、对等网络和博弈论的研究成果，并在这些技术成果的基础上创造性地推动了新的数字经济形态出现。以往的数字经济本质上是一种规模递增的网络经济，如社交网络、共享经济等形态，而未来的数字经济则会在规模经济的基础上完成更加高效和公平的分享经济模式的创造，这种经济模式不仅会将网络效用的复杂程度提升，也会极大程度地将数字经济的形态边界拓展到真实世界的传统经济系统中。虽然我们现在还无法预测下一代数字经济的完整形态，但是毫无疑问分布式账本技术将是这种经济形态的重要技术基础，也将是推动数字经济朝着复杂经济演变的技术基础。

区块链技术是一种数据库，它将一些记录放在一个区块里，每一个区块使用密码学签名与下一个区块"链接"起来，还可以在任何有足够权限的人之间进行共享与协作，不同节点之间通过"共享算法"协作。区块链与传统数据库最大的区别是在交易过程中区块链可以增加一系列业务逻辑，而传统数据库里的规则通常是在全局层面设定的，或者是在应用程序的层面设定的，不会为交易的过程去设计，也就是说区块链技术是分布式账本的一种底层技术。

正如前文所讨论的，区块链最初是 2008 年为了实现点对点"数字现金"系统而设计的。区块链算法让比特币的"交易"可以在"区块"里集中起来，并通过密码学签名添加到现有区块组成的"链"里面。比特币账本是用分布式及"无需许可"的方式构建的，任何人都可以通过解决生成新区块所需的密码学难题，添加一个包含"交易"的区块。现在，这个系统的鼓励机制是在解决难题并生成每个区块后得到 25 个比特币的奖励。任何人只要有网络并具备计算机的算力，都有机会解决这些密码学难题并将"交易"添加到账本里，这些人被称为"矿工"。挖矿的比喻是很恰当的，因为比特币的挖掘是要消耗大量的计算机运算能力的，因此会造成很高的能源消耗。

分布式账本技术有潜力帮助政府征税、发放福利、发行护照、登记土地所有权、保证货物供应链的运行，并从整体上确保政府记录和服务的正确性。现行的数据管理方案，特别是个人数据的管理，通常是在单一的机构内架设大型传统计算机系统，而且还必须引入一系列的网络与通信系统，才能实现与外界的交流，这也增加了额外的成本和风险。高度中心化的系统的单点失败的概率很高，这也会带来被黑客攻击的漏洞，而数据经常会出现没有及时同步、过期或者不准确的问题。分布式账本是很难被攻击的，因为它没有使用单一的数据库来存储记录，而是保留了同一个数据库的多个共享副本，所以黑客攻击必须同时针对所有的副本才能生效。这种技术也具备阻止未授权修改或恶意篡改的能力，因为网络中的参与者会立刻发现账本中的某个部分被篡改了。另外，这种技术可用于维护信息安全及更新信息，并能确保账本的所有副本在任何时候都与其他副本一致。

在区块链技术所构建的分布式账本中，区块链技术所提供的分布式账本的特性，可以在以下几个方面进行应用：①区块链技术可以通过不同的共识算法让加密的信息得到最好的安全保障，同时可以保证这些信息的准确性，链上各个节点的相互验证可以让各个节点同步更新账本上的信息；②分布式账本提供的钥匙和数字签名能够管理账本中的所有信息，尤其是钥匙能够在特定场景下提供不同的权限，从而实现更加灵活的信息管理功能；③分布式账本的信息兼具透明性和隐私性，信息的监管者或者独立第三方可以监测分布式账本所构建的数据库的内容是否被篡改，他们可以公开原本是私密或者不可公开的文件信息，从而帮助银行等商业机构和政府机构拥有更加透明的信息共享能力。

分布式账本提供了一个更加透明和安全的技术框架，让政府、银行和企业都能够从中获益，它有潜力重新定义数字经济中数据分享、透明度和信用的关系。对于大部分银行或者政府机构而言，区块链技术的真正价值是提供了分布式账本，而不是"数字货币"的技术，分布式账本中只有技术是"去中心化"的，运营主体不是，因此其更符合现实中的应用场景。

3.2　超级账本技术

中本聪在 2008 年 10 月发表论文之后，比特币机制开始运行。2016 年，Linux 基金会成立"超级账本"项目，这个项目主要面向商务应用的场景。目前区块链技术正在进入由虚到实的阶段，因此，理解超级账本技术的概念和应用前景非常重要。

首先我们讨论超级账本的概念。超级账本是由于公有链不能满足系统要求而产生的，超级账本的建立是由大型的开源社区牵头的，一开始有三十个创始成员，分成三大类：第一类是金融公司，如摩根大通银行、富国银行、荷兰银行等，他们看到了区块链的应用场景；第二类是科技巨头，如 IBM、英特尔、思科等，他们希望捕捉到商业机会；第三类是专注区块链的公司，如 R3 CEV、Consensys 等，他们希望能够在这个领域大显身手。这个项目成立一年多就已经发展到一百多个成员了，其发展非常迅速，也得到了广泛的支持。超级账本项目里面可以同时允许有多个不同的子项目运行，不同的子项目能够解决不同的商业问题，但需要提案孵化成熟。现在有五个项目在孵化期，包括 IBM 主导的 Fabric、Sawtooth Lake、Iroha、Blockchain Explorer 以及 Cello 等。目前，亚马逊网络服务、IBM 和甲骨文等行业巨头已批准超级账本作为其区块链后端即服务（Backend as a Service，BaaS）产品。

随着区块链技术诞生的比特币具有"去中心化"、集体维护、不可篡改、数据透明、用户匿名等特性，这些技术特征与虚拟的"数字货币"体系非常贴合。区块链是支持比特币的底层技术，也是超级账本的底层技术。随着区块链价值的逐渐显现，业界开始讨论区块链能否用于解决一些非比特币的问题。目前使用最多的领域就是金融，除了金融领域，还有数字身份、财产确权等很多方面。简单总结使用区块链技术解决非比特币问题主要有以下 4 个基本逻辑：①需要共享的账本来共享数据，也就是分布式账本；②需要这个账本里有一定的隐私保护，因为做"交易"、做业务的时候，不可以让其他人看见；③需要智能合约，也就是区块链上的代码；④需要共识算法。这几个基本逻辑是区块链在商业应用里所应具备的特征。

公有链的不足之处体现在以下几个方面：①数据透明性，由于很多"交易"与反洗钱相关，而在真正的商业环境里匿名是不合适的，比如签一个合同要知道对方是谁，对方匿名就不太适合做"交易"。②"去中心化"，比特币的"去中心化"是指它可以使得这个系统在没有中心监管的情况下可以自由运行，在一个商业系统里面这样的自主运行可能会有问题，从政府的角度或者法律的角度来说我们也希望有一个能够监管控制的手段，所以"去中心化"在商业领域不一定完全不需要，也可能是"半中心化"到"去中心化"，而集体维护和不可篡改在商业里面是非常有用的，它们能够用于做很公正、完整的记录，同时对其进行积极维护，希望多方参与记账，以保证数据不被篡改；③无保密性问题，无法保护商业机密；④确认时间长，比特币要接近一个小时才能基本确认这笔"交易"；⑤无最终性，"交易"容易被推翻；⑥吞吐量低，这是技术层面的问题，比特币每秒七笔的"交易"是不可接受的；⑦游离于法律体系之外，因为没有一个政府或者国家可以控制这种系统，没有办法对其进行监察，这是现实问题；⑧比特币是极客主导的技术，比特币系统是一些计算机玩家编写出来的，换句话说这些玩家都是"黑客"，他们完全不受商业环境的控制。综上可知，比特币系统有一些我们需要的特征，也有一些我们不需要的特征，这就需要我们对比特币系统做一些改造，使其符合商业应用的需求，这也是超级账本项目的出发点。简而言之，超级账本项目基于两个基本考虑：一个是希望更加"去中心化"、更加开放；另一个是在商业环境里实现更高的效率。

在超级账本所有的子项目中，目前发展比较完善的是 Fabric 项目。这个项目的定位是做底层的平台，就像区块链，修一条大家都能用的"高速公路"。Fabric 开发了一些共识算法，满足了一些基础的需求。IBM 在 2016 年上半年基于 Fabric 做了不少尝试，然后发现其在商业应用领域里有很多技术问题，其中之一就是难以保持机密性，因为 Fabric 最早是仿制比特币公有链做的，故成员之间的保密性较差。Fabric 第一阶段的版本节点数、吞吐量、扩展性都无法满足实际需求，当节点增加时，需要的计算量是平方级别增长，而系统不可升级，这也是其不足之处。后来 IBM 持续投入技术力量来优化这个项目，随着时间的不断推移，目前超级账本已经成为商用区块链的典型基础设施。

在 Fabric 项目中产生的所有针对数据状态变更的请求都会生成有序且不可篡改的记录存储于账本中，数据状态的变更是由所有参与方认可的智能合约调用事务的结果。每个事务都将产生一组资产键值与之相对应，这些键值对应创建、更新或删除等操作而同步到所有账本。账本由区块链组成，每一个区块中都存储有一条或一组有序的且不可篡改的记录，即一个状态数据库维护当前结构的状态。每个通道（Channel）都有且仅有一个账本，在该通道中每个加盟成员都须维护同一份账本。Fabric 项目在每个通道中都有一个不可篡改的副本，以及一个可以操纵和修改当前资产状态的智能合约。一个账本被限制在一个通道的范围内，它可以在整个网络中进行共享，也可以被私有化（只包含一组特定的参与者）。在后一种情况下，这些参与者将创建一个单独的通道，从而使他们的事务和账本隔离出来。为了满足既公开透明又能保护隐私的场景，智能合约只能安装在需要通过访问资产状态来执行读写操作的对等节点上。为了进一步混淆数据，智能合约中的值（在一定程度上或全部）可以使用诸如高级加密标准（Advanced Encryption Standard，AES）之类的通用加密算法进行加密，然后将事务发送到排序服务，并将生成的区块追加到账本上。一旦加密的数据被写入账本，它就只能被拥有相应密钥的用户解密，这就是 Fabric 项目的隐私策略。

值得注意的是，在分布式账本技术中，共识机制作为单一功能成为一种特定算法的同义词。然而，共识不仅仅是简单地就事务的顺序达成一致，在 Fabric 项目中，需要通过它理顺整个事务流中的各个环节，包括提交请求、背书验证、事务排序、确认和广播等，此时这种区别显得尤为突出。简单地说，共识被定义为一个完整的循环，它是由一个经过验证核实的区块所包含的一组事务。当一个区块中的事务集合的顺序和结果经过所有检查并符合策略标准时，事务的顺序将最终达成一致。这些检查和平衡发生在一个请求事务的生命周期中，包括使用背书策略来规定哪些特定的成员必须支持某个事务和系统智能合约，以确保这些策略得到执行与维护。在提交排序服务节点之前，这些执行验证的对等节点将使用系统智能合约来得到足够的背书支持。

从技术角度来说，Fabric 项目是一种模块化的区块链架构，是分布式记账技术的独特实现，它提供了可供企业运用的网络，具备安全、可伸缩、加密和可执行等特性。Fabric 项目提供了以下几种主要的区块链网络功能。

（1）身份管理。为了支持被许可的网络，Fabric 项目提供了一个成员身份服务（Membership Identity Service），它管理用户身份识别信息并对网络上的所有参与者进行身份验证。访问控制列表可以通过特定网络操作的授权来提供额外的权限。关于超级帐本网络的一个常态是，成员相互了解（身份），但他们不知道彼此在做什么。

（2）隐私和机密性。Fabric 项目使得竞争的商业利益和任何需要私人的、机密的"交易"的团体能够在同一个被许可的网络上共存。私有通道（Private Channel）是受限制的消息传递路径，可用于为网络成员的特定子集提供隐私性和机密性。所有的数据包括事务、成员和通道信息，都是不可见的，任何网络成员都不能访问该私有通道。

（3）高效处理能力。Fabric 项目通过节点类型分配网络角色，执行事务的操作从事务排序和提交验证中分离出来，以便向网络提供并发性控制和并行性操作，在排序之前执行事务以使每个对等节点能够同时处理多个事务。这种并发执行提高了每个对等节点的处理效率，并加速了对排序服务事务的交付。除了启用并行处理之外，还可以从事务执行和分类维护的需求中提取节点，而对等节点则会从排序工作中解放出来。角色的这种分工也限制了授权和身份验证所需的处理操作，所有的对等节点不需要信任所有的排序节点，反之亦然，因此，在一个节点上的进程可以独立于另一个节点进行验证。

Fabric 项目实现了一个模块化的架构，为网络设计师提供了功能选择。例如，特定的识别、排序和加密算法可以被插入到任何一个 Fabric 项目的网络中。其结果是构建一个通用的区块链架构，任何行业或公共领域都可以采用，并保证其网络可以在市场、监管和地理界线之间进行操作。

以上就是我们对超级账本技术及其子项目 Fabric 的介绍，我们需要理解超级账本技术与区块链技术之间的关系，以及它在商业化场景中的重要作用。简而言之，超级账本是一个基于模块化架构的分布式账本解决方案平台，它拥有深度加密、便捷扩展、部署灵活等特性。它设计之初的目的是支持不同组件的可插拔，并适应整个经济生态系统中存在的复杂性和高精度性。与其他的区块链平台解决方案相比，它提供了一种独特的扩展便捷和部署灵活的架构。它更多适用于联盟链形式，即适合企业级之间的区块链联盟（建立在可信任的基础上）。如果是企业级区块链部署的场景，建议以 Fabric 项目所提供的技术解决方案为基础进行区块链技术的商业化落地。

3.3 分布式账本技术应用

从技术角度理解了分布式账本技术的概念之后，我们从系统论的视角讨论分布式账本技术的定义，以及它在具体场景中的应用。由于分布式账本技术处于发展的早期，新的技术创新和技术应用层出不穷，因此建立一个系统的理解技术的视角是非常重要的，这也为后续讨论区块链技术的应用和理解其他新的技术提供了非常重要的参考角度。

首先来看分布式账本的定义。目前我们定义分布式账本是一个本体论的框架，是对技术的相似性和差异性的组合，并通过分类的方式讨论其实质。例如，世界银行（WB）将分布式账本描述为"比较宽泛定义的分享总账本落地的一个特例"，欧洲中央银行（ECB）将分布式账本描述为"允许其用户在交易或账户余额的共享数据库中存储和访问与给定资产及其持有者相关的信息。该信息散布于用户之间，然后用户可以使用它来结算，而无须依赖一个可靠的中央验证系统"，除此之外，学术界将分布式账本定义为"分布式的、加密安全的且有加密经济激励的共识引擎"。以上的定义基本上都是以简单的本体论的框架去讨论分布式账本的概念的，而忽视了技术的设计逻辑和软件架构，这些定义在细节上差异较大，使得我们很难从定义本身出发描述不同分布式账本的通用框架的实质是什么。为帮助读者理解，接下来我们系统地分析分布式账本的框架。

分布式账本的框架建立于分布式账本技术最初的定义之上。我们通常认为分布式账本从技术视角来看满足如下要求：由加密链接的"数据块"构成链，由分散的网络维护和更新，网络节点受到经济激烈的鼓励后会非战略性地参与维护和保护系统，以使数据以一种"全球总账"的特殊形式被组织起来，这样的组织方式能够抵御对抗性行为的干扰，如"双花"、伪造、勾结、篡改以及其他针对系统的恶意行为。这种狭义的定义讨论了分布式账本在理想状况下的技术特性，在此基础上，我们将进一步优化和理解分布式账本的概念，即"最低要求"的分布式账本应该满足哪些条件。

从系统论的视角来说，我们首先认为分布式账本需要在对抗性环境中运行，对抗性环境指的是在系统或者网络中存在恶意行为者，他们以不恰当的方式使用系统，从而造成破坏。在分布式账本技术系统中就存在未经授权而尝试利用共识规则来进行的恶意行为，包括转移资产、审查其他人的交易或者破坏网络正常运行等。其次，分布式账本技术系统可以理解为一个"共识机器"，也就是说分布式账本技术系统是一个多方系统，在没有中心化节点的基础上，参与者就一组共享数据及其有效性达成一致。分布式账本技术系统与传统的分布式数据库的最大区别在于能够在对抗环境中支持和维护数据的完整性。最后，我们可以将分布式账本技术系统地描述为一种"将信任委托给终端（节点）"的非中介技术系统，这样的系统可以在一定范围内容忍试图攻击系统的恶意行为者存在，这使得参与各方能够普遍信任他们的交易对手。

分布式账本技术系统至少具备以上核心特质，这些核心特质共同指向多个控制者，而传统的分布式数据库虽然也由多个节点组成，但是那些节点通常由同一实体所控制。因此，我们可以将分布式账本技术系统作为一个电子记录系统来看待，这个系统能够让独立实体建立"共识"，而不依赖于中心节点提供的权威版本。分布式账本技术系统的目标是产生一组权威记录，其中涉及多个独立实体的多方共识进程的验证和执行，而这些环节都是在"去中心化"的条件下进行的。用户创建和公布未经证实的交易会与记录的制造者同时被记录到账本之中，所有的节点都会作为审计员自动执行现已确认的交易中所包含的所有指令。

我们可以看到，几乎所有的分布式账本技术系统都满足以上条件，还满足与一系列实体运行相关的条件，我们通常将这些实体分为开发者、管理者、网关和参与者等。开发者编写和审查作为分布式账本技术系统及其连接系统的技术构建区块的基础代码；管理者则负责控制核心代码，并可以决定添加、删除和修改代码，以更改系统规则；网关则是系统与外部世界沟通的桥梁，能够为分布式账本技术系统提供对外的接口；参与者则是最多的节点，能够在彼此之间通过分布式账本技术系统进行通信。实体可以在分布式账本技术系统中同时承担多个角色并在多个系统层上运行。每个分布式账本技术系统都有不同的参与者、实体和角色，而跨层、组件和流程角色分配会影响整个分布式账本技术系统的属性。因此通常情况下，我们将分布式账本技术系统分为3个基本层次：协议层、网络层和数据层。协议层负责定义系统运行的规则，网络层让互相连接的参与者能够执行协议的进程，数据层则在系统中传送数据并携带与系统意图相关的所有用户层面的信息。

在理解了分布式账本技术的定义后，我们简单地讨论下分布式账本技术的应用。基于现有的分布式账本技术，我们可以从以下几个方面总结其应用的特点。

（1）分布式账本技术可以通过新的基础设施和流程来精简金融服务行业的业务流程，这将释放原来耗费在核对和检验信息中的大量劳动力，也将去除清算和交易结算时对第三方的依赖，并在这个过程中实现监督者对受监督实体金融活动的实时监控。除此之外，交易方可以通过分布式账本技术共享和安全的环境实现协议的签订，从而降低违约的风险，并实现资产来源、交易历史和资产流动性的透明化。简而言之，分布式账本技术可以看作是金融服务基础设施的核心技术之一，它的作用取决于在具体的金融业务场景中解决什么问题，如在贸易金融中可以精简结算的流程，并允许各方实时跟踪并管理信用凭证，在全球支付的场景中可以避免金融机构之间因转账产生的延迟效应等。

（2）资产所有权可以存储在分布式账本技术系统中，并通过加密技术保障支付、清算和结算流程。分布式账本技术系统中的资产可以设计为多种形式，既可以是在账本中发行和交易的资产，也可以是账本外资产。无论何种形式，资产的所有权信息都可以存储在账本中，通过账本维护系统中全部参与者的所有权状态。分布式账本技术系统中的资产所有人可以是银行或券商，如果在完全"去中介"的场景中，资产则可以直接由家庭或企业持有。通过应用加密技术，分布式账本技术可以实现身份验证和数据加密功能。如在资产交易过程中，交易验证以称为"公钥"的加密技术为基础，交易发起方通过非共享的加密证书（即"私钥"）创建数字签名，作为交易验证方的参与者，通过算法和公钥对账本记录进行解密，验证资产权属的真实性。此外，加密技术可用于对账本中的交易信息进行加密，仅使某些参与者能够获得交易的具体信息。由于分布式账本技术一般要求在账本中公布交易记录，因此加密技术是实现必要隐私保护的重要工具。最后，加密技术也可用于实现共识机制。

（3）分布式账本技术未来最大前景在于实现数字身份和数字许可，通过在这个领域的场景落地，可以让交易过程中的身份信息得到充分确认，可以更准确地完成了解客户（Know Your Customer，KYC）的作用。除此之外，随着人工智能和物联网技术的发展，分布式账本技术能够在"万物智能"和"万物互联"的时代发挥更加重要的作用，尤其是在网络节点之间的相互信任和交易效率提升等方面。

（4）在目前的主要市场中，我们仍然需要权威机构在市场参与者之间进行调解，但是分布式账本技术的基础设施带来的透明性免除了中介的必要性，同时减轻了法律和监管的负担。因为目前合同执行假设交易各方都不可信赖，所以权威第三方必须参与合同的执行过程，而分布式账本技术的基础设施能够让这样的状况得到改变，交易各方可以通过事先约定相应条款而避免第三方干预。

（5）在分布式账本技术中，节点是运行软件、共同维护数据库记录的设备，通过节点之间相互连接，实现信息共享和验证。理论上，这种结构可以实现让每个拥有节点的用户以点对点的方式直接共享数据库管理责任。分布式账本技术还可以使单一主体跨多个节点维护数据库记录，进一步增强操作弹性。除了计算能力之外，参与者在分布式账本技术中的参与能力还取决于账本的设计模式。开放式系统允许所有具备技术能力的实体运行节点，封闭式系统则须满足更高的标准（如流动性、信用等）才可运行节点。比特币等"加密货币"属于开放式系统，金融行业设计的分布式账本技术系统一般属于封闭式系统。

（6）分布式账本技术的应用需要通过协议来定义资产的必要流通，并可以通过智能合约实现某些交易的自动执行。协议是一种定义账本参与者之间交互方式的语法和程序，它对支付、清结算流程中的各类条件进行编码并放置在协议中，以实现各类交易的支付、清算与结算。分布式账本技术在协议和流程上的核心差异在于结算过程，分布式账本技术系统中的结算是将相关方新的所有权状态更新到共同账本中。在分布式账本技术系统中，交易及其后续的所有权状态向所有持有账本副本的节点公布，并最终形成新的账本以被各节点接受。节点接受新的账本的过程称为"共识"，是点对点网络中共享共同账本的重要方法。由于多个参与者都可以在共同账本中添加记录，因此可能出现两笔看似有效的交易同时在网络中公布的情况，从而产生"双花"问题。通过共识算法或其他类似流程，网络中的节点可以优先处理一笔有效交易，确保只有一笔交易被接受并同步到共同账本中。在交易验证的协议和流程中，通过共识算法可以避免系统接受无效交易，并强化账本的防篡改性。分布式账本技术协议的设计，可能影响系统整体的可扩展性和性能特征，因此，行业目前正在对多种共识算法进行研究，以减少延迟并提高分布式账本的可扩展性。

（7）智能合约是基于一致同意的合同条款，用于自动执行预先设定条件的交易的编码程序。与传统合约类似，智能合约以参与者对条款的一致同意为基础。智能合约可与分布式账本技术结合，基于账本接收的信息进行自动执行。如一些公司正在探索使用智能合约模拟公司债券的发行，发债机构规定合同参数，如债券面值、期限和息票支付结构等，债券发行后，智能合约将自动进行所需的息票支付直到债券到期。

以上就是我们对分布式账本技术应用特点的讨论。由于目前分布式账本技术还处于比较早期的阶段，这类技术的应用尚存在成本收益、网络效应和创新商业模式等挑战，如何提升分布式账本技术的可扩展性和互联互通、如何建立分布式账本技术的标准、如何更有效地对密钥和访问数据进行管理，都是现在亟待解决的问题。随着时间推移和产业的进步，我们相信分布式账本技术将在越来越多的行业发挥作用。

第4讲 区块链与人工智能：智能经济的双螺旋

在讨论了关于区块链技术的基本技术范式以后，这一讲我们来讨论区块链技术和人工智能技术之间的关系。在多个信息技术中，这两种技术无疑代表了最重要的两类技术范式：人工智能代表了以计算代替劳动力的生产力技术范式；区块链则代表了网络代替市场的生产关系技术范式。在这一讲中，我们来讨论区块链技术所代表的网络化的技术范式和人工智能技术所代表的算法化的技术范式，并在智能经济架构下讨论这两类技术范式的价值。我们将从技术本质的角度去探讨其商业意义，而不是只讨论这两种技术的现实意义。

4.1 智能经济的发展逻辑

2017 年 7 月 20 日，国务院印发《新一代人工智能发展规划》的通知（国发〔2017〕35号）（以下简称通知），阐述了关于人工智能发展的战略目标，其中的重点内容包括以下 3 个部分：①到 2020 年人工智能总体技术和应用与世界先进水平同步，人工智能产业成为新的重要经济增长点，人工智能技术应用成为改善民生的新途径，有力支撑进入创新型国家行列和实现全面建成小康社会的奋斗目标；②到 2025 年人工智能基础理论实现重大突破，部分技术与应用达到世界领先水平，人工智能成为带动我国产业升级和经济转型的主要动力，智能社会建设取得积极进展；③到 2030 年人工智能理论、技术与应用总体达到世界领先水平，成为世界主要人工智能创新中心，智能经济、智能社会取得明显成效，为跻身创新型国家前列和经济强国奠定重要基础。

我们看到其中的关键词包括"智能经济"和"智能社会"等，我们在这里重点讨论智能经济。通知中对培育高端高效的智能经济的阐述如下："加快培育具有重大引领带动作用的人工智能产业，促进人工智能与各产业领域深度融合，形成数据驱动、人机协同、跨界融合、共创分享的智能经济形态。数据和知识成为经济增长的第一要素，人机协同成为主流生产和服务方式，跨界融合成为重要经济模式，共创分享成为经济生态基本特征，个性化需求与定制成为消费新潮流，生产率大幅提升，引领产业向价值链高端迈进，有力支撑实体经济发展，全面提升经济发展质量和效益。"简而言之，智能经济就是通过智能化的信息技术将数据和知识作为生产力、将共享作为基本特质的经济生态。

从认知角度来理解智能经济，如果说工业革命带来的是基于理论推理、实验验证的科学主义思想，那么智能经济就建立在信息技术革命带来的数据化、算法化和复杂化的认知升级之上。我们可以看到智能经济的浪潮是基于新的技术生态所形成的，人工智能、大数据、云计算、区块链、物联网、5G 等技术共同构成了智能经济的基础设施。传统的经济学探讨的是在大规模传统工业下的经济增长理论，而数字经济学探讨的则是在智能经济发展的浪潮下智能化、网络化和复杂化的经济发展理论。

回到真实的商业社会中，全球市值最高的互联网企业基本上都符合智能经济的特征。2018年玛丽·米克尔（Mary Meeker）发布《互联网趋势报告》，公布了全球二十大互联网公司的排名。数据的结果令人惊讶，全球二十大科技公司被美国和我国包揽，没有其他国家的公司入围。下面，我们从数字化、智能化与网络化 3 个方面来总结智能经济的基本特性。

（1）数字化，也可以叫作"比特化"，就是将物理世界通过信息技术映射到网络之中。我们可以认为，所有的数字经济的基础都在于数字化，只有在比特世界中才有讨论数字经济的必要。作者在撰写《数字经济学》时，在第一部分中专门提到，数字经济学就是要构建数字经济时代的经济学理论，也就是针对数字化的经济提出的整个理论体系，而不是其他范围的经济论题。数字化的经济具备传统经济不具备的特质，包括信息的价值、网络的重构和其他相关特质，这是我们理解智能经济的基础。从这个意义上来说，智能经济必须要实现的就是信息化和数字化，其技术基础是计算机技术、物联网技术和云计算技术。IBM 在 2019 年发布了《认知型企业：发挥人工智能优势，全面重塑企业——七大成功要素》，其中的核心观点就是企业由外部变革而向内推动的数字化转型是第一步，由内部变革而向外发生的数字化重塑是第二步，数字化重塑是过程，目标是成为认知型企业。由此我们可以认为，数字化是智能化和网络化的基础，也是信息技术革命的核心要义。

（2）智能化，就是通过以人工智能为代表的技术来实现生产和服务的大规模商业化。以谷歌的搜索服务为例，它最大的成功之处是以搜索技术实现了数字世界的第一种大规模智能化服务，所有的用户通过简单地搜索页面就可以抵达整个网络的任何角落。在过去二十年中，搜索服务既是最大的信息服务，也是覆盖面最大的用户服务。智能化使得服务在边际成本几乎为零的情况下不断扩张，推动了整个互联网的价值提升。另外一种智能化服务是推荐服务，这类服务的代表是亚马逊，它提供的推荐引擎使电子商务的服务成为零售业最大的变革，尤其是将零售和物流的智能化结合起来，创造了低成本、高效率的智能化服务典范。2017 年 11 月，IBM 商业价值研究院发布《认知中国：描绘中国人工智能发展蓝图》报告，其中指出七大技术可以被列入认知技术范围，包括人工智能、机器人、机器学习系统、自然语言处理、深度学习、预测分析和推荐引擎等。从广义上来说，认知计算和人工智能泛指下一代信息系统，相比于传统的信息系统，下一代信息系统可以通过持续积累知识、理解自然语言和推理、学习与人类更自然地交互，建立理解、推理、学习和交互的能力。换言之，从商业视角来看，智能化的核心就是为企业转型并成为认知型企业提供技术基础。在未来的智能经济发展过程中，有竞争力的企业都必须具备这样的能力。

（3）网络化，就是按照互联网的网络效应所构建的服务，最典型的代表就是社交网络，如 Facebook 和腾讯。我们之前讨论过网络效应，从 1994 年互联网商业化以来，网络效应创造了科技公司 70% 左右的价值。"网络效应"这一概念是由以色列经济学家奥兹·夏伊（Oz Shy）在《网络产业经济学》中提出的，他认为信息产品存在着互联的内在需要，因为人们生产和使用它们的目的就是更好地收集和交流信息。这种需求的满足程度与网络的规模密切相关，只有一名用户的网络是毫无价值的。如果网络中只有少数用户，他们不仅要承担高昂的运营成本，而且只能与数量有限的人交流信息和使用经验。随着用户数量的增加，这种不利于规模经济的情况将不断得到改善，每名用户承担的成本将持续下降，同时信息和经验交流的范围得以扩大，所有用户都可能从网络规模的扩大中获得更大的价值，此时网络的价值呈指数级增长。这种情况（即某种产品对一名用户的价值取决于使用该产品的其他用户的数量）在经济学中称为"网络外部性"，或称"网络效应"。事实上，网络效应是最重要的智能经济的基本机制，这里涉及"梅特卡夫定律"（Metcalfe's Law），即一个网络的价值与网络用户数的平方成正比。因此社交网络的估值往往较高，这也就是实现了网络效应的商业价值的结果。

理解了智能经济之后，我们再来看人工智能技术和区块链技术，事实上区块链技术就代表了以上三种效应的结合。如果说互联网构建了最基础的数字化网络，那么智能化依赖的就是以人工智能技术为代表的算法类技术，也就是"算法智能"；区块链技术则代表了网络化的技术基础，也就是"网络协同"。当然，由于区块链技术尚处于发展早期，目前的网络协同效应还是由互联网来构建的，我们在这里只从学术角度探讨区块链所构建的网络效应的价值和对未来整个智能经济的贡献。换言之，我们讨论的是未来数十年后的、理想的、新的数字技术所构成的智能经济的新范式，阿里巴巴的曾鸣教授曾说"智能商业"是以互联网技术为基础来讨论的，我们在这里将其拓展为"智能经济"是以"人工智能+区块链"技术为基础来讨论的。

所谓网络协同，在互联网时代指的是通过网络技术进行大规模的多节点间的互动，而在区块链时代则指两个方面：第一是网络内部通过共识机制进行大规模内部机制的协调，以"拜占庭将军问题"为模板解决网络的高效决策与信息安全的平衡问题；第二是不同网络之间的跨网络协同，也就是通过所谓跨链技术解决"去中心化"的网络之间的通信问题，在不同的商业网络中构建价值。未来的智能经济中，形成的网络就是不同的区块链经济体内部的商业生态，和不同区块链经济体之间的商业生态的深度互动的智能经济。

所谓算法智能，指的是通过人工智能算法推动的智能化技术。目前在传统互联网经济中一般的提法是数据智能，如谷歌基于数据智能，推出了精准营销的广告方式，实现了广告价格的实时监测，即通过拍卖市场来决定价格，而不是事先由刊登广告的媒体来决定它的价格。另外的典型案例，如国内的滴滴、今日头条等通过智能算法所形成的共享出行服务与推荐信息流服务，都是基于数据智能提高的基础服务。在未来，通过算法智能所提供的不仅是信息数据相关的服务，还是所有涉及智能经济的服务，主要包括人工智能新兴产业服务和产业智能化升级服务。前者包括智能软硬件、智能机器人和智能终端等，后者包括智能制造、智能农业、智能金融、智能家居等。换言之，算法智能是将算法化应用到所有的可以适用智能化经济的领域（而不限于信息服务相关的领域），甚至包括社会治理领域智能化（如智慧城市和数字化国家等）。因此，算法智能是在数据智能基础上更高维度的智能，也是智能经济的基础范式之一。要实现算法智能，就要实现人工智能技术更大规模的使用和更基础的算法研发，将人工智能技术与智能经济深度绑定，才有可能实现经济生态的升级。

换言之，我们讨论智能经济就是讨论下一代人工智能和下一代网络技术下的经济生态，未来智能经济的基础范式就是区块链与人工智能，基本上需要解决以下 3 个问题。

（1）如何实现企业的网络化？这里的网络是区块链的可信网络，如何通过区块链技术与人工智能技术融合建立信用体系是未来智能经济要解决的首要问题。只有解决了这个问题，我们才能知道如何在数字化网络中实现更低成本和更高价值的经济生态。需要强调的是，目前的网络技术还是以互联网为基础，包括消费互联网和产业互联网，未来区块链技术会大范围融入现有的网络之中，成为可信网络的关键技术，形成一种全新的演化发展的趋势。

（2）如何实现最大化的智能决策？通过算法来替代可以模式化和算法化的决策环节，尽可能减少人工决策的失误和成本，使得整个网络可以在智能化算法的运行下提升效率。这就是我们之前讨论的"认知型企业"的概念，人工智能和认知计算相关的技术推动企业数字化和智能化转型，从而推动实现全新形式的客户互动、战略创新和价值网络。智能化不仅是数字化发展的目标和趋势，也是智能经济发展的核心逻辑。

（3）如何实现网络的价值化和共识？在构建了数字化生态之后，我们需要思考如何构建商业化的模型和整个经济生态的共识。互联网时代的商业模型在智能经济时代未必适用，因此需要构建新的商业模型来解决企业遇到的新问题。互联网时代我们建立了消除信息壁垒、加速信息流动和建立更加方便的信息互动的共识，到了智能经济时代，我们需要建立基于人工智能技术和区块链技术的新共识。这些共识包括但不限于通过智能合约推动技术化的契约、通过人工智能提升业务效率、通过区块链网络建立更加可信的业务流程等。

以上就是我们对智能经济的基本概念以及智能经济所涉及的两种技术范式和基本作用的讨论。网络效应和算法智能都不是新词汇，但是它们涉及智能经济的本质问题，尤其是区块链技术代替互联网技术成为网络的新基础设施。虽然之前对区块链技术进行了系统的讨论，但在这一讲我们通过总结智能经济下的区块链与传统互联网的差异来理解智能经济的概念和发展，并基于这个差异来讨论未来可能发挥的价值领域。

4.2 区块链与加密经济学

区块链技术的产生与加密经济之间有着时间上的同步关系，不过从更长的渊源来说，区块链技术是基于信息技术革命产生的组合型技术范式，而整个信息革命的理论基础都可以回溯到1941年至1960年的梅西会议（Macy Conferences）。这场持续十几年的会议的目的是为人类思想运作的一般科学奠定理论基础，它成为了最早的跨学科研究的会议之一，也催生了对系统理论、控制论和认知科学的研究。从某个角度来说，这个会议奠定了信息技术范式革命的基础，也奠定了从计算机、互联网、人工智能到云计算、物联网、区块链技术的基础。因此，区块链技术一定要放在信息技术革命的历史演变路径中去看待和理解，而对区块链的认知也要从技术演变的路径上去看待和理解。下面，我们系统阐述下区块链技术自身的发展特点，从而得到区块链技术与互联网技术在演化路径和应用场景上的本质性差别。首先讨论区块链技术发展的特点。

（1）区块链技术的发展来源于多个技术的组合，也就是通过多个技术综合所形成的创新，而互联网技术则是某一项突出技术的单点突破。正因为区块链技术是组合技术，所以其3个基本发展背景，即互联网技术革命、全球金融危机以及密码朋克思想都在其技术演化史上起到了很重要的作用。这形成了区块链技术的基本应用特质，即能够在多个复合领域尤其是金融领域与安全领域进行应用，但是很难单独完成某个具体的应用场景落地。换言之，区块链技术一定要通过融合的方式进行落地，至少会用到互联网和人工智能相关的技术，否则很难实现大规模的商业化。因此，我们看到过去十年内除了加密经济领域之外，其他具体产业中区块链的发展非常缓慢，其根本原因就在于区块链技术被误导性使用以及与其他技术的融合应用需要时间，与互联网技术相比，区块链技术发展周期需要同其他技术融合的周期互相协调。

（2）区块链技术正处于产业发展的早期，核心工作应是相关基础算法和专利技术的研究，以及具体场景的应用尝试。前者决定了技术的上限，也就是整个技术范式在信息技术革命中的周期。后者决定了技术的下限，也就是在具体应用场景中技术能够贡献的价值有多大。因此，现阶段过度地消费区块链的概念，甚至用互联网的理论和应用去生搬硬套是没有意义的。

（3）与互联网技术相比，区块链技术的全球性更加明显。这种全球性体现在其与加密经济深度互动的历史中，正因为金融行业的内在特质，所以我们一定要放在全球性的视角去看待区块链技术的发展，否则就很难理解其应用本质。

接下来讨论区块链技术与加密经济学之间的内在联系，以及对加密经济未来的解读。事实上，区块链技术不仅发展出比特币等应用，还衍生出加密经济学这一新兴研究领域。作为加密经济的基石，区块链技术可以分为数据层、网络层、共识层、激励层、合约层和应用层六个层次，其中与加密经济直接相关的是共识层、激励层和合约层。共识层主要包括保障节点数据一致性的各类共识算法和协议，是实现所有经济制度安排的技术核心；激励层将经济因素集成到区块链技术体系中，主要包括经济激励的发行机制和分配机制，这是不同参与方的市场契约规则，也是区块链技术实现无边界组织的关键；合约层主要封装各类脚本、算法和智能合约，是区块链可编程的基础，也是实现自动化的算法经济的关键。

理解了区块链技术的结构，也就理解了它与加密经济之间的关联，这主要体现在以下 3个方面。

（1）区块链技术采用的 P2P 网络协议推动了异构的经济组织形态，也推动了异质化经济的发展。异质化经济这个概念作者在《数字经济学》中提过，其他学者如姜奇平在《网络经济》一书中也提过。异质化经济（也叫差异化经济、多样化经济、复杂性经济）本质上是将经济质量的多样性维度放在经济的要素之中，分别由创新和个性化从供求两方面来理解的经济。

（2）区块链技术通过加密技术形成了安全可信的网络，安全机制是区块链生态中最核心最关键的部分。零知识证明、多方保密计算、全同态加密、链外信息互换通道等前沿技术都是在解决隐私和安全问题。数字经济时代最大的挑战和风险就在于数据安全保护，而区块链技术的应用将是数字经济走向更为成熟和安全的必要选择。

（3）区块链技术通过激励相容的技术设计，创造了一种开放系统的协作机制，能够满足数字经济发展的需求。传统经济生态中由于契约的不完备性，契约的执行需要一定的成本（交易费用）。在数字经济中，系统要通过算法自动运行来约束各方的经济行为并将交易费用降到最低，目前采用的是大数据和人工智能技术。未来加密经济可以通过智能合约以更低的成本实现同样的功能，并且具备透明可信、自动执行和强制履约等特点。

最后我们来讨论加密经济学的未来发展趋势，以及数字经济相关的理论思考。近几年随着大数据、人工智能、区块链等技术的发展，算法经济的理论在数字经济中得到了前所未有的关注。很多人认为通过算法来更高效地配置资源，可以部分取代市场资源配置的方式。事实上这样的想法是经不起推敲的，因为算法经济是建立在开放的经济生态之中的，强调尊重市场交易各个主体的权利和意愿，从而发挥市场机制中价格等要素的作用。数字经济中关于算法的讨论，实际上更多应该体现在技术如何推动企业管理制度的变革、市场效率的提升以及契约制度的内在逻辑变化之中，加密经济学引发了我们对一系列技术和经济间关系的思考。新的经济理论不是妄想颠覆传统，而是在传统的基础上不断演化和发展，在特定的领域内提出新的思想和新的问题。

4.3 区块链与人工智能的融合

讨论这个话题的原因并不仅仅是出于这两个技术概念的受关注程度，而是因为它们在底层拥有能够互融和互补的内在联系。总体来说，区块链与人工智能融合的讨论是要回答以下 3个问题。

（1）人工智能技术和区块链技术的应用前景是什么？换言之，就是对技术趋势进行判断，看到两种技术融合的本质原因。

（2）如何通过人工智能技术架构完善区块链技术？换言之，就是对优劣势进行判断，得到具有实践性的技术路径。

（3）技术融合之后的发展路径与单独发展的根本性差异是什么？换言之，就是技术融合的未来应用场景以及多元技术融合的价值所在。

理解了以上 3 个问题，也就理解了两种技术融合的本质，可以对"人工智能+区块链"的未来进行判断。事实上，这个问题之所以受到关注，是因为这两种技术在过去两年间占据了相关科学文献的头两名，在产业界也是引发创新者关注的最核心的技术范式。

首先来回答第一个问题：二者融合的前景。这里涉及前文所讨论的对技术本质的理解，区块链技术本质上是提供"信任"，也就是通过某种技术架构提供可以替代商业契约的"技术契约"，或者说对商业契约进行保障，这里涉及如何将商业生态中的陌生人通过技术契约形成可信、可靠和高效的网络的问题。本质上，区块链技术是一个组织网络的过程，是一种改变生产组织内在关系尤其是信用生态的技术范式。相对应的，人工智能技术是一种通过算法智能推动中心化效率提升的技术。目前我们所处的技术生态中的技术是以"弱人工智能技术"为主的技术。从人工智能发挥作用的场景和能力差异入手，这里简单地介绍下不同的人工智能技术范式。

• 弱人工智能：弱人工智能是指擅长于单个方面的人工智能。如有能战胜象棋世界冠军的人工智能，但是它只会下象棋，要问它怎样更好地在硬盘上储存数据，它就不知道怎么回答了。我们现在看到的大部分人工智能技术应用，尤其是基于机器学习技术的人工智能应用，都属于弱人工智能。正如人工智能学家迈克尔·乔丹（Michael Jordan）所说，按照现有的技术路径发展，机器在可预见的数百年内都无法实现"类人的智能"，只能实现所谓效率的提升。

• 强人工智能：强人工智能是指人类级别的人工智能。强人工智能在各方面都能和人类比肩，人类能干的脑力活它都能干。创造强人工智能比创造弱人工智能难得多，我们现在还做不到。琳达·戈特弗雷德斯（Linda Gottfredson）教授将智能定义为"一种宽泛的心理能力，能够思考、计划、解决问题、抽象思维、理解复杂理念、快速学习和从经验中学习等"。强人工智能在进行这些操作时应该和人类一样得心应手。

• 超人工智能：牛津哲学家、知名人工智能思想家尼克·博斯特罗姆（Nick Bostrom）将超级智能定义为"在几乎所有领域都比最聪明的人类聪明很多，包括科学创新、通识和社交技能"。超人工智能可以是各方面都比人类强一点，也可以是各方面都比人类强万亿倍。这也正是人工智能这个话题这么火热的缘故。

基于以上观点，我们可以看到现在人类正处于弱人工智能阶段，用计算机科学家唐纳德·克努特（Donald Knuth）的说法，"人工智能已经在几乎所有需要思考的领域超过了人类，但是在那些人类和其他动物不需要思考就能完成的事情上，还差得很远。"由此，我们可以认为如何通过这种偏向于中心化的弱人工智能将区块链技术的效率提升，是目前亟须解决的问题。由于人工智能技术目前都是在多个高性能计算单元上完成计算的，并通过大数据的处理和相应的算法形成智能化应用，因此区块链技术所存在的"去中心化"网络的智能应用就是人工智能能够提供的价值。这个领域，在计算机科学中叫作"分布式人工智能"。

事实上，这个领域已经成为很多国际顶尖的科学团队的核心研究领域。目前主流的以人工神经网络和深度学习为代表的人工智能技术发展迅猛，持续致力于提高单一智能体的环境感知与决策能力，在围棋、图像识别、语音识别等领域达到了比肩甚至超越人类专家的水平。与此同时，伴随着微机电技术、嵌入式计算技术与无线通信技术日趋成熟，以自主协作和智能涌现为基础的多智能体系统，因其成本低、响应快、灵活度高、顽健性强等优点，正逐渐发展成为未来任务执行的新范式。其典型代表包括美国国防高级研究计划局的"进攻性蜂群使能战术"项目与 NASA 戈达德空间飞行中心的"自主纳米技术群"项目等。在上述项目的诸多使能技术中，分布式协同决策与优化，即研究如何在"去中心化"环境下仅利用有限的个体感知能力进行决策与协调，以消除个体冲突，实现系统级合作目标，是多智能体自主协作的关键技术，也是分布式人工智能与群体智能研究的核心所在。在这个方面，国内的团队也有相应的贡献，如钱学森实验室在 2018 年 4 月对外宣布的一项研究实现了对分布式人工智能的突破。

总之，从现实角度来说，区块链是用一种分布式的方式来运行人工智能系统的复杂网络，整个网络就好比大脑，而网络中运行的不同人工智能节点，就好比脑区。即使大脑不直接控制人体内的每个系统，但基于分布式区块链的网络同样可以为强人工智能的协调开发创造一个动态平台。在这个动态平台上，每个人工智能节点都可以调用其他人工智能节点的模块和工具包。此外，对于网络攻击者来说，攻击整个分布式网络比攻击个别人工智能系统更困难，分布式人工智能系统也因此会更安全。

众所周知，人工智能包含三个核心部分：算法、算力和数据，一个优秀的人工智能算法模型需要大数据的训练和充足的算力支持，以进行不断地优化和升级。互联网尤其是移动互联网的发展带来了数据的大爆发，但很多优质数据都掌握在运营商、大型互联网企业等的手中。人工智能发展所需的各种核心数据，如个人的消费记录、医疗数据、教育数据、行为数据等，由于缺乏隐私安全机制，无法形成有效交易，中心化大数据带来的结果就是信息孤岛。而与此相对应的区块链的几大主要特征，如分布式节点的共识系统、信息的不可篡改、匿名化、"去中心化"，能够真正地推动数据的流通和开放。数据市场能够使社会变得更加公平，而激励机制能够使数据共享成为可能。在数据市场里，区块链和人工智能将会达成共存的新理念，最终实现各自不同的价值。

下面讨论人工智能技术会推动区块链技术在哪些方面发展。事实上，我们看到人工智能技术的发展经历了自上而下到自下而上的演变过程，目前，人工智能技术的前沿也是在研究如何通过演化的方式来设计智能体，进而形成一种自组织的智能判断。而区块链技术会在以下 3 个方面发生很大的变化。

（1）整体效率的提升。目前的区块链技术是一种静态的程序和规则，可实现整体智能合约的落地。当分布式人工智能技术充分发展之后，我们可以预期一种动态的合约生态得以产生。由于区块链技术本质上是一种网络技术，因此，如何提高一种在开放网络中实现动态的智能合约的机制是区块链技术必须解决的问题，也是人工智能技术能够发挥作用的地方。

（2）基础算法的变化。目前区块链技术依赖大约五十种共识算法，这些算法形成的是机器与机器之间的共识机制。而与人工智能技术融合之后，其中就加入了人的决策要素。将关于人的行为、社会的因素和其他与人相关的影响因子放在网络之中，可使机器之间的技术契约转换为人与机器的深度互动。我们认为，未来的区块链技术将成为数字经济领域的基础性技术，其必然需要这样的基础思想的变化。换言之，算法要从只着眼于机器转变为着眼于人与机器的关系，而这是人工智能的强项。

（3）基本生态的变化，尤其是对商业生态上下游的激励和管理规则的变化。目前的生态激励是依赖智能合约形成的机制，而这种机制相对简单，且带来了之前所遇到的加密经济的无价值问题。换言之，智能合约既不智能也不是合约，不智能是因为大多数规则都是静态的规则，不是合约是因为无法发挥相应的法律作用。因此，如何通过与人工智能结合，形成智能化的、有法律约束条件的合约，这是一个重要的底层生态的变化。在此需要强调的是，只有根植于真实的商业世界和现实世界的规则，才有可能产生真正具备价值的商业生态。

以上 3 个方面就是人工智能技术推动区块链技术发展变革的体现，也是目前区块链技术的痛点。只有在算法、效率和生态上产生本质上的变革，才能使区块链技术的应用场景得到真正的实现。

最后来讨论技术融合之后的发展路径与单独发展的根本性差异，也就是未来的价值所在。这里考虑的是分布式网络形成的超级人工智能的前景，也就是在分布式智能的基础上所形成的超级人工智能技术的价值。这里有 3 个关键词：集体智慧、奇点理论和超级智能。

所谓"集体智慧"，也叫作"集体智能"，是一种共享的或者群体的智能，是集结众人的意见并转化为决策的过程。它是从许多个体的合作与竞争中涌现出来的。集体智能在细菌、动物、人类和计算机网络中都有体现，并最终以多种形式的、协商一致的决策模式呈现出来。对于集体智能的研究，实际上可以被认为是一个属于社会学、商业、计算机科学、大众传媒和大众行为的分支学科——研究从夸克层次到细菌、植物、动物和人类社会层次的群体行为的领域。

这里的关键在于集体智能实际上可以理解为某种形式的网络化，尤其指由互联网的发展带来的基于共享信息的智能，这种智能不仅仅是数量的共享，更是质量上的提升。更广义地来说，集体智能可以定义为"通过分化与集成、竞争与协作的创新机制，生物朝更高的秩序复杂性与和谐方向演化的能力"，那么可以预见的是通过分布式智能的研究能够提升人工智能的演化速度和在集体智能上的突破。也就是说，通过分布式的网络构建起一种能够塑造集体智慧的超级智能，从而将信息技术服务推动到智能经济领域，实现真正意义上的智能社会。

所谓"奇点理论"，是根据技术发展史总结出的观点，其认为未来将要发生一件不可避免的事件——技术发展将会在很短的时间内发生极大且接近于无限的进步。一般设想技术奇点将由超越现今人类并且可以自我进化的机器智能或者其他形式的超级智能所引发。由于此类智能远超今天的人类智能，因此技术的发展会完全超乎全人类的理解能力，甚至无法预警其发生。之所以被称为"奇点"，是因为它是一个临界点。当我们越来越接近这个临界点时，它会对人类事务产生越来越大的影响，直到它成为人类的共识。但当它最终来临的时候，也许仍会出人意料并且难以想象。这如同物理学上的黑洞的物理属性，已经不在一般正常模型所能预测的范围之内了。

奇点理论是 1982 年由科幻小说家弗诺·文奇（Vernor Vinge）在卡内基梅隆大学召开的美国人工智能协会年会上提出的，后来他又发表了《技术奇点即将来临：后人类时代生存指南》，再次论述了这个观点。1999 年，美国哲学家、麻省理工学院博士瑞·库茨维尔（Ray Kurzweil）发表《灵魂机器的时代——当计算机超过人类智能时》一书，阐述了未来互联网将把全人类乃至其他生命和非生命体汇集成一个完整意识体的概念，在美国学术界一石激起千层浪。2001年，他又提出"摩尔定律"的扩展定律，即"库茨维尔定律"。该定律指出，自人类出现以来所有技术的发展都是以指数级增长的。也就是说，一开始技术发展是很缓慢的，但是一旦信息和经验积累到一定基础，发展开始快速增长，然后是以指数的形式增长。瑞·库茨维尔将同样的概念引入到生物进化和宇宙诞生以来的变化里，并导出了同样的指数增长的公式。根据他的数学模型，在未来的某个时间内，技术发展将接近于无限大，换言之，超级智能也就在这个理论模型中得以实现。

以上就是我们对人工智能和区块链技术融合的前景的探讨，虽然从长周期来看具备一定的科幻色彩，但是从技术路径上来说分布式人工智能有其现实价值和意义。要理解区块链技术的未来，需要将其放在长周期中去理解，梳理其长期发展的逻辑和趋势。在后面的章节中我们还会对智能社会等多个概念进行论述，以帮助读者建立起宏观技术思想的理念。

第 5 讲　人工智能技术革命与治理

2016 年 3 月，阿尔法狗（谷歌人机大战机器人 Alpha Go）战胜了围棋九段棋手李世石，引发了全世界的讨论。这一里程碑事件向世界展示了人工智能在特定领域所展现出来的思考能力和学习能力。乐观人士相信人工智能技术的突破将极大程度推动生产力技术提高，甚至引发生产力技术革命，而悲观人士则担心人类最终会创造出自己都无法控制的智能机器。这一讲我们就来梳理人工智能技术革命所造成的影响，尤其是对我国经济、社会、产业等各方面的影响，也讨论在全球视野下的人工智能的治理机制是如何构成的，从而帮助我们理解人工智能技术发展的前景。

5.1　人工智能技术革命

人工智能是对人的意识、思维过程进行模拟的新学科，2006 年之后计算机科学家们在机器学习和深度学习领域取得重大突破，尤其是在数据收集、整理、算法和高性能的芯片技术发展等领域，赋予了机器基于数据的认知与计算能力。人工智能技术的变革并不只是在理论和学术界，而是在不同行业当中都有应用，咨询公司麦肯锡预计到 2025 年人工智能应用市场总市值将达到 1270 亿美元，因此理解人工智能技术革命的影响非常重要。

人工智能带来了全球性的机遇与挑战，它改变了互联网行业的基本工作方式和产业环境。以往人们借助计算机的运算能力可以高效地完成任务，通过编写包含具体指令要求的软件来实现特定的功能。以深度学习算法为代表的新一代人工智能技术出现之后，它可以通过海量的大数据和自我学习的方式，从数据中发现规律和联系，从而能够通过机器学习的方式获得归纳、推理和决策能力。目前的人工智能系统已经具备一定的自主学习、发现和应用规则的能力，虽然距离实现"通用人工智能"（即机器能够完全模拟人类的认知活动）尚有相当长的距离，但是机器学习系统已经能够在很多行业发挥作用，如医疗、安防、智能制造、自动驾驶等领域，这些内容我们在后面会分别探讨。

从技术角度来说，人工智能通常由认知、预测、决策和智能化解决方案组成。认知是指通过收集及解释信息来感知并描述世界，包括自然语言处理、计算机视觉等技术。预测是指通过推理来预测行为和事件结构，如与计算机广告和搜索相关的技术。决策则主要关心如何实现目标，如地图导航的离线规划、推荐系统中的定价策略等。智能化解决方案则针对特定行业利用人工智能技术，如制造业中的智能制造解决方案、自动驾驶系统的解决方案等。我们看到，目前的人工智能技术正在通过与物联网、机器人等技术相结合，逐步构建一个智能化的信息世界。在这样的技术推动下，我们会看到很多重复性的工作和劳动将被机器取代，麦肯锡全球研究院发表报告称 50% 的现有工作可能在未来数十年内被自动化的人工智能技术所取代。人工智能技术革命不仅对生产线上的工人产生了影响，也开始对建筑师、理财顾问、律师等技术类人员产生影响。对于这类问题，我们需要从更长远的角度思考，逐渐改变全球经济模式，如实施教育改革、推行终身教育，并尽可能地开发新的工作类型，确保人们能够在理念、商业、服务和艺术等领域自由创新。显然，在人工智能时代我们需要考虑的是如何让人工智能成为人类的合作伙伴而不是竞争对手。

对于科技公司和风险投资而言，不懂人工智能是万万不行的。未来的任何一种商业生态，和每个个体的生活都会走向智能化。随着 5G、云计算和物联网技术的发展，我们正在进入"万物互联"和"万物智能"的时代，每台设备都将拥有自我学习、自我管理和自我优化的能力，"人工智能+"正在成为现实。斯坦福大学在 2014 年启动了"人工智能百年研究"项目，这个项目是一个关于人工智能及其对人类、社区和社会影响的长期调研项目，其内容包括相关科学、工程和应用实现，涉及道德伦理、经济和与人类认知兼容的系统设计等多个领域。它的目的是提供一个综合连贯的人工智能发展状况，以及人工智能发展所带来的社会影响。2016 年，斯坦福大学"人工智能百年研究项目"委员会发布了首份报告《2030 年的人工智能与生活》，这份报告为大家梳理和展望了人工智能未来在八个重要领域（交通、家庭服务机器人、医疗健康、教育、低资源社区、公共安全防护、就业与劳资、娱乐）会如何改变和影响我们的日常生活。从长远来看，人工智能正在改变所有行业，让所有行业变得更加智能和高效。在这个过程中，各行各业会基于互联网的云计算平台和相关智能技术不断跨界整合，进而为所有行业赋能。

需要注意的是，目前人工智能的水平与人类还有很大的距离，2013 年一项面向数百名人工智能专家的调查结果显示，对于人工智能追上人类的时间，乐观估计年份的中位数为 2022 年（10%可能性），现实估计年份的中位数为 2040 年（50%可能性），保守估计年份的中位数为 2075 年（95%可能性）。制约人工智能发展主要有三个原因：第一，技术方向的限制，目前的技术方向选取的是以神经网络为基础的深度学习算法，而人工智能的创始人之一马文·明斯基（Marvin Minsky）认为深度学习算法采用的是自下而上的思路，这种思路的模型有着很大的局限性，由于潜在的场景和参数几乎是无限的，唯一优化的方式就是限制人工智能的使用场景；第二，目前的机器学习模型是借助海量计算能力和数据来模拟相对较弱的模式和相互关系，却难以解决因果关系问题，由于计算机不具备人类抽象思考的能力，所以其无法找到相关性之外的因果逻辑；第三，晶体管的信息提取效率较低，没办法完全模拟人类神经元的运作方式，虽然晶体管的处理速度远超过神经元，但由于目前在脑科学和认知科学方面的研究进展较慢，对人类大脑在推理、抽象、概括、意识等层面的问题尚无定论，因此我们并不能通过晶体管真正实现人类神经复杂思考的能力。目前产业界更关注的是如何应用人工智能推动产业发展，而不是如何实现真正的智能。

我们已经知道目前人工智能距离真正的通用智能还很远，因此如何找到人类与人工智能更加合适的相处关系是目前重要的研究课题。一方面计算机能够帮助人类避免失误，处理重复乏味的机械化工作。另一方面人类具备机器所不具备的智能水平，可以更好地做决策。美国心理学家罗伯特·斯滕博格（Robert Sternberg）通过"智力三元论"给出了分析框架。所谓"智力三元论"指的是三种不同的智力：分析性智力、实用性智力和创造性智力。分析性智力主要应用于数学、逻辑和算法，机器如果拥有更高的分析性智力，则反应速度将比人类快很多，不过机器的知识库是不完整的，存在一定的知识缺陷；实用性智力主要用于理解现实世界中事物之间的关系，机器是通过事实和关系形成的知识图谱进行计算的，不过前提是这些知识需要人类提前为机器设定和输入；创造性智力指的是创造一些原本不存在的事物，这样的能力是人类独有的，人类可以利用已有知识形成新模式和新创意，从而解决问题，而机器只能在人类提供创意之后，利用自己的分析性智力和实用性智力进行创造。

我们可以看到，在创造力、同理心和某些高级智力活动上，机器是无法赶超人类的，因此人类可以对机器的行为加诸一定程度的控制。与人工智能结合之后，人类智能将更具价值，因为机器不容易犯错且思考更加深入，可以帮助人类解决很多领域的难题，激发人类的创造性才能。在机器辅助人类的领域，目前已经有了很多突破性进展，包括私人护理、智能助手、残障辅助、智能教育等。我们在这里以智能教育为例，有个专业的领域叫作受教式人工智能（Educated Artificial Intelligence，EAI）。EAI 的目标不是再现人工智能，而是帮助人们更加高效、更好地完成具体任务，从而超过人类智能单独所能达到的效果。EAI 技术的基本特点是"机器学习加上人工智能教育"，通过人工智能教育的方式最大程度降低机器学习的困难，并有效结合人类和机器各自的长处，从应用的角度加速系统的智能化进程。当然，目前 EAI 还处在发展过程中，且面临以下问题：如何保证人工智能教育信息传递的有效性？如何通过人工智能教育简化学习流程？如何保证应用过程中性能的提升？……我们需要不断克服这些挑战，才能真正推动人工智能技术的革命，从而推动人们生活水平和生产效率的提升。

以上就是对人工智能技术革命带来的影响的讨论。我们不仅讨论了全球范围内人工智能技术的发展和挑战，也讨论了以"人工智能+"模式为代表的产业和智能化技术的结合，最后还讨论了人类智能和人工智能的差异，以及如何通过人类智能和人工智能的协作共同推动诸如 EAI 这样的模式和概念的普及和应用。以上内容是理解人工智能技术的基础，也是我们理解智能化时代的重要背景。

5.2 我国人工智能发展

我国和美国是全球人工智能技术领域的领头羊。麦肯锡咨询公司在 2018 年 9 月 5 日发布的报告称"中国与美国目前在提供人工智能技术方面处于领先地位，两国都拥有自己独特的优势，这使他们有别于其他国家。两国负责全球绝大多数与人工智能相关的研究活动，在相关的专利、出版物和引用方面远远领先于其他国家。"我国人工智能技术的发展主要由科技企业推动。我国在自然语言处理、图像和语音识别等领域的技术发展很快，人工智能相关论文的引用量也非常可观，但是基础研究的影响力却落后于美国。美国在科技领域创新的生态和高端人才储备远高于我国。这一节我们将从科技产出、产业发展和产业环境三个方面入手分析我国人工智能的发展现状。

首先来看人工智能科技产出的情况，这决定了我国人工智能技术发展的基础实力。从全球范围来看，人工智能领域的论文数量在 20 世纪 90 年代初进入了增长期，近几年已经达到了每年十万量级的产出。随着深度学习算法逐渐成为主流，人工智能领域的论文占据全球论文总量的比例呈现不断增长的趋势。近 20 年来，我国在人工智能领域的论文数量增长较快，从 1997 年的 1000 多篇论文增长至 2017 年的 37000 多篇，在该领域的占比也从 4.26%增长至 27.68%。从全球范围来看，我国和美国在人工智能领域的论文数量位于全球前两位，且是位于第三位的英国论文产出数量的三倍以上。不仅如此，我国的高频引用论文数量也在快速增长，但是目前我国高质量论文的发表机构主要是科研院所，如中国科学院等，在企业领域论文产出的影响力非常小。

从人才发展的角度来说，我国人工智能人才的数量仅次于美国，高校和科研机构内有大量的人工智能人才。根据清华大学发布的《中国人工智能发展报告 2018》，我国国际人工智能人才投入总量累计 18000 多人，位列世界第二，是美国相应人才总量的 65%。如果将世界人工智能人才根据 H 因子（表征人才研究能力）排名，并将排名前 10%的人才作为世界人工智能杰出人才，则世界人工智能基础人才集中于北美和欧洲的少数发达国家。相对于世界人工智能人才总量而言我国的杰出人才较少，其总量不到美国的五分之一。从企业端来说这种现象更加明显，目前我国只有一家公司进入了全球人工智能人才数量的前二十，美国则有 IBM、微软、谷歌等多个科技企业占据企业人工智能领域的高地。

然后来看我国的人工智能产业发展，这里主要从市场发展情况和风险投资情况入手进行分析。我国的人工智能企业数量从 2012 年开始迅速增长，截至 2018 年 6 月已经有上千家企业，位列全球第二。这些企业主要成立于 2012—2016 年，它们成立时间的平均年限为 5.5 年。这些企业的核心技术主要集中在计算机视觉、语音识别和自然语言处理等领域，而在基础硬件和垂直行业的产业应用数量较少。从风险投资的数量来看，我国和全球在人工智能领域的风投融资规模从 2013 年以来不断增长。我国企业占据全球融资总额的 70%，融资数量的 30%，且我国的大多数人工智能企业集中在北京、上海和广州等城市。

我国在人工智能领域的企业数量和风险投资数量较为可观，这得益于我国在市场规模上的优势。2018 年我国人工智能市场整体规模超 400 亿元，主要集中在以生物识别、图像识别、视频识别等技术为核心的计算机视觉领域。我们可以看到，随着机器学习相关算法能力的增强，人们对人工智能芯片技术的要求也在不断提升，因此全球人工智能企业正在核心计算芯片领域不断发力竞争。美国的谷歌和英伟达以及中国的一些企业都推出了人工智能专用芯片，这将有助于我国提升在这个领域的实力，开拓在人工智能垂直领域的产业应用。目前人工智能已经在医疗健康、金融、教育和安防等领域开始大规模应用，我们在本书第三部分将会讨论相关的产业应用的案例。

最后来看全球范围内的人工智能产业政策的情况。由于各个国家在这个领域的基础研究和产业发展的阶段不同，实力也有很大的差异，从而导致了产业政策上的差异。以美国为例，近五年来其发布了《国家人工智能研究和发展战略计划》《为人工智能的未来做好准备》《人工智能、自动化和经济》等多份国家政策性文件，主要目标是顺应人工智能技术发展的大趋势，推动对国家安全和社会经济发展有较大影响的变革。

相较于美国，德国、英国、法国等国家则主要关注人工智能带来的伦理和道德风险，政策制定上关注人工智能带给人类社会在安全、隐私和尊严等伦理层面的挑战，其代表性政策文件是欧盟发布的《对欧盟机器人民事法律规则委员会的建议草案》和《地平线 2020 战略：机器人多年度发展战略图》等。日本则专注于如何通过人工智能推进其智能社会的建设，其希望通过人工智能实现在科技领域的弯道超车，并发布了重要的政策文件《日本复兴战略 2016》和《人工智能技术战略》。我国的人工智能发展侧重于技术的应用，如计算机视觉、自然语言处理、智能机器人和语音识别等，因此我国的人工智能战略多从国家层面强调构建开放协同的人工智能科技创新体系，坚持人工智能基础研发、产品应用和产业培育等综合实力的推进，代表性的政策文件是 2017 年发布的《新一代人工智能发展规划》，这份文件对我国人工智能产业的发展方向和重点领域给予了指导性的规划。

可以看到，随着人工智能技术的发展，我国对人工智能的认知程度逐渐加深，对行业的应用接受程度也在逐渐提升并趋于理性。人工智能技术正在通过与不同行业的深度结合，拓展其在推动社会数字化和智能化上的边界。我国在这次人工智能技术革命中呈现出了与美国共同推动全球人工智能发展的格局，不过风险依然存在：一方面是我国人工智能的发展质量较低，尤其是在核心硬件和算法上存在非常明显的短板，这使得我国人工智能发展的基础不够牢固，也缺乏相应领域的国际顶尖人才；另一方面，我国人工智能企业的技术表现不够突出，在人工智能领域发挥作用的主要是高校和科研院所，在人才、论文和专利等各个层面，企业的发展都相对落后。产学研合作发展和国际合作是人工智能发展的重要途径，而目前我国人工智能成果大量停留在大学和科研机构中，如何促进相关知识的应用和转化仍然是我国人工智能发展所面临的严峻课题。正如麦肯锡在《中国人工智能的未来之路》这一报告中所说，我国的人工智能战略应考虑以下发展重点：建立健全的数据生态系统，拓宽人工智能在传统行业中的应用，加强人工智能专业人才储备，确保教育培训体系与时俱进以及在国内和国际上建立伦理与法律共识。我们相信，随着全球化程度的加深和人工智能产业的成熟，我国有机会为人工智能在全球范围内的发展与治理做出应有的贡献。

5.3 人工智能治理机制

人工智能技术的发展不仅带来了全球技术和产业的变革，同时也带来了全球范围的治理问题。人工智能时代的全球治理问题，一方面表现为人工智能所引发的巨大的技术层面的鸿沟进一步导致了国家之间的不平等，给全球政治与经济秩序带来了新的挑战。另一方面，人工智能技术带来了法律与伦理层面的新的风险，如何通过新的治理机制管理人工智能所带来的自主性决策结果而产生的社会公平、安全和责任机制等伦理问题，是目前很多人工智能学者关注的焦点，这类问题包括但不限于算法决策与歧视、隐私与数据保护、算法安全与责任、强人工智能所引发的问题等。因此，这一节我们讨论人工智能的治理机制问题，尤其是人工智能伦理学问题所引发的全球治理机制的变化。

首先来讨论人工智能所引发的全球范围的治理问题的范畴。我们现在正处于全球化与"逆全球化"对抗的浪潮之中，人工智能技术的变革也要放在这样的背景中去看待。从全球范围来看，人工智能的技术变革正在引发新的国际问题，这会使得信息技术革命的鸿沟在不同发展阶段的国家之间越来越大，也会使得世界更加碎片化，只有一小部分国家获得了技术发展的红利，而大多数国家还无法通过新技术获利。以色列历史学家尤瓦尔·赫拉利在《未来简史》一书中提到："知识如果不能改变行为就没有用处，但知识一旦改变了行为，本身就立刻失去了意义，我们拥有越多数据，对历史了解越深入，历史的轨迹就改变得越快，我们的知识也就过时得越快。"这反映出在快速变化的信息技术革命过程之中，人们对新技术所持有的焦虑和怀疑态度，也说明了新技术客观上会遵循其自身演化的节奏，而不会在乎大多数人的感受。

人工智能技术的发展带来的是未来人类社会运行规则的变化，社会各部分正在广泛而迅速地使用数字技术和大数据，这使得人工智能、自动化系统和算法决策成为复杂的社会系统的一部分，影响了当今人们的生活，也必将影响未来人们的生活。我们可以看到，人工智能技术正在从根本上改变人类社会的经济运行模式、人类相互交流的方式和全球化信息沟通的方式，因此，设计相应的社会治理结构、避免其潜在的负面影响成为了关键。除此之外，人工智能技术还在国家安全和全球治理层面带来了以往没有预见的新的挑战，如政治竞选活动被人工智能技术和媒介所引导，越来越多的西方政治精英倾向于通过新技术来引导和控制人们的选择。如自动化武器的开发，尤其是人工智能引导的无人机的广泛应用，正在造成越来越多的不必要的冲突和伤亡，也引发了全球范围内对个人安全的担忧。最重要的是，人工智能技术和数据资源之间紧密关联，核心数据的安全和数据权力的转移成为这个时代新的"石油战争"，不同国家之间的差距不仅是技术层面的，还涉及数据价值所带来的社会层面的差别。

除了以上全球化范畴的治理问题之外，人工智能技术所引发的伦理学问题也是目前人工智能学术领域的前沿学者所关注的问题。人工智能技术的伦理风险既包括直接的短期风险，如算法漏洞所引发的网络安全问题、算法偏见导致的歧视性政策等，也包括间接的长期风险，如对产权、竞争、就业等领域的影响。长远来看，人工智能技术所引发的风险是非常巨大的，也是非常特别的，其主要表现在 3 个层面：①这些风险与个人切身利益紧密相关，随着人工智能应用在信用贷款、犯罪评估、职业价值评估等多个与个人自身利益相关的场景下，一旦算法产生了偏见，就会系统性地侵犯个人权利；②由于人工智能算法存在部分的"黑箱"性质，因此，即使设计者本人也很难对具体的个体案例精准判断，很难在系统中发现歧视的根源，所以它带来的危害程度也是非常大的；③人工智能在企业决策中的应用会导致公众权益受到侵害，如目前互联网上普遍存在的价格歧视现象、过度的广告营销现象和数字媒体引发的成瘾现象等。

以上都说明了人工智能技术带来的伦理风险问题是巨大的，具体来说人工智能技术会从算法、数据和应用 3 个层面带来短期风险。

（1）从算法层面来说，算法的安全问题会给所有系统内的用户造成损失，而算法的可靠性则带来了责任承担方面的伦理学问题，比如无人驾驶汽车所带来的人工智能伦理问题。而随着算法逐渐应用在医学和法律领域，相应的法律责任和医疗纠纷问题则会更加普遍，也会降低某些特定领域内人类知识的作用和相应的技能价值。

（2）从数据层面来说，随着机器学习和人工智能技术的普及，个人隐私保护、个人敏感信息识别的重要性越来越大。2018 年 5 月，欧盟出台《通用数据保护条例》增加了数据主体的被遗忘权和被删除权，引入了"强制数据泄露通告""专设数据保护官员"等条款，我们由此能看到数据安全和隐私问题的重要性。2018 年 10 月，在第 40 届数据保护与隐私专员国际大会上发布的《人工智能伦理与数据保护宣言》提出了六项原则，其中就包括数据隐私的保护。大会认为任何人工智能系统的创建、开发和使用都应充分尊重人权，特别是保护个人数据和隐私的权利和人的尊严不被损害的权利，并应提供解决方案，使个人能够控制和理解人工智能系统。

（3）从应用层面来说，人工智能算法的滥用是目前面临的较大的伦理学风险，所谓算法滥用指的是在利用算法过程中使用目的、使用方式和使用范围出现偏差并带来社会风险的情况。如人脸识别算法可以用于提升治安水平和抓捕在逃罪犯，但是如果用于根据某些特质判断其是否存在犯罪潜质则明显属于算法滥用。除此之外，算法设计往往会与行为经济学联系起来引导大众，如互联网金融相关领域使用算法推荐不符合用户需求的借贷产品，或者娱乐平台使用算法引导用户沉迷于游戏等娱乐化内容之中。我们看到信息行业中有越来越多的企业以"算法至上"的理念强化产品的功能，这使整个互联网的内容生态越来越单一，也导致了很多社会问题。

除了以上问题之外，人工智能技术还会带来与就业、产权、责任等领域相关的长期问题，其中我们主要关注产权和竞争的问题。人工智能技术的全面产业化正在引发越来越多的专利纠纷，如何应对相关领域的知识产权问题非常重要。除此之外，随着算法的快速迭代，智能体是否拥有法律主体资格和人工智能生成物是否具有产权等问题也正在受到法律界的关注。随着算法越来越成熟和数字经济的发展，人工智能技术正在不断打破商业竞争中信息不对称这一壁垒，从而使得数字经济更倾向于"完全垄断"竞争的态势。而人工智能算法在搜索和推荐等领域的应用，也使得算法引发的不正当竞争越来越受到人们的关注。过去数十年间，欧盟对苹果、谷歌和微软的反垄断起诉与罚款就是基于反不正当竞争的考虑，人工智能正在威胁着自由、公平和平等的市场价值理念。

我们在最后介绍治理人工智能所引发的问题的一些基本原则和框架,这里主要讨论目前全球范围内达成的主要共识和原则,并结合网络空间治理的经验尝试给出相应的解决方案。

从人工智能带来的伦理和社会影响问题来说,目前国内外达成两个具备影响力的人工智能伦理共识:阿西洛马人工智能原则(Asilomar AI Principles)和国际电气电子工程师协会(IEEE)组织倡议的人工智能伦理标准。前者是 2017 年 1 月在美国阿西洛马市召开的"有益的人工智能"会议上提出的 23 条针对人工智能的伦理原则,包括斯蒂芬·霍金(Stephen Hawking)、埃隆·马斯克(Elon Musk)、德米斯·哈萨比斯(Demis Hassabis)等在内的近四千名各界专家签署支持这些原则,其倡导的伦理和价值原则包括安全性、保护隐私、尊重自由、人类控制、与人类价值观保持一致等。后者则是 IEEE 发布的一系列人工智能伦理学标准,包括《合乎伦理的设计:将人类福祉与人工智能和自主系统优先考虑的愿景》《旨在推进人工智能和自治系统的伦理设计的 IEEE 全球倡议书》等,主要的原则集中在问责、透明、福祉、慎用等方面。总体来说,这类原则主要强调降低人工智能滥用的风险,确保它们的设计者和操作者可以在设计和使用过程中优先考虑人类的福祉等。

从全球治理的角度来看,人工智能治理的一般路径需要考虑新的立法和规则架构,在尽可能确保公众对人工智能接受度的同时,通过国际协作来促进人工智能系统的应用和良性发展。这个领域的研究目前比较重要的是机制复合体(Regime Complex)理论,这个理论是应用机制理论分析复杂性全球治理,以往主要应用于网络空间的全球治理问题,而现在很多学者将之应用在人工智能理论之中,通过不同的议题构建包括标准、规范、规则、条约、法律等不同层次的治理机制,最终由不同机制之间的松散耦合组成的机制复合体来提供综合的解决方案。从技术逻辑来说,人工智能是基于计算机和互联网技术并结合其他学科知识组成的交叉型的研究领域,其发展和治理拥有与生俱来的跨学科和多元行为体等特点,因此人工智能全球治理包含多层级和跨领域的议题,它的应用也具备全球性的广度和深度:从技术本身来看,人工智能算法所涉及的伦理问题、价值问题是人类共同面临的普适性问题;从应用角度来看,各国对人工智能发展和应用的先后会造成新的不平等和不平衡,引发新的数字鸿沟;从国际体系的角度来看,人工智能对当前国际经济、安全和政治体系正在产生深远的影响;从主体来看,人工智能的参与主体可以划分为技术社群、私营部门和政府等全球行为主体;从实践来看,人工智能与互联网治理面临个人信息安全和国家安全两个核心问题;从治理行为来看,技术社群在其中发挥了不可替代的作用,以 IEEE 为代表的技术社群在标准和规范制定领域发挥了重要作用。

我们目前已经看到了人工智能所引发的全球范围内的伦理风险和社会问题,人工智能在算法、应用和数据等多个层面引发了相应的风险,其中最根本的问题就是人与机器之间的伦理关系问题,包括机器是否会取代、控制和伤害人类,人类已有的道德和价值体系如何被机器所遵循等。与此同时,全球范围内正在通过技术社群、私营部门和政府等不同行为主体给出相应的解决方案,从各个层面来解决人工智能对现今国际经济、安全和政治带来的影响。在此,我们需要重点了解的是目前前沿学者们所关注的领域和提出的一些基本原则,以便对正在改变人类发展走向的技术趋势所带来的风险有更深入的理解。

第二部分 区块链技术应用与场景

　　区块链技术在过去数十年中，最主要的应用领域是金融。我们将用三讲的内容来探讨区块链技术主要的金融应用场景，如支付清算、保险、证券和征信等。一方面原因是区块链技术在金融领域的应用是目前最普遍和有前景的，作为可信网络的基础技术，区块链技术自诞生起就具备一定的金融属性；另一方面原因在于金融科技事实上是科技赋能金融业的主要形式，而区块链技术作为正在发展的前沿技术，发展前景非常好，有可能解决目前金融科技发展过程中的种种问题，并建立新的金融业务形态和商业模式，因此我们有必要充分学习和理解金融科技的概念和基础。在讨论了区块链技术在金融领域的应用之后，我们还将用两讲的内容讨论区块链技术在非金融领域的应用场景。

　　在探讨这些应用场景时，我们不仅要讨论区块链技术，更多的是将区块链作为金融科技技术的一部分来探讨它的应用场景。因此，我们会深度介绍金融科技技术应用的各种场景的类型和本质，帮助读者梳理金融科技领域的基本概念、业务逻辑、发展历程和未来趋势等。在理解了金融科技的概念后，再梳理区块链技术在相关领域的应用就能举一反三了。

第6讲 区块链技术与金融应用（一）: 金融科技概念与应用

在区块链技术的所有应用领域中，金融科技是目前能够看到的基础设施最完善、最有前景的领域。随着区块链技术逐步成为国家层面高度重视的技术，以区块链为代表的金融科技将会加快落地，即通过创造新模式、新业务、新流程和新产品，加速改变银行金融生态和应用模式，在银行业当中起到日益凸显的作用。显而易见，对于金融信息化、金融科技和互联网金融的创新而言，区块链技术具有很大的应用意义，其可能成为继互联网、大数据之后的又一突破性、颠覆性的核心力量，可能成为解决金融创新最后一公里的关键技术和工具。目前，区块链技术的发展仍处于早期阶段，各种金融方案、应用场景和商业模式仍须进一步探讨，区块链尚未对现有金融体系产生实质性影响，但是这种新兴技术很可能在未来承担起支付、结算等金融设施，本讲主要就上述话题进行讨论与分析。

6.1 金融科技的基本概念

金融科技（Financial Technology，FinTech）在 2011 年正式被提出，主要指的是来自欧美的高科技企业利用区块链、人工智能、云计算、物联网等新兴技术对传统金融行业进行改造，侧重于信息技术对传统金融机构的数字化转型方案。2015 年 10 月，京东金融在国内最早提出"金融科技"的定位，并成为致力于服务金融机构的科技公司。京东金融希望遵从金融本质，以数据为基础，以技术为手段，为金融行业服务，帮助金融行业提升效率、降低成本。这和国外技术企业的视角相似，都强调科技对金融的优化与革新。2016 年 3 月，全球金融治理的核心机构——金融稳定理事会首次发布了关于金融科技的专题报告，对"金融科技"进行了初步定义，即"技术带来的金融创新，通过创造新的业务模式、应用、流程或产品，从而对金融市场、金融机构或金融服务的提供方式造成重大影响"。该定义具有里程碑式的意义，它不再局限于科技视角，而更关注金融层面。2017 年被称为我国的"金融科技元年"，也是全球金融科技的爆发之年，一轮新的金融科技浪潮已经到来，各方对金融科技的关注度大幅度提升，概念升级来得轰轰烈烈，越来越多的国际组织、主权国家、金融机构、科技公司和研究机构等纷纷从自身视角对金融科技的内涵进行鉴定。

从基本概念来说，我们可以看到金融科技涉及三个方面：①金融，金融科技的本质是金融而不是科技，脱离金融基础的金融科技是没有价值和意义的；②科技，科技创新是金融科技的重要驱动力，正是因为有了技术变革才有了金融科技的发展；③融合，金融和科技分别作为两个必备要素进行融合，只不过在融合的方向上各有侧重，有可能是技术创新引发金融变革，也有可能是科技创新推动新的金融服务业态出现。

由上可知，金融科技的关键是金融和科技的相互融合，技术突破是金融科技发展的原动力。结合信息技术对金融的推动，可以将金融科技的发展分为以下 3 个阶段。

（1）第一阶段：互联网时代，传统金融触网。2005—2010 年是互联网深度发展的时代，互联网加快世界互通互联，使得互联网商业迅速发展起来，对金融业也产生了很大影响，具体表现为金融触网，简单的传统金融业务线上化，通过互联网技术的应用实现办公和业务的电子化与自动化，从而提高业务效率。典型代表为网上银行将线下柜台业务转移至个人终端。此时，互联网作为后台部门存在，为部分金融业务提供技术支持，或者扮演技术服务和解决方案提供商的角色。

（2）第二阶段：移动互联网时代，互联网金融兴起。2011—2015年是移动互联网时代，智能手机的普及使得人们随时随地进行沟通成为可能，极大地提高了网络利用的效率。这一阶段具体表现为传统金融机构搭建在线业务平台，对传统金融渠道进行变革，实现信息共享和业务融合，如互联网基金销售、互联网保险、互联网理财等。同时互联网公司的金融化应运而生，如支付宝使移动支付成为可能。此时互联网在金融业的渗透率逐步提升，但并不改变传统金融的本质属性。

（3）第三阶段：智能经济时代，金融和科技强强联合。2016年至今是以深度学习技术为代表的第三次人工智能技术发展浪潮时代，与此同时，云计算、大数据、区块链等关键技术日益成熟，成为金融创新的重要推动力。在这个阶段，金融业通过新的科技改变传统的金融信息采集来源、风险定价模型、投资决策过程、信用中介角色，大幅提升传统金融的效率，解决传统金融的痛点，如大数据征信、智能投顾、供应链金融等。至此，金融和科技强强联合，传统金融行业产生变革，我们探讨区块链技术的应用也处于这一阶段。

理解了金融科技的三个主要阶段以后，我们再介绍下金融科技所涉及的技术范畴，主要有四个领域，这四个领域也是区块链技术可以应用的主要领域。

（1）支付清算领域，这是目前我国发展最好的领域，也被称为我国的"新四大发明"之一。阿里、腾讯为代表的科技公司和人民银行为代表的监管部门，在过去十多年时间里建立起相对完整的支付清算体系，并相对清晰地建立了银行卡收单、互联网支付、移动支付、预付卡这四个领域的牌照管理体系，也建立了一套清晰和准确的监管准则和准入/退出的制度。我们在理解任何金融领域的技术或者发展时，一定不能忽视监管的作用，也就是制度性因素对技术发展的促进和制约。金融行业作为影响国计民生的重要领域，在任何一个国家都有完善的监管措施，这是不能忽视的影响因素。

（2）资本市场有关领域，如互联网众筹和区块链技术创新，本质上都是通过技术创新来推动资本市场机制的变革的。

（3）传统金融产品领域，如存款、贷款、保险、证券等，这些领域由于金融科技技术的存在，能够比较好地提升效率，实现智能化和精准营销等，关于这部分的内容我们会在下一讲重点探讨。

（4）基础设施提供领域，如通过云计算、大数据、区块链技术建立新的基础设施来完成征信等工作，这是整个金融科技的基础服务，也是科技最能够提供优势的领域。我们看到金融科技的应用大多数时候是通过技术融合的方式来实现的，而不是通过单一的某种技术范式来实现的。

以上就是我们对金融科技发展的基本概念的讨论，接下来我们会针对银行与非银行两类业务形态，对金融科技技术的应用进行探讨，并在这个基础上为读者梳理区块链技术的应用。需要理解的是，以金融科技而非区块链技术作为介绍的逻辑在于：区块链技术通常作为金融科技的一部分来应用，而处于发展早期的区块链技术目前也只能承担这样的角色，这与之前讨论的技术融合的趋势是一致的。没有哪种技术能够脱离具体的产业环境而发展，尤其是金融行业的技术。

6.2　金融科技与银行应用

近年来我国金融科技发展迅速，跻身世界前列。从整个行业来看，金融科技的发展主要受益于以下 3 个因素：①我国互联网的基础设施超前，互联网科技公司发展较快，以人工智能、区块链、大数据、云计算等技术为代表的基础性设施的发展推动了金融科技的发展；②我国的消费市场和客户基础很大，由于金融服务是一个非常依赖规模效应的行业，因此金融科技的应用依赖于市场的规模化；③国家政策的支持，我国对高科技技术行业的政策支持推动了相应行业的发展。

除了上述原因外，从历史发展过程中我们也可以看到，在每一次技术改革过程中，商业银行都会在科技创新浪潮中积极地探索和实践，推动金融科技技术发展。尤其是在利率市场化、互联网金融冲击等因素的影响下，传统商业银行竞争压力日益增大，转型是大势所趋。国内五大银行与五大互联网巨头相继签署战略合作协议，借助金融科技实现银行业的转型升级，已成为商业银行的必经之路。银行依托自身优势从战略层面强化金融与科技的融合，围绕金融科技开展业务，可以解决银行经营过程中的诸多痛点，探索出银行发展新途径。接下来具体介绍金融科技对银行业的提升。

（1）有助于覆盖长尾客户，实现普惠金融。商业银行可以通过人脸识别、云计算等技术应用提供各类金融服务，使得金融服务突破物理网点和营业时间的限制，大幅度提升服务的效率、便利性和可得性。过去，银行主要通过营业网点对外提供服务，网点的局限性难以满足用户随时随地的服务需求，但在云计算、大数据、人工智能等技术的帮助下，银行可以通过网上银行、手机 App、微信银行、电商平台、直销银行等渠道突破上述限制，使服务唾手可得，提高了服务的效率、可得性和便利性。目前电子银行业务替代率普遍达到 90% 以上，客户到店率逐年递减，柜面人工办理业务只占总业务的 30%，这反映出客户对传统银行服务在实时便捷、智能服务、理财咨询和移动办公等方面提出了更高的要求，而借助互联网信息技术，服务提供商和客户双方不受时空限制，可以通过网络平台更加快捷地完成信息甄别、匹配、定价和交易，降低了传统服务模式下的中介、交易、运营成本。

（2）优化用户体验，增强客户黏性。首先，在便利度方面移动终端的普及使得用户可以足不出户享受在线金融服务，如可以进行远程开户、在线交易等，而随着人脸识别技术、生物识别技术的普及，线上服务体验也更优化。其次，银行可以通过大数据等技术提供更加个性化的金融服务，银行利用大数据、人工智能等技术在各种场景中智能挖掘客户个性化需求，通过模块化组合研发并匹配相应产品，提供更加个性化的金融服务方案，主动精准对接客户的需求。换言之，随着金融科技的普及，我们可以将金融与场景深度融合，使得客户能够在构建的场景中完成其金融及生活服务。

（3）重构数据处理方式，提高服务效率。商业银行通过重塑传统业务流程，将专业的金融服务封装为模块化和标准化的产品，开展与客户使用场景结合更为紧密的业务，提升服务效率。如建设银行改进服务流程，通过人脸识别技术来构建多样化的服务形态，通过投放数万台标准化智慧柜员机来打造智慧银行。代表性的场景化服务还包括智能投顾服务，目前国内传统理财顾问服务有 100 万元的投资门槛，且需要支付一定比例的佣金，门槛较高，普通投资者很难享受到专业的投资顾问服务。智能投顾完美地解决了这一问题，它通过智能机器为客户提供在线顾问服务，不仅降低了银行的人工成本，而且提高了投顾服务的受众范围。在这样的背景下，智能投顾成为新风口，国内外许多传统银行加速布局，2015 年 12 月德意志银行推出"机器人投顾"，2016 年下半年招商银行、浦发银行相继推出"摩羯智投""财智机器人"，2017 年兴业银行、交通银行、华瑞银行的智能投顾相继上线，银行投顾服务模式正在被改变。

（4）通过金融科技重构风控模型，提升商业银行风控能力。商业银行通过大数据、人工智能和区块链等技术，从多维度获取数据信息并进行全面梳理和应用，搭建起反欺诈、信用风险控制管理等风控系统，可以有效甄别逾期、不良账户等风险，优化风险管理模式和水平。在银行贷款过程中，风控尤为重要，需要识别是否是真实用户、是否有真实还款意愿、是否有真实还款能力等，这对风控模型要求极高。平安银行利用金融科技把贷款业务与平安集团投资理财的各条业务线打通，可与集团实现信息共享，通过对脱敏后的客户的资产、交易记录、消费、社交等数据进行分析，提高了风控的审批效率和水平，借助金融科技技术对风控体系的强化作用，平安银行零售贷款不良增额、不良率实现"双降"。

以上就是金融科技技术带给银行的影响，在监管手段的保驾护航和金融科技的有力推动下，国外银行业也在探索金融科技技术与应用。

这里简单介绍下国内外传统银行涉及金融科技的几种主要路径，首先介绍国外银行的主要路径：①提升自身的技术研发能力，商业银行对科技的投入逐年增加，包括对自身科技实力的储备和互联网技术人员的招聘，以欧洲为例，主要金融机构在金融科技方面的投资非常巨大，投入的技术领域也很前沿，德国最大的银行德意志银行投入巨资用于数字战略，并在内部成立了一个数字智库，聘请了超过 400 名专业人才进行研发；②与高科技公司尤其是互联网公司进行合作，实现优势互补，在国外不少银行通过合作方式获得打入新市场的机会，如美国的富国银行和 PayPal 合作，开拓电子支付业务，西班牙的桑坦德银行通过与美国贷款公司 Kabbage 合作，开展为中小型企业提供贷款服务的新业务；③收购科技公司，快速获得金融科技领域的技术和人才。如高盛入股了移动支付公司 Square 和机器人研发公司 Bluefin，通过这样的方式获得了最新的网络支付技术。2014 年，西班牙毕尔巴鄂比斯开银行投入 1.17 亿美元收购了一家专门做手机终端财务管理的金融科技公司，用以提升自身对客户的产品服务丰富度。

下面介绍国内传统银行的做法，除了会采取上述与国外银行一致的手段以外，国内银行通常会将金融科技上升到战略高度以推动其应用，主要会从两个方面发力：①建立战略性的金融科技基础设施，升级现有互联网体系，打造大数据平台、人工智能平台、区块链平台、云服务平台等技术平台，以工商银行为例，它在推动金融科技应用时，全力建设客户导向下的高度聚合的信息体系，构建"线上线下一体化"新型服务模式，全面推动经营模式变革和服务升级换代；②推进物理渠道的战略转型，重视智能柜台机等新型终端的应用，将网点的智能化作为转型升级重要的方式，以建设银行为例，它适时推出了融合近场通信（Near Field Communication，NFC）、二维码和生物识别技术的支付产品"龙支付"，广泛应用于智慧柜员机，并在此基础上推动物理渠道转型，实现客户智能识别、智能引导、智能办理和智能感知的全方位智能化服务。

最后介绍区块链技术在国内各家银行的应用案例，限于篇幅，这里主要介绍相关银行案例中涉及区块链技术的主要场景，不涉及技术细节，具体案例如下。

（1）中国银行：运用区块链技术打造区块链电子钱包，实现精准扶贫。中国银行在 2017 年 1 月将区块链电子钱包接入精准扶贫共享平台"中国公益"，开创了"互联网+精准扶贫"的新模式，中国银行区块链电子钱包是由中国银行与北京阿尔山金融科技公司联合研发的，通过区块链技术实现了公益平台的中银支付渠道。中国银行的区块链电子钱包在完成支付的同时将交易记录在区块链上，做到了交易不可篡改和可追溯。

（2）中国工商银行：2017 年，中国工商银行启动与贵州省贵民集团联合打造的"脱贫攻坚基金区块链管理平台"，通过银行金融服务链和政府扶贫资金行政审批链的跨链整合与信息互信，以区块链技术的"交易溯源、不可篡改"实现了扶贫资金的"透明使用""精准投放"和"高效管理"。

（3）中国建设银行：2017年中国建设银行与IBM合作，为其在中国香港的零售和商业银行业务部门开发一个区块链银行保险平台，该项目是IBM作为创始成员的跨行业联盟。区块链的解决方案使用的开发软件是Hyperledger Fabric 1.0（这是由IBM超级账本项目发布的开源生产软件）。这将会减少对交易状态进行检查的需求，并延迟保险产品的处理时间，所有数据将被记录在IBM的区块链银行保险平台上的不可更改的分类账簿上。2018年1月，中国建设银行首笔国际保理区块链交易落地，成为国内首家将区块链技术应用于国际保理业务的银行，并在业内首度实现了由客户、保理商业银行等多方直接参与的"保理区块链生态圈"，成为中国建设银行全面打造集"区块链+贸易金融"于一体的金融科技银行的里程碑事件。

（4）中国农业银行：2017年6月，中国农业银行对区块链平台项目进行招标，并计划基于此区块链底层平台，落地数字票据等众多银行核心系统应用及其他创新业务，杭州趣链科技有限公司顺利中标。2017年8月，基于趣链科技提供的底层区块链平台，中国农业银行总行上线了区块链涉农互联网电商融资系统——"E链贷"，将区块链技术优势与供应链业务特点深度融合，为中国农业银行提升"三农"业务效率提供了保障，这是国内银行首次将区块链技术用于电商供应链金融领域。

（5）民生银行：2016年11月民生银行加入了"R3区块链联盟"，目标是寻求与国际大型金融机构的合作机会，学习并探索区块链分布式账本技术的业务模式。除此之外，民生银行还搭建了区块链云平台，对区块链技术进行深入研究。2017年7月21日，民生银行与中信银行合作打造的基于区块链的国内信用证信息传输（Block Chain based Letter of Credit，BCLC）系统成功上线，该系统实现了国内信用证电子开单、电子交单、中文报文传输等功能。

（6）招商银行：实现了将区块链技术应用于全球现金管理领域的跨境直联清算、全球账户统一视图和跨境资金归集三大场景。在这些场景下，区块链技术实现了招商银行六个海外机构与总行的结算，体现了新的技术优势：①高效率性，"去中心"后报文传递时间由六分钟减少至秒级；②高安全性，处于一个私有链封闭的网络环境中，报文难以被篡改和伪造；③高可用性，分布式架构没有核心节点，因此任何一个单节点出故障不会影响整个系统运作；④高扩展性，新的参与者可以快速便捷地部署和加入系统。除此之外，招商银行基于区块链技术自主创新研发推出"招行直联支付区块链平台"，通过安全测试并正式投入商用，解决了区块链技术在金融领域应用落地等一系列问题。

（7）中国邮政储蓄银行：2017年1月10日，中国邮政储蓄银行与IBM召开新闻发布会宣布，邮储银行在资产托管业务场景中利用区块链技术实现了中间环节的缩减、交易成本的降低和风险管理水平的提高。系统于2016年11月上线，在真实业务环节中经受了考验。正是由于传统资产托管业务涉及了资产委托方、资产管理方、资产托管方以及投资顾问方等多方金融机构，各方都有自己的信息系统，而区块链正好解决了相互信用校验的问题，使得业务的环节缩减。

（8）城市商业银行：赣州银行与深圳区块链金融服务有限公司建立联盟，共同推出"票链"产品，成为国内第一家试水区块链金融的城商银行。江苏银行在模拟环境中实现了银行积分使用和清算场景的区块链应用，下一步的探索方向是将区块链技术应用于联合跨行网贷业务中，建立多行之间的联盟链。浙商银行2016年推出业内首个移动数字汇票平台，并在2017年开发上线了自主设计研发的应收款链平台。

总体来说，区块链技术在商业银行的应用主要集中在平台和系统的搭建，以提高交易和信息处理的效率，不同的商业银行根据自身特点和发展需求，在具体应用中有一定的差异。国有银行在区块链应用方面推广较早，业务种类比较丰富。股份银行积极开展区块链相关研究，在平台搭建领域卓有成效。城商银行有关业务开展相对较晚，但是也引起了重视，并开始推广应用。由此，我们看到了区块链技术的各种应用和相关的金融场景，实际上是与金融科技无法分开的。区块链技术正处于技术发展的早期，大规模的商业化应用场景的落地还需要一定的时间。

6.3 金融科技与非银金融

非银金融领域，也就是非银行金融机构，指的是除商业银行和专业银行以外的所有金融机构。主要包括信托、证券、保险、融资租赁等机构以及农村信用社、财务公司等。限于篇幅，我们在这里主要介绍保险与券商两种主要业务形态与金融科技之间的关系，并讨论和介绍区块链技术在其中的应用场景。

（1）保险行业与金融科技：在众多非银金融领域中，保险是发展较为完善的，甚至出现了专用名词 Insurtech，即保险科技。著名咨询公司波士顿咨询（BCG）在其发布的《全球金融科技的发展趋势》中将保险科技生态系统分为十个主要的板块，可见其发展势头之迅速。所谓保险科技，就是将技术（如人工智能、区块链、大数据、云计算等）应用在保险业务之中，涉及从投保人的投保、支付，到保险人的承保、理赔，保险资金的投资以及后天运行的费率厘定、保单管理等全业务环节，用以提升用户体验、提高保险效率、优化后天管理并推动新的商业模式创新。基于保险的金融科技应用，主要体现在以下 3 个方面。

• 上下联动，扩大销售范围。传统保险公司的业务模式为"产品设计–代理人等渠道销售"，受众较为局限，在金融科技的助推下，保险销售渠道发生变革，逐渐趋于网络化、场景化，从线下到线上，一方面扩展了更多的长尾客户，提高效率、降低成本；另一方面可以为客户提供更加优质的体验，操作也更加灵活。

• 险种创新，满足用户需求。传统险种较为单一，多集中于寿险、财险、健康险、意外险、车险等，标准化程度高，品种少，门槛高。互联网时代人们的生活方式也随之发生变化，个性化程度更高，由此催生出新型保险类型，完善补充现有保险产品体系，满足用户多样化需求。如"香港第一金融科技股""互联网保险第一股"——众安在线从细分市场和场景入手，深挖用户在特定场景的保险需求，不断丰富险种供给，开发出儿童防走失险、银行卡盗用险、家财意外险、电信诈骗损失险、小米手机意外险、个人法律费用补偿险等多种特色险种，具有明显的竞争优势，受到特定用户的青睐。

• 动态分析，实现精准定价。传统保险定价主要是基于历史数据的静态精算模型进行估算，模型多为静态，相对单一，难以满足客户差异化的需求。科技创新如大数据和物联网等新型数据收集方式，使得高量级、高维度的大数据积累得以实现，借助大数据动态分析可以更加真实地反映风险，实现精准化、个性化，降低保险公司损失。如基于使用量的汽车保险（Usage Based Insurance，UBI），挖掘并分析日常实时监测的用户驾驶习惯及风格等数据来推测汽车发生事故的概率，然后对其进行个性化的保险费用定价，从而实现更为精准的差异化价格策略。

基于区块链技术的应用同时也分为 3 个方面。

• 服务改善和创新，主要致力于改善客户参与度、提供高效益产品以及促进与物联网相关的保险产品的开发。如通过基于客户控制的区块链进行身份验证和医疗健康信息的获取可以改善对数据隐私的保护并解决共享数据的获取问题，而在未来通过物联网技术和区块链技术的联动，将汽车、电子设备和家用电器等智能管理的区块链整合，自动检测损害，并自动触发修复和理赔过程，这也是可以预见的近未来的应用场景。

- 通过区块链技术强化欺诈检测与有效定价，尤其是对诸如医疗报告、检测证明等业务的真实性和客观性进行判定，并进行个人身份认证，产品经出售或产生后的所有权和所在地的变动，将有助于判断保险欺诈行为，从而进行更加合理的定价。如在传统保险难以解决的道德风险和逆向选择问题上，如果使用区块链技术，经过授权的医院或者医疗机构将病人的相关信息写入区块链，保险公司就能够查询到相关信息，进而防止带病投保现象的发生。

- 通过区块链验证投保人身份与合同的有效性，经过智能合同验证确定符合理赔条件，再通过基于区块链的支付体系和智能合同的配合进行理赔和付款，这样可以大大降低成本。同时由于区块链技术的不可篡改性，在农险领域推广基于区块链技术进行的生态养殖不仅可以实现智能监控和疫情管理，还能降低农险和信贷的风控风险和评估成本。

总之，目前区块链技术在保险领域的应用在国外主要体现在智能合约、相互保险、互助保险以及敏感信息授权等方面，在国内主要体现在积分平台管理和简易险种等方面。我们还需要对其进行相当长时间的探索。2017 年 3 月上海保交所联合九家保险机构成功通过区块链技术进行数据交易验证，从功能、性能、安全和运维等四个方面验证了区块链技术在保险征信方面的可行性，借助区块链安全性、可追溯、不可篡改等优势，解决了保险业在征信方面长期存在的痛点和难点。可以预期，未来区块链技术在保险行业将有更加深度的应用和广阔的发展空间。

（2）券商银行与金融科技：与银行、保险行业相比，我国的证券行业金融科技渗透率较低，主要是由于创新能力有限，大多数从业者都在模仿和依托互联网公司构建线上平台，缺乏真正的有价值的创新，且创新理论主要集中在交易所和大券商，此外，证券行业的核心是投资管理，对技术要求更高、实现难度更大。不过近年随着金融科技在金融领域的深入应用，证券行业作为整个金融产业价值链的核心环节，渗透率也在逐步提高。目前，我国证券行业对经济业务依赖度较高，佣金率下滑严重，需要向财富管理和全能投行转型，而金融科技恰好能够满足券商业务重构需求。根据行业报告保守估计，目前我国资管业务规模超过了 60 万亿元，如果按照 15%的年增长率，20%的行业金融科技渗透率计算，未来存在 10 万亿元的金融科技市场应用空间。

具体说来，金融科技可以从以下 3 个方面提升券商市场的价值。

- 优化用户体验，增强客户黏性。首先在便利度方面，移动终端的普及使得用户可以更加方便地使用在线金融服务，未来随着人脸识别技术、生物识别技术的普及，线上服务体验会更加优化。其次券商可以通过大数据等技术提供更加个性化的金融服务，如智能投顾可以根据投资者的风险偏好，考虑投资者的财务状况，推荐个性化的投资组合。此外，随着科技的普及，可以将金融与场景深度融合，使得客户能够在构建的场景中完成其金融相关的服务。

- 降低边际成本，覆盖长尾客户。我国证券市场以自然投资人为主，其中小市值账户占比很高。由于手续费市场化程度加强，券商经纪业务竞争更加激烈，行业平均佣金率下滑。为确保利润，券商高度重视以互联网化的方式培育和开发客户，加快传统线下业务线上化，积极利用互联网工具为客户提供包括开户、交易、理财、融资、咨询在内的线上服务，简化操作流程，优化客户体验。目前券商投顾主要面对高净值客户，提供一对一的财富管理服务，收取顾问费与佣金。由于智能投顾具备一对多的特点，边际服务成本可以忽略不计，节省下来的费用可以用以覆盖更加广阔的长尾市场。

- 重构数据处理方式，提高服务效率。金融行业的核心是信任问题，目前券商的主要解决方式是通过各种流程设计来解决信任问题，如产品登记、资金托管等，而金融科技将重构券商的信息处理方式。如云计算可以大幅度提高上层数据存储和计算的能力，从而大幅度提升券商在清结算、风险管理和客户服务方面的速度，降低对网点的依赖性和券商的运营成本。过去证券发行和交易高度依赖中介机构，券商作为重要的中间机构在交易达成过程中始终处于中心地位，从而产生一些问题，如交易成本较高、透明度不佳、耗时较长等，区块链技术将有效改善这一状况：通过共享的网络系统参与证券交易，使得原本高度依赖中介的传统交易模式变为分散的平面网络交易模式，金融交易市场的参与者可以享用平等的数据来源，让交易流程更加公开、透明、高效。简言之，区块链技术可以通过技术契约而非中心化的信用机构建立信任，从而达到降低成本、提高效率和提升安全性的效果。

以上就是对金融科技在证券行业的应用价值的总结，从技术方向上来看，金融科技主要包括生物识别、智能投顾、量化投资和区块链技术，除此之外，在信托、基金等金融领域也有非常重要的应用。简单总结我国区块链技术应用在金融领域的发展方向和挑战，主要有以下 3个方面。

- 区块链的落地区域首选场外交易市场，尚需要一个循序渐进的过程。出于防范风险考虑，交易复杂、对全局性风险容忍度极低的场内交易市场尚不具备推广区块链技术的条件。在我国，场外交易市场具备大体量、高分散和广区域等特点，业务协调成本较高，企业融资困难。如果在场外交易市场建立面向全国的统一的区块链交易市场，就可以打破地域限制，提高资本融通效率。

- 区块链的应用领域首选支付清算，从国际应用经验来看，由于支付清算实现较为容易，已经进入实践阶段，如 R3 区块链联盟已经在制定可以交付结算的标准，澳大利亚证券交易所已经考虑使用区块链来替代原有的清算和结算系统，一些区块链初创企业和合作机构也开始提出一些全新的清算和结算标准。

- 区块链技术将深刻地改变当前的金融业态和商业模式，并改变机构之间的交易规则。因此，对于金融机构而言，区块链技术既是机遇又是挑战。根据国际经验，金融机构可以通过以下 4 种方式进行区块链业务的布局：①加入区块链联盟，建立行业标准；②携手区块链金融科技公司发展相关业务；③战略投资区块链金融科技公司；④自主进行相关的底层技术研究。

最后需要补充的是，技术的发展是具有两面性的，区块链技术会带来新的机遇，也会带来相应的挑战和风险，包括存在安全风险、自身维护成本较高和弱中介化带来的监管方面的困难等，这是金融机构和相关人士在应用区块链技术和金融科技技术时需要重点关注的。技术从来都是双刃剑，没有任何一种技术是无所不能且没有风险的，理解技术一定要从多角度出发，而不是只理解其表层含义。

第7讲 区块链技术与金融应用（二）：支付清算与增值业务

在讨论了金融科技的基本脉络之后，接下来探讨目前最成功的金融科技应用领域：支付行业。传统的金融支付指的是随着交易双方完成交易而进行的付款人对收款人的货币债权转移，也就是以"交易"和"货币债权"为核心构建的业务逻辑，当前丰富的支付形态正是由多角度的交易主体和多样化的货币债权形成的组合。我们还会介绍国内支付业务发展的来龙去脉，并以蚂蚁金服为典型案例深度解析和研究，为读者梳理支付行业的业务逻辑和发展前景。最后会介绍关于互联网融资业务的基本情况，因为这两种业务之间存在着非常大的内在联系，如蚂蚁金服通过支付所建立的基于"花呗"和"借呗"的产品矩阵，是非常重要的产品形态案例。这一讲会着重介绍支付行业中的金融科技应用，并介绍融资业务如何通过金融科技技术开展。

7.1 支付业务的基本逻辑

支付业务的核心在于"交易"与"货币债权"的组合，由此形成了丰富的支付业务形态。交易主要有两类：①金融机构、企业间开展的对生产资料、货物、金融产品等的交易；②个人与个人间开展的对消费品的交易。这一讲主要讨论基于后一类交易发生的零售支付业务，从货币债权的现金和账户资金形式来看，我们可以将零售业务分为现金支付和非现金支付两种，简单介绍如下。

（1）现金支付。收付款人直接使用纸质货币进行收付，从而实现货币债权的转移，主要适用于现场交易与支付。近年来出现的应用主要是电子现金（如银联"闪付"），具备不记名、不挂失持有、不验证密码、不签名支付等特点，可以理解为一种广义的现金支付方式。现金支付的局限体现在仅适用于现场支付的场景，且在大额支付时效率低下。随着银行业的发展，货币形式由现金扩展至广义的货币，货币债权人不仅持有纸质货币，同时在银行账户中也持有资金（如储蓄），因此现金支付的场景就无法满足丰富的货币债权使用的要求了，进而产生了非现金支付。

（2）非现金支付。根据账户体系的不同，非现金支付又可以划分为以银行账户支付和非银行支付账户支付，后者主要由非银行支付机构为客户开设虚拟账户。

• 银行账户支付主要包括银行卡、个人支票、直接转账等形式，共同点是通过不同的渠道向银行发送支付指令，从而完成银行账户资金的转移。对于银行账户的支付，大部分都是通过银行系统的工具完成，如传统的物理介质有银行卡、POS 机和个人支票，新型的电子媒介有网上银行、手机银行等。值得注意的是，外部支付机构也可以通过系统接口来实现基于银行账户的支付，如快捷支付不需要通过网银，只需要支付密码和手机动态口令就可以完成银行账户的支付过程。

• 非银行支付账户支付以电商平台衍生出来的非银行支付功能为主，如支付宝余额、微信零钱等。此类支付方式既可以提供支付账户之间的资金转移，也可以提供支付账户向银行账户的资金转移。由于非银支付机构支付账户仅仅用于记录预付交易的资金余额，是一种虚拟账户，其实际资金流的结算仍然需要依托银行账户来实现，因此，此类支付的完成需要非银支付机构和商业银行的共同参与。

以上就是目前主要的零售业务支付形态：现金支付、非现金支付（银行账户支付和非银行支付账户支付）。正是支付工具的发展和创新，使得我国支付领域在全世界发展过程中处于领先地位。国内零售支付工具的发展过程大致可以分为3个阶段。

第一阶段，专用设备电子化支付阶段。20世纪80年代末90年代初，随着银行卡的普及，人们对ATM和POS机等电子化支付专用设备的需求快速增长。在这个阶段，传统的以现金为主的支付形态逐渐向以银行卡为媒介的支付形态转变。

第二阶段，互联网支付阶段。20世纪90年代末互联网支付技术发展迅速，1998年，首个网上银行服务（招行"一网通"）与首家第三方支付平台（首易信，首家多种银行卡在线交易服务平台）上线，相比于以往的专用电子支付设备，互联网以计算机作为支付指令的发起设备，支付便捷度大幅度提升。

第三阶段，移动支付阶段。2011年前后移动支付快速发展，随着多家非银行支付机构取得移动支付牌照，以及移动支付国家标准制定出台，手机银行与支付机构发展迅速，进入了全面移动支付的阶段。由于移动支付可以在任何有网络信号的地方进行，因此其适用于远程支付、近场支付等多个消费场景，成为目前普及率最高的支付方式。

以上就是国内零售支付的发展历程，从货币债权的角度来看，零售支付形态可以划分为三种；从支付工具的角度来看，零售支付工具发展过程可以划分为三个不同的阶段。接下来介绍支付业务的主要流程。

支付流程分为3个基本环节：交易、清算和结算。对于现金支付而言，支付流程就是"一手交钱、一手交货"的过程。对于更为复杂的非现金支付而言，支付流程包括了从支付指令产生到最终资金转移的全过程，根据支付结算体系委员会（CPSS）的标准，支付业务3个标准化流程的基本业务逻辑如下。

（1）交易：在商品与货币的交换过程中，支付指令产生、发送和确认的过程。这个环节是整个支付流程的前端，参与者是买卖双方，他们只须关注支付信息的发起和资金到账的确认，无须关注背后资金的流转过程。

（2）清算：交易双方账户所在机构间的支付指令交换，以及待结算债权债务的计算。这个环节是整个支付流程的中间环节，参与者主要是账户所在机构和清算中介机构，这个过程涉及账户信息的交换与计算（信息流），而不涉及实际资金的转换。

（3）结算：根据清算结果，在账户机构间完成货币债权的最终转移（资金流），这个环节是支付流程的最终环节也是底层环节，参与者涉及账户所在机构和中心化的底层支付机构（一般由央行主管）。这个环节可以认为是清算步骤的后续动作，即基于信息流完成资金流的划转，主要发生在跨行业务和同行业务两种不同的业务环节中。

基于以上支付流程，我们可以看到整个支付体系的参与主体可划分为以下3个重要类别。

（1）支付机构：主要实现支付工具的部署、账户开立与管理、客户支付信息处理等功能，主要包括银行和非银支付机构。银行作为最传统的支付机构，涵盖了所有主要的非现金支付业务，同时银行的账户体系为其他各类支付机构提供了清算、结算的实体账户基础。第三方支付机构则是开展支付业务的非金融机构，根据人民银行的准入标准，目前第三方支付机构可以开展银行卡收单、预付款发行与受理、网络支付三大类业务，其中比较典型的业务模式包括银行卡收单、互联网支付、二维码移动支付和NFC移动支付等。

（2）清算中介机构：主要进行信息流处理，实现零售支付的批量处理和净额结算，包括对跨支付机构的支付业务信息流进行批量处理，同时向底层支付系统发送划账后的净额支付指令。清算中介机构目前主要包括处理银行清算业务的银联和对非银机构提供清算业务的网联。从理论上来说，我们依托各银行的前端支付工具和央行的底层支付系统可以实现完整的支付流程，但是由于零售支付具备业务金额小、业务笔数大等特点，央行的底层支付结算系统很难承载巨大的交易规模。此外，零售支付对时间的要求较低，因此一般采用批量发送支付指令、净额结算资金的方式处理业务，而清算中介实现了以上两个功能。

（3）底层支付系统：主要进行资金流处理，即接受清算中介机构发来的支付指令，实现对支付机构备付金账户间的资金划拨。中国人民银行建立和主导的底层支付系统是银行与银行间一切资金往来的基础，不仅包括支付业务所带来的资金结算，也包括银行间同业业务的资金结算、商业银行向中国人民银行缴纳存款准备金等非支付业务。我国的支付系统经历了三个不同的阶段，包括分散式手工联行时期、电子联行时期、现代化支付清算系统时期。支付系统在我国已经完成了从手工到电子化、信息化的演变过程，实现了分散结算向跨地区集中结算发展以及效率不断提升的飞跃。

最后介绍支付的两个基本逻辑：产品逻辑和业务逻辑。我们将支付业务的核心逻辑理解为"价值的转移"，依赖的是"信息流"和"资金流"的变化，反映在具体的商业过程中分为产品逻辑和业务逻辑两个类型。

（1）产品逻辑：支付业务的产品逻辑是基于账户和系统存在的。账户是价值的载体，包括银行账户和支付机构的虚拟账户。系统是价值转移的通道，一方面是各类清算系统为金融机构提供资金清算服务，另一方面是银行卡支付网络通过各类支付手段和介质提供支付服务。

（2）业务逻辑：在不同国家金融行业的监管框架下，基于账户和转移的基础产品逻辑衍生出了业务逻辑，包括传统的收单、交易业务，以及新型的互联网支付、移动支付等电子化业务，还有财富管理、网络融资、账户管理等增值业务。除了核心的支付相关业务逻辑外，我们在这一讲最后会探讨增值业务。

正是因为存在这两个业务逻辑，金融科技才有了用武之地。由于支付系统最核心的要求是"价值的安全"，因此支付清算系统通常是在非常强的监管模式下推动业务运转的。不同的金融科技公司基于安全基础，推动"价值转移效率"提升，主要包括以下成果：①创新支付账户；②创新支付工具；③生成自支付系统，也就是非银机构的业务空间。相比于欧美国家，我国对第三方支付机构监管更加严格，包括牌照管理、业务限制和定价限制等，因此支付业务本身往往难以带来高利润回报，市场看重的是支付业务所形成的流量入口和数据价值，下面分别介绍商业银行和非银支付机构的商业模式。

（1）对于商业银行来说，支付账户是银行账户，业务包括传统的账户转账、银行卡收单等，同时也在新兴领域发力：一方面创新各类支付方式，包括网银支付、聚合支付等；另一方面利用手机银行 App 等切入支付场景。

（2）对于非银支付机构，一方面可以基于银行账户或银行卡提供支付服务，包括收单服务、NFC 支付等，另一方面基于虚拟支付账户打造支付闭环，为用户提供电子钱包服务。根据参与支付产业链的不同业务，非银支付机构可分为 4 个基本类别：卡组织、收单机构、互联网支付机构和软硬件供应商。卡组织可以连接银行和各类收单机构，提供清算和支付网络服务，向银行和收单机构收取网络服务费，代表机构如美国的 VISA 和我国的银联。收单机构是基于"银行卡+POS 机"的模式为商户提供收单和数据处理服务的，并向商户收取手续费以获得收入，代表机构如美国的 Square、我国的拉卡拉、通联支付等。互联网支付机构则基于用户虚拟支付账户支付场景提供服务，美国以 PayPal 为代表，我国则以支付宝、微信为代表。软硬件供应商为支付机构提供软件服务和硬件设备，通过销售服务和设备或者提供 NFC 支付工具实现盈利，代表机构包括美国的 Apple Pay、USA Technology 以及我国的新大陆、新国都和华为支付（Huawei Pay）。

总之，无论是传统还是新兴的支付业务，其本质都是价值的转移，盈利模式是基于"转移价值"的规模和费率。在互联网时代，价值转移规模的核心是场景，盈利来自基于场景的变现能力。接下来我们以蚂蚁金服为典型案例进行讨论。

7.2 典型案例：蚂蚁金服

我国支付市场的一大热点就是第三方支付市场，这不仅是因为第三方支付市场的渗透率和高关注度，也因为这个领域的创新相对集中，符合金融科技的发展趋势。目前国内已形成支付宝和微信支付"双寡头"格局，其他的支付机构基于场景向金融领域衍生，下面先介绍除"双寡头"之外的支付业务。

一类公司通过支付来进行生态圈布局和支付业务协同，以京东、百度、美团等互联网企业为代表。对于互联网巨头而言，支付业务是生态圈中的关键环节，既为其他业务提供支付功能，又提供了交易数据和移动互联网的入口，所以很多互联网平台通过收购第三方支付牌照来开展相关业务。以京东为例，金融业务就是其除了电商业务之外发展最快的业务模块之一，而支付业务是金融业务中的基础，京东正是通过支付业务向线下的消费场景进行深度融合和渗透的。

另外一类公司通过垂直细分领域来拓展支付，这些支付机构往往依靠某个行业提供垂直支付业务来推动业务发展，伴随着行业的增长来实现成长。以易宝支付为例，这家公司主要通过为航空旅游、游戏娱乐、行政教育等垂直细分行业提供服务以拓展自身的价值链，尤其是在航旅行业上获得了非常高的渗透率。

市场的集中度提升不仅是技术创新也是监管的必然结果。2017 年，中国人民银行牵头，"网联"正式成立并开始运行，切断了第三方支付机构与银行的直联模式，承担起了支付机构的清算职能，推动了"网联"时代的支付格局的变化，主要体现在 3 个方面：①第三方支付回归支付本质，推动支付机构的竞争更加聚焦于开拓支付场景和提升支付效率与用户体验；②大型支付机构在"网联"架构中的重要地位和官方信用背书确保其将在这个领域长期保持优势地位，形成了"垄断效应"；③商业银行在第三方支付机构的竞争中的劣势有所改善，但已无法改变基本格局。简而言之，我国传统的支付体系是中国人民银行和商业银行主导的"结算+清算"二级体系，而第三方机构则形成了一套绕开中国人民银行、普通银行和银联的清算体系，存在未获金融牌照情况下开展多元化金融业务的现象，因此"网联"推动强化合规监管，同时也鼓励技术创新，下面以支付宝为例介绍第三方支付业务的发展历史。

支付宝于 2004 年成立，在成立初期主要是解决淘宝交易平台的信任问题，后来发展为重要的金融服务平台。2011 年，支付宝获得央行颁发的国内第一张"支付业务许可证"，2012年获得基金第三方支付牌照。2013 年，支付宝母公司宣布以其为主体筹建小微金融服务集团，小微金融成为蚂蚁金服的前身。2014 年 10 月 16 日，蚂蚁金服正式成立，同年 9 月，蚂蚁金服作为主发起人筹建网商银行并获得银监会批复。2018 年 6 月，蚂蚁金服完成最新一轮融资，募集资金 140 亿美元。截至 2017 年年底，我国支付市场总支付量为 37.7 万亿元，支付宝及其环球合作伙伴用户数超过了 8.7 亿人,成为蚂蚁金服中最大的业务模块,也是最核心的流量入口。

蚂蚁金服通过支付宝等产品向大众提供普惠金融服务,目前蚂蚁金服旗下的普惠金融服务主要分为五个模块:支付平台、财富管理、微贷业务、保险业务、信用系统。通过支付作为流量入口,以信用系统为辅助,积极拓展财富管理、微贷业务和保险业务。对于蚂蚁金服,普惠金融的价值在于给所有需要金融服务的个人或企业提供平等的无差异的金融服务,通过移动互联的普及面向最广大的用户群体,发展先进的数字网络平台以提升效率,并使用大数据、云计算等技术来解决风控问题。

支付宝作为蚂蚁金服的核心业务,正发展为以个人为中心,以实名制和信任为基础的生活平台。支付宝于 2003 年上线,经过一年多的发展,于 2004 年 12 月从淘宝网拆分并独立运营,成为独立支付平台。随着支付宝将服务目标定位于网络游戏、航空机票等新兴领域,它逐步拓展出非常丰富的应用场景。自成立以来,支付宝已经与超过 200 家金融机构达成合作,为近千万小微商户提供支付服务。在信息碎片化的互联网时代,移动支付公司能否持续构建稳定的支付场景,增加用户打开应用的频率,抢占用户的时间碎片,是支付市场的竞争关键。蚂蚁金服目前围绕着用户的不同需求,打造了多种支付场景,从超市便利店的二维码支付到话费的即时充值,从火车票、机票的购买到滴滴出行的免密支付……在海外市场,支付宝也推出了跨境支付、退税、海外扫码等多种服务,推动了整个服务的多元化。

除了支付业务外,蚂蚁金服还提供财富管理、微贷、保险和芝麻信用等业务,这些都可以认为是支付清算业务的增值业务,大体介绍如下。

(1)财富管理:蚂蚁金服通过升级蚂蚁财富,打造全产品线开放平台,包括余额宝、定期、基金、黄金等产品。2018 年,支付宝将蚂蚁财富入口放置于主页面,升级为一级入口,体现了蚂蚁金服对财富管理的重视。蚂蚁财富的定期理财业务为客户提供不同的选择,其产品类型有定开型个人养老保障管理产品、券商集合资产管理计划等。其中知名的服务余额宝被定位为支付宝旗下的现金管理工具,2013 年 6 月上线时,其基金管理人为天弘基金,这使天弘基金一跃成为市场上资金管理规模第一的公募基金。余额宝后来陆续接入多个货币基金,将消费和理财打通,壮大了蚂蚁金服的资金规模。余额宝的优势在于使用门槛低、可随时随取、收益日结,因此成为了当时备受关注的货币基金产品。后续蚂蚁金服通过收购与合作等方式与超过100 家资产管理企业合作,拥有近 3000 个基金产品,成为国内最有影响力的货币基金平台。简而言之,蚂蚁财富的优势在于拥有庞大的用户群、强大的互联网技术基础以及相应的产品方法论,其引发了货币基金行业的变革。

(2)微贷业务:蚂蚁金服旗下的微贷业务主要分为针对小微企业的网商银行和针对个人消费者的蚂蚁花呗、蚂蚁借呗。花呗和借呗属于消费性贷款,网商银行则依托平台开展经营性贷款业务,除此之外,也与主营中小微企业贷款的银行进行合作,收取技术服务费,网商银行依托线上平台打造了无网点的创新银行模式。蚂蚁金服于 2015 年 6 月 25 日正式提供网商银行服务,依托支付宝为流量入口,利用蚂蚁信用和云计算服务等创新方式进行经营,借助高科技对业务快速处理,提升客户满意度。网商银行既能避免营业网点的资金投入和运营成本,又能保证贷款带来的高收益,以服务小微企业、支持实体经济、践行普惠金融为使命,为小微企业、个人创业者提供高效、便捷的金融服务。

(3)保险业务:蚂蚁金服与多家保险公司合作推出满足个人消费者和小微企业需求的保险产品,同时,蚂蚁保险服务平台结合人工智能、区块链等技术帮助保险公司进行数字化转型,与保险机构挖掘出更多符合市场需求的产品，如区块链技术精准扶贫、图像识别技术提效理赔等。蚂蚁保险服务产品线非常丰富，可以满足客户不同场景下的不同需求，也能帮助保险机构更好地服务个人消费者和小微企业，实现普惠金融目标。2013 年 9 月，蚂蚁金服作为大股东联合腾讯、平安保险成立全球首家互联网保险公司——众安保险，按照生态系统划分，提供生活生态、金融生态、健康生态、车险生态及航旅生态五个领域的解决方案。

（4）芝麻信用：蚂蚁金服推出的征信系统，有效解决了信用风险问题，推动金融行业持续健康发展。区别于中国人民银行征信中心的信用体系，芝麻信用利用了传统数据和互联网大数据，可以更加高效灵活地分析出用户个人征信情况。芝麻信用不仅利用了用户在使用支付宝时的交易数据，还利用了用户通过支付宝缴纳生活费用（如水电煤和信用卡还款等数据）立体刻画用户的征信情况。2018 年 2 月 22 日，首个开展个人征信业务的机构——百行征信有限公司被中国人民银行批准，其中芝麻信用管理公司持股 8%，这也是全国首张被批准的征信牌照。值得注意的是，芝麻信用既是蚂蚁金服全平台的基础设施，也是面向公众的开放平台，可以通过信用评价的数据产品构建可信的商业基础设施。芝麻信用的核心竞争力在于它通过拓展多个应用场景，使互联网服务能够与信用体系打通，简化了中间流程，大大便利了用户的生活。

从商业模式角度来说，我们可以看到蚂蚁金服逐渐形成了可扩张的四层基本商业生态架构，而每一层架构都是基于最底层技术的开放平台。这四层架构分别是：以支付宝为载体的入口；以理财、消费信贷、保险为载体的金融服务产品平台；以信用体系和风控体系为核心的支持系统；以云计算、大数据、人工智能、区块链和物联网为衍生的技术生态。基于这四层基本架构，围绕着用户的各种生活场景提供服务，然后从不同场景中产生金融需求，再以数据价值驱动的业务逻辑满足用户的需求。

以上就是对蚂蚁金服的支付业务和相关衍生增值业务的介绍，一方面我们可以看到支付行业的基本特质和商业模式特点，另一方面我们可以看到增值业务的价值和相关服务的商业化逻辑。

7.3　金融科技与支付清算

结合蚂蚁金服的案例，我们探讨支付所涉及的金融科技技术，然后总结区块链技术在支付领域的应用场景和逻辑。蚂蚁金服近年来围绕着连接、信用、风控和基础技术四层架构发展，在云栖大会上提出了"BASIC 战略"，指出在技术方向上着重于五大基础技术领域：区块链、人工智能、安全、物联网和云计算。

首先需要关注的是蚂蚁金服所提出的四层基本架构的内涵：所谓连接能力，是指通过支付业务建立起来的连通消费者和金融机构的通道；所谓信用能力，是指通过芝麻信用建立起来的信用生态体系；所谓风控能力，是指通过人工智能和区块链等技术保障整个平台系统安全稳定的运行；所谓基础技术则是以上三大能力的基石，支撑所有蚂蚁金服核心应用场景的实现。

然后我们分别看"BASIC 战略"的核心技术应用。

（1）区块链：不同于真实的物理世界，数字世界是可以被删除和修改的，而区块链技术则提供了一种更加可信的验证方法。2018 年 1 月，"雄安区块链租房应用平台"上线，这是国内首个将区块链技术落地在租房领域的平台，蚂蚁金服为该平台提供核心技术。平台上的房源信息、房东和房客的身份信息以及房屋租赁合同信息都记录在区块链上，信息之间相互验证，无法被篡改。当然，目前区块链技术还处于发展阶段，要适应互联网级别的大规模商业化应用还需要相当长的一段时间。

（2）人工智能：蚂蚁金服通过人工智能技术帮助风控技术实现突破，大幅度降低信用风险。随着大数据发展，可以分析的数据越来越多，通过人工智能能够更好地分析数据来预判风险。目前感知层面的人工智能发展还有很大的空间，随着人工智能技术拥有更多的知识储备、更强大的推理决策能力，除了风控模型越来越完善之外，还可以根据用户需求来定制各种投资方案。

（3）安全：蚂蚁金服正在尝试通过生物识别等技术来提供更好的安全服务，2016年蚂蚁金服以7000万美元收购了生物识别技术公司 EyeVerify，2017年蚂蚁金服开始孵化全球可信身份平台蚂蚁佐罗（ZOLOZ），开放了金融级的生物识别技术能力。蚂蚁金服通过获取用户数据用于客户行为分析来推动其金融服务升级，它还通过开放其风控体系，提供基于业务场景全网联防联控的解决方案——"蚁盾"。在金融领域中，最基本的需求就是保障安全，尤其是随着技术的发展，金融应用的风险越来越大，如何通过包括区块链在内的一系列技术推动金融行业更加安全和可信是非常重要的应用场景。根据蚂蚁金服透露，目前蚁盾介入了包括出行、电商、公共服务和金融等多个领域，服务了超过2000家机构。

（4）物联网：物联网技术可以在更广阔的范围内实现物理世界与数字世界的链接，从而形成智能社会和智能经济的基础。2017年8月，蚂蚁金服宣布开放"无人值守"技术，为商家提供身份核验、风险防控、支付结算等多种服务，让消费者可以无须通过商家的人工服务，也能自助用、自助借、自助买。引入无人值守技术后，很多传统8小时的商业场景都将变成24小时营业。事实上，无人值守技术的本质是基于共享经济和信用经济的逻辑去考虑的，无人值守最核心的技术是身份识别和身份信用管理。前者是准入，身份识别技术是一个关键，蚂蚁金服数亿的用户都通过实名认证，这些用户成为了强大基石。后者是信用管理，每个人都珍惜自己的信用，信用源于信任，具有良好信用的人可以在各种环境下获得更多的信任。随着信用生态的建立，基于共享模式的共享经济生态才能真正得以实现和繁荣。

（5）云计算：蚂蚁金服推出了蚂蚁金融云服务来为公众提供完善的云计算服务平台，包括提供金融级安全服务的"平台即服务"（PaaS）和"软件即服务"（SaaS），业务包含大规模分布式计算、跨平台云资源管理、集中式云环境健康、EB级大数据处理、金融级安全防护、移动互联网金融应用开发等服务。蚂蚁金融云是蚂蚁金服基于其多年积累的金融级互联网技术为金融机构提供行业云计算服务的平台。蚂蚁金融云整合了蚂蚁金服经多年大促活动锤炼出的大规模交易处理能力，并且面向未来将逐步开放大规模实时决策能力和大规模数据集成与洞察分析能力，持续为合作伙伴提供金融级的基础技术服务。通过这些核心技术手段的实现，蚂蚁金融云具备了超大规模的交易处理能力，已经成功助力了余额宝、芝麻信用、支付宝开放平台、蚂蚁财富等众多创新业务。蚂蚁金融云把蚂蚁金服的核心技术产品开放出来，让更多的金融机构可以使用这些能力，助力金融机构降低创新成本、更快速地向新金融转型升级，共同探索全新业态。在国内，蚂蚁金融云为信美提供一站式数据解决方案，帮助其业务数据化；为网商银行建立大数据智能分析平台，实现了从信息获取、分析到分享发布的全流程管理。在印度，蚂蚁金融云为 Paytm 用户数从1700多万增长至2.2亿提供了整体解决方案，提升了数据资产的利用效率，使其能够稳定地提供普惠金融服务。

最后补充区块链技术在跨境支付领域的应用，区块链技术在跨境支付场景下可以摒弃中转银行，实现点到点的、快速且成本低廉的跨境支付。通过区块链技术绕过中转银行可以实现全天候支付、瞬间到账，在加快交易进度的同时省去了大量的手续费。此外，区块链技术的"去中心化"、信息不可篡改、匿名性等特点，加强了跨境支付的安全性、透明性和低风险性。根据著名咨询公司麦肯锡测算，从全球范围来看，区块链技术在企业间跨境支付与结算业务中的应用可以使每笔交易成本从约 26 美元降低到 15 美元，降低的约 11 美元成本中约有 75%用于支付中转银行的网络维护费用，25%用于支付合规、差错调查费用和外汇兑换成本。下面，我们从三个方面来分析区块链技术对跨境支付的价值。

（1）显著提高交易速度。传统跨境支付模式存在大量人工对账操作，银行在日终集中进行交易的批量处理，通常一笔交易需要至少 24 小时才能完成，而应用区块链的跨境支付可提供"7×24 不间断服务"，并且减少了流程中的人工处理环节，大大缩短了清结算时间。如使用"Ripple 分布式金融解决方案"，加拿大 ATB Financial 银行发起 1000 加元跨境汇款，款项兑换为欧元支付给德国的 ReiseBank 银行，总共用时 8 秒，而在传统模式下这类交易需要 2～6 个工作日才能完成。

（2）有效降低交易成本。麦肯锡《2016 全球支付》报告显示，通过代理行模式完成一笔跨境支付的平均成本为 25～35 美元，是使用自动清算所（ACH）完成一笔国内支付成本的十倍以上。传统跨境支付模式中存在支付处理、接收、财务运营和对账等成本，而通过区块链技术的应用，削弱了交易流程中中介机构的作用，提高了资金流动性，实现了实时确认和监控，能够有效降低交易各环节中的直接和间接成本。对于金融机构来说，可以改善成本结构，提高盈利能力；对于终端用户来说，可以减少各类交易费用，使得原先成本过于高昂的小额跨境支付业务成为现实，因而更具普惠价值。

（3）为客户身份识别提供了全新的思路。根据反洗钱相关法律法规要求，世界各国金融机构需在交易过程中严格执行客户身份识别流程，履行了解客户的义务。传统业务模式中，金融机构对客户身份相关证明材料和文件的鉴别力有限，在核实身份真实性的过程中面临着耗时长、成本高等问题。利用区块链技术建立信任，存储客户身份的电子档案，实现身份信息的安全管理，满足反洗钱监管的相关要求，为了解客户身份识别流程和反洗钱监管合规领域提出了新的解决思路。

总之，通过金融科技技术的整体应用能够为金融服务领域尤其是支付业务带来非常重要的价值。一方面我们要看到多种技术是如何通过融合来提供核心价值的，另一方面我们也要看到区块链技术在其中起到的关键作用。正是金融市场中交易双方的信息不对称导致金融服务领域无法建立有效的信用机制，产业链条中存在大量中心化的信用中介和信息中介，减缓了系统运转效率，增加了资金往来成本。而区块链技术公开、不可篡改的属性，为"去中心化"的信任机制提供了可能，具备改变金融基础架构的潜力，其在金融领域的应用前景不可低估。我们要系统地看待技术应用的生态，正如前文所说，技术需要找到合适的应用场景，也需要找到与其他技术的契合点，这样才能发挥其最大价值。

第8讲　区块链技术与金融应用（三）：供应链金融与资产数字化

过去十几年间，供应链金融成为金融行业最受人瞩目的增长领域。随着零售互联网的流量入口逐渐饱和，数字化进程逐渐从个人转向企业，产业互联网成为了新的焦点，因此供应链金融再次吸引了资本和行业的关注。根据行业预测，到 2020 年左右，国内供应链金融市场规模接近 15 万亿元，随着大数据、人工智能、区块链、云计算等新兴科技的应用，供应链金融将成为银行转型和产业变革的重要基础领域。我们看到产业中"新制造、新金融、新技术"的跨界融合，正是在供应链金融的发展过程中逐渐实现的。因此，这一讲讨论供应链金融和相关的金融科技应用，以及供应链金融的资产数字化所带来的思考。

8.1　供应链金融的模式与分类

供应链金融，简单地说就是银行将核心企业和上下游企业联系在一起提供灵活运用的金融产品和服务的一种融资模式，即把资金作为供应链的一个溶剂，增加其流动性。一般来说，一个特定商品的供应链从原材料采购，到制成产品，最后由销售网络把产品送到消费者手中，将供应商、制造商、分销商、零售商直到最终用户连成一个整体。在这个供应链中，竞争力较强、规模较大的核心企业因其强势地位，往往在交货、价格、账期等贸易条件方面对上下游配套企业提出苛刻的要求，从而给这些企业带来巨大的压力。而上下游配套企业大多是中小型企业，难以实现从银行融资，最后造成其资金链十分紧张，整个供应链出现失衡。因此，"供应链金融"最大的特点就是在供应链中寻找一个大的核心企业，以核心企业为出发点，为供应链提供金融支持。一方面，将资金有效注入处于相对弱势的上下游配套中小企业，解决中小企业融资难和供应链失衡的问题；另一方面，将银行信用融入上下游企业的购销行为，增强其商业信用，促进中小企业与核心企业建立长期战略合作关系，提升供应链的竞争能力。简而言之，供应链金融就是以供应链上下游真实贸易为基础，以企业贸易行为所产生的确定的未来现金流为直接还款来源，为供应链上的企业提供金融解决方案，从而达到优化现金流并提高供应链整体效率的目的。

美国供应链金融产生于 19 世纪末，当时美国工业正全面超越英国、德国，成为世界第一工业强国。从模式上讲，美国供应链金融经历了三个阶段。

第一阶段：以银行为主导的金融机构向产业渗透。这一时期，金融监管相对宽松，以银行为代表的金融企业开始向传统产业渗透，产业链中企业融资则更加依赖于已经渗透进来的商业银行。本质上讲，这仍是发展不完全的供应链金融模式，商业银行对于产业链上下游把控力的优势并没有真正建立起来。

第二阶段：核心企业登上供应链金融舞台。美国金融监管趋紧后，金融机构向产业的渗透开始受到限制，供应链金融模式面临变革，真正意义上的供应链金融模式随着核心企业实力的上升而最终确立，核心企业成为供应链金融的中心。这种模式下，核心企业具备了信用优势和业务信息优势，纷纷成立金融部门，帮助中小企业解决融资难问题。如 UPS 公司成立 UPS

Capital、GE 公司成立 GE Capital，产融结合切入供应链金融。

第三阶段：核心企业模式遇到天花板。进入 21 世纪后，美国供应链金融模式发展日趋稳定，甚至出现负增长。供应链金融仅服务于主要行业的定位成为其发展的最大限制因素，同时出于资金来源和风险控制的考虑，核心企业也在逐渐收缩与自身主业不相关的金融业务，美国供应链金融核心企业模式遇到发展的天花板。

在我国，目前的供应链金融的形态主要有应收账款融资、库存融资、预付款融资和战略关系融资四种主要形式，分别对应企业交易流程的不同环节，也对应着不同的风险偏好。金融机构按照担保措施的不同，从风险控制和解决方案的导向出发，将供应链中的基础性产品分为应收类融资、预付类融资、存货类融资和战略类融资四个类别，目前市场上比较常见的是前三类，它们的概念介绍如下。

（1）应收账款融资（应收类）：是一种在供应链核心企业承诺支付的前提下，供应链上下游的中小型企业可用未到期的应收账款向金融机构进行贷款的融资模式。在这种模式中，供应链上下游的中小型企业是债权融资需求方，核心企业是债务企业，其可对债权企业的融资进行反担保。一旦融资企业出现问题，金融机构便会要求债务企业承担弥补损失的责任。应收账款融资使得上游企业可以及时获得银行的短期信用贷款，不但有利于满足融资企业短期资金的需求，保证中小型企业健康稳定地发展和成长，而且有利于整个供应链的持续高效运作。

应收类的融资基础将真实贸易合同产生的应收账款作为还款来源，主要用于缓解下游企业赊销账期较长带来的资金紧张，缓解方式包括保理、保理池融资、反向保理、票据池授信等，风险在于买方不承认应付账款、买方主张商业纠纷等情况。

（2）未来货权融资（预付类）：是一种下游购货商向金融机构申请贷款，用于支付上游核心供应商在未来一段时期内交付货物的款项，同时供应商承诺对未被提取的货物进行回购，并将提货权交由金融机构控制的融资模式。在这种模式中，下游融资购货商不必一次性支付全部货款，即可从指定仓库中分批提取货物并用未来的销售收入分次偿还金融机构的贷款。上游核心供应商将仓单抵押至金融机构，并承诺一旦下游购货商无法支付贷款时就对剩余的货物进行回购。

预付类融资是一种"套期保值"的金融业务，极易被用于大宗物资（如钢材）的市场投机。为防止虚假交易的产生，银行等金融机构通常还需要引入专业的第三方物流机构对供应商上下游企业的货物交易进行监管，以抑制可能发生的供应链上下游企业合谋给金融系统造成的风险。如国内多家银行委托中国对外贸易运输集团（简称中外运）对其客户进行物流监管服务。一方面银行能够实时掌握供应链中物流的真实情况，降低授信风险；另一方面中外运也获得了这些客户的运输和仓储业务。可见，银行和中外运在这个过程中实现了"双赢"。预付类融资的融资基础在于客户对供应商的提货权，主要用于缓解一次性交纳大额订货资金带来的资金压力，风险在于上游供货商未能足额、按时发货，以及对货权控制落空等情况。

（3）融通仓融资（存货类）：很多情况下，只有一家需要融资的企业，而这家企业除了货物之外，并没有相应的应收账款和供应链中其他企业给予的信用担保。此时，金融机构可采用融通仓融资对其进行授信。融通仓融资是企业以存货作为质押，经过专业的第三方物流企业评估和证明后，金融机构向其进行授信的一种融资模式。在这种模式中，抵押货物的贬值风险是金融机构重点关注的问题。因此，金融机构在收到中小型企业融通仓业务申请时，会考察企业是否有稳定的库存、是否有长期合作的交易对象以及整体供应链的综合运作状况，以此作为授信决策的依据。但银行等金融机构可能并不擅长于质押物品的市场价值评估，同时也不擅长质押物品的物流监管，因此在这种融资模式中通常需要专业的第三方物流企业参与。金融机构可以根据第三方物流企业的规模和运营能力，将一定的授信额度赋予物流企业，由物流企业直接负责融资企业贷款的运营和风险管理，这样既可以简化流程，提高融资企业的产销供应链运作效率，又可以转移自身的信贷风险，降低经营成本。存货类融资的基础在于控制货权，用于盘活采购之后在途物资以及产品库存占用的沉淀资金，其风险在于对实物控制权落空、对实物定价出现偏差等情况。

以上是按照业务逻辑的差异划分的几种供应链金融的模式，接下来我们从组织的角度来讨论国际供应链金融的几种典型模式。

（1）物流企业主导模式：这是国际贸易中的主要供应链金融方式，由于目前在国际贸易中大量采用的是赊销的结算方式，卖方不得不先垫付部分或全额资金，到货后一段时间才能结算货款，这会导致卖方的资金链非常紧张。物流企业主导的供应链融资后能够利用自身掌握的信息优势和客户关系优势，通过掌握抵押货物的精确信息，为面临赊账压力的客户提供短期应收账款融资服务，这是目前主流的一种供应链金融模式。

这种物流企业主导模式的特点是：①物流企业设计融资方案并提供资金，物流企业不仅主导融资准备过程中对象的选择、方案的设计，而且负责确定融资实施过程中融资规模、融资利率和还款方式等，也就是物流企业扮演了金融机构的角色；②物流企业是方案实施过程中融资抵押物的实际掌控者，由于物流企业通过其物流网络了解目标抵押物的特征，同时利用数字标签系统和产品信息平台掌控抵押物的实时状态，最终与核心企业结算后才交出货物控制权，所以物流企业不仅掌握了抵押物所有权，也起到了仓储与保管的作用；③物流企业是信息渠道建立者和信息掌握方，这对物流企业的信息化能力提出了要求。

（2）企业集团合作模式：在企业集团合作供应链金融模式下，卖方企业为买方提供融资租赁、设备租赁等服务，在替买方垫付货款的同时，也收取融资利息。这种模式不仅减小了买方一次性付款压力，缩短了买方的运营准备时间，同时也提高了卖方的销售额。企业集团的融资对象和服务对象都是少数大型企业，买卖双方的地位较为平等，不存在如商品零售供应链中强势的卖方挤压弱势供应商账款的现象。此外，企业集团同时充当融资提供方与核心关联企业，直接参与供应链贸易，而在物流企业主导模式中，物流企业实际上只是作为第三方参与供应链贸易。

这种企业集团合作模式的特点是：①多个企业集团协商合作设计融资方案并确定融资条件，由于企业集团双方的市场地位较为平等，融资方案设计、融资利率和还款方式等条件由各方协商确定；②企业集团共同掌握信息，协商融资抵押物的实际控制权，一方面，企业集团的内部管理相对严谨，风险管理制度比较完善，因此更加重视对抵押物的信息掌握；另一方面，企业集团模式中的参与各方企业往往是长期业务合作伙伴，共同协商抵押物的实际控制权归属，能够兼顾各方实际需要和利益诉求，有利于加强相互信赖，巩固长期伙伴合作关系；③在这个模式中，企业集团不仅需要控制产业与金融的双重风险，同时要保持融资利率对交易客户的吸引力，因此对企业综合管理运作能力有更高的要求。

（3）商业银行合作模式：相对于物流企业主导模式和企业集团合作模式，以商业银行主导来开展的供应链金融模式更为普遍。在国外商业银行开展供应链金融业务的驱动力是吸引大客户、拓展新的客户关系。而在国内，主要目的是为了建立比较优势，以增强其核心竞争力。

这种以商业银行为主的供应链金融模式的特点是：①商业银行主导服务方案的设计并提供资金，正是由于是商业银行来负责制定融资条件，有利于提供更加标准的服务，从而提高运作效率、实现规模效益，另外，商业银行更多是作为供应链金融服务提供方而非支配者；②商业银行负责建设信息平台，一方面是为了方便企业的使用与信息化、扩展融资业务、提高金融业务的运作效率与资金的利用效率，另一方面是为了通过网络平台掌握融资的特征、分布，实现有效的风险管理；③商业银行与客户企业在协商过程中地位大致平等，一方面商业银行可以选择合适的企业和其所在的供应链给予融资便利，另一方面企业同样可以选择融资条件更加优惠的商业银行来提供服务，这种市场化的双向选择决定了两者在协商和处理融资方案过程中更加平等、互动。

以上就是对供应链金融模式的介绍，理解这几种模式的核心逻辑后，我们才能理解如何在金融科技技术的推动下进行变革，以及区块链技术在其中起到的关键作用。我们可以看到，供应链金融的实质是将产业上下游的相关企业作为一个整体为其提供融资服务，以解决供应链上资金的分配和流通问题。供应链金融与传统银行信贷的区别在于，利用供应链中核心企业的资信能力来解决商业银行和中小企业的信息不对称问题，这样中小企业的融资难题也就能通过这个模式得以有效缓解。

8.2　区块链技术与供应链金融

随着供应链金融的发展，传统供应链金融依靠单一核心组织机构的协调模式已经不能满足多元化发展的需求，并存在信息不对称、不透明、可被随意篡改的风险，如何通过金融科技技术来推动供应链金融向数字化、智能化、可信化转型，更好地将信息流、资金流和商品流整合，建立动态的信用评价体系，从而实现资金的高效利用，这是目前供应链金融技术面对的挑战。基于上述对供应链金融的讨论，可以看到区块链技术与供应链金融之间的契合，主要体现在三个方面：①事件驱动，实体供应链上的各类事件都会引发金融需求，融资提供方案是针对这些业务环节的需求提供的，因此供应链金融很大程度上是事件驱动的，正因为如此，供应链上的信用是多层级传递的，存在着一定的信用风险，区块链平台的搭建正好能够打通不同层级之间的交易关系，从而实现信用传递，将供应链金融的作用发挥出来；②多主体协调，供应链上的交易关系和链条涉及多个买卖方，并涉及多种不同类型的组织主体，在多角色参与的财富管理与信用创造过程中，需要对每一个角色的"责、权、利"进行明确界定，协调多主体的行为并记录每个角色的行为轨迹，区块链技术提供了一种分布式的账本，为参与各方提供了可信的平等协作的平台，降低机构间协作的信用风险和成本，链上信息实现了可追踪和不可篡改，数据可以实时同步核对；③供应链金融需要与各类信息技术结合，目前的供应链金融与信息技术的结合已经自动延伸到自动化、虚拟化和众多其他技术领域，这里尤其强调的是留存智能化，区块链技术提供的智能合约技术，可以减少人为交互和提升产业效率，通过自动控制供应链流程提供更好的解决方案。

正因为以上几个特点，区块链技术能够很好地在供应链金融上进行应用。首先，区块链提供的信息基础设施能够传递驱动供应链金融的事件的相关信息，成为新型供应链金融重要的基础设施；其次，区块链提供的信任系统和多主体治理机制能够服务于供应链金融的多主体协调，从而为供应链金融奠定新的网络化的治理生态；最后，供应链金融和前沿技术的契合度较高，区块链技术能够利用本身融合度较强的技术特性很快地在供应链金融场景中进行应用。

在理解了区块链技术和供应链的契合度之后，下面具体来看区块链技术是如何推动供应链金融的发展的，我们从几个方面来介绍其应用场景和价值。

区块链技术提供的基础网络设施使得供应链金融的信息传递更加透明和可信。实体供应链上存在着信息不透明和不通畅的问题，随着国际产业分工和国际贸易的发展，实体供应链上的各个环节有不断增多的趋势，链条式结构越来越复杂，然而当前实体供应链上的信息基础设施难以为金融机构提供有效的授信支持数据。相反，区块链能够以恰当的数据结构和信用网络帮助供应链实现全信息化，实现信息透明、安全和可信。区块链技术能够打通底层数据，促进供应链上的物流、信息流、资金流的统一，解决行业痛点，尤其适用于涉及多个交易主体的供应链金融的复杂交易场景。

区块链技术可以有效归集数据，在区块链架构下融资业务驱动的数据在节点进行公开和集中，形成由基础合同、单证、支付等各个环节组成的结构严密、完整的交易记录，从而使得链上各主体均可使用已经集中的一致数据源。区块链技术可以保障数据安全，区块链加密记录在各参与方在线签署的情况下，形成了不可篡改的数据记录。区块链提供的分布式数据库是全网共享的账本，所有运作规则公开透明，可以随时清算和审计，解决了传统财务体系的痛点。

区块链技术帮助构建供应链金融的多主体合作协调机制，在供应链金融中最重要的就是依托核心企业的资源和信用来服务上下游中小企业。随着供应链金融参与的交易节点类型和数量增多，在供应链金融中融资链越来越长，单笔融资额度越来越大，无法建立全局信任以及信用无法相互传递，导致了传统供应链金融操作难度非常大、成本高、效率低。相反，区块链技术有助于构建全局信任关系并沿供应链上下游传递信任，克服单点融资的局限，真正地实现和发挥全链互信机制。

区块链依据供应链参与节点的结构来部署分布式账本，数据无须由单一的中心化机构统一维护，链上的共识机制具备不可篡改性，从而建立一种点对点的信任关系，有助于简化供应链金融越来越复杂的业务模式。区块链技术实现信任传递，通过通证经济（Token Economy）的方式拆解企业的信用并沿着供应链逐渐传递，使信用可以穿透整个产业链条，成为"小众经济体"，解决多主体的信任关系问题。

区块链技术可以帮助供应链金融解决风险控制等问题。我国目前还没有形成完整健全的企业信用资信系统，而供应链金融业务的多样性和灵活性增加了风险控制的难度，这导致了金融机构在提供相关服务时遇到了很大困难。区块链技术则通过公开透明的技术机制，使得机构的信用情况对所有参与者相对透明，而连续的交易检验也使得各类单据无需重复地进行真实性校验。交易行为的互相验证将产生传统信用技术与交易模式难以形成的信用自证体系，这样区块链技术就为供应链金融体系提供了增信的作用，降低了不信任的商业环境带来的交易摩擦和交易成本，有助于票据、资产、交易和回款等业务模型得到有效管理。

区块链技术典型的应用是数字票据。2018 年 5 月，腾讯牵手深圳市国税局发布全国首个基于区块链的数字发票解决方案——"智税"。据悉，深圳市国税局和腾讯将在"智税"创新实验室的合作范畴内，利用云计算、人工智能、区块链、大数据等技术，对税务场景进行充分挖掘和赋能，不断推进在"互联网+税务"领域的深入合作。从税务管理、纳税人、政府宏观管理等多个角度，系统地探索新一代生态税务管理现代化平台。2018 年 8 月 10 日，全国首张区块链电子发票在深圳实现落地，深圳国贸旋转餐厅开出了全国首张区块链电子发票，宣告深圳成为全国区块链电子发票首个试点城市。以区块链技术为基础的数字票据对于控制票据产生的风险非常有价值，因为：①票据信息的分布式存储和传播有助于提升票据市场信息的安全性和可容错性；②不再高度依赖第三方机构进行交易背书而是通过共识算法实现互信，规避了高度中心化带来的风险；③通过智能合约技术将票据的价值活动程序化，从用途、流转方向等方面有效控制数字票据带来的风险。

区块链技术还简化了供应链金融流程，大幅度减少了人工的介入，从而规避人为操作错误。这个过程可以分为三个步骤：①将纸质信用证转换为可以自动执行支付的智能合约；②将提单等纸质文件数字化，并以元数据的形式进行存储；③在每一步创建所有权记录，这样可将人工审核工作量大大减少，从而解决了人工操作带来的效率低、成本高等问题，减少了人工操作带来的失误和道德风险。以数字票据为例，目前主要的国内汇票业务有70%仍然是纸质交易，借助区块链技术可以直接实现点对点的电子化价值传递，不需要特定的实物票据验证，大大减少了人工操作的介入。

总之，在大多数情况下，区块链技术在供应链中是以许可链（私有链或者联盟链）的形式存在的，其重点在于让供应链中的信息难以被篡改和实现信息的透明化，从而推动信任的传递和流转。从应用场景来说，基本上是以应收账款为主，一方面原因是应收账款较容易确权，而其他与实务挂钩的资产相对来说过于复杂，另一方面原因是以应收账款的账务人为核心，对于还款来说更有保障。我们可以看到区块链打通多方协作的作用会在供应链金融场景中起到非常重要的作用，有助于对金融资产的流通实现有效监管，也有助于提高资产评级，促进供应链金融的发展。以上就是对供应链金融中区块链技术应用场景的介绍，这部分内容能够帮助读者了解供应链金融与区块链场景之间的对应关系。

8.3 跨境贸易与资产数字化

理解了区块链技术与供应链金融的基本逻辑后，本节我们来讨论区块链技术在供应链金融领域相关的其他应用场景，主要是跨境贸易与资产数字化。正如前文所说，区块链平台已经在跨境金融、资产数字化、数字票据、供应链金融等领域落地，资产数字化场景是未来重要的发展方向。数字资产发展有两大动力，即政府主导与非政府主导，而且都有中心化与"去中心化"两种模式。政府主导中心化数字货币发行是纸币的电子化，这是目前中国人民银行所推行的数字货币发行模式，另一种是通过政府"去中心化"的形式，将政府主导的数字货币和其所代表的公共和公共服务相联系，成为代表某种公共服务的数字资产，而随着时间区块链发展最终实现资产数字化。传统贸易融资中的票据流转困难且不可拆分，应收账款、预付账款和存货等形式更加难以流转。而通过区块链技术将此类资产数字化，流转将更加容易且可以拆分，方便企业根据自身需求转让和抵押相关资产以获得现金流支持，这也是供应链金融与区块链技术结合的方向。接下来分别对国内外相关领域的案例进行介绍和分析。

（1）国外实践应用案例：国外的应用主要有区块链贸易金融平台 Wave 和区块链技术实现绿色供应链金融两种类型。

• 区块链贸易金融平台 Wave：以色列金融科技公司 OGYDocs 构建区块链贸易金融平台 Wave，利用分布式账本对文件和商品在运输过程中的所有权进行管理，替代传统的各项纸质单证，以提高国际贸易的交易效率和安全性，去除纠纷、伪造品和不必要的金融风险。Wave 与英国巴克莱银行达成合作协议，通过区块链技术推动贸易金融与供应链业务的数字化应用，将信用证和提货单与国际贸易流程的文件放在公链上，通过公链进行认证和不可篡改的验证。

- 区块链技术实现绿色供应链金融：英国巴克莱银行、英国渣打银行、法国巴黎银行、剑桥大学等组织机构成立专门的区块链金融小组，利用区块链技术支持绿色供应链金融。银行机构激励供应商将业务数据汇总到区块链上，这些信息可以揭示在供应链运作中哪些借款人采取了保护环境的做法、遵守了可持续发展的要求。根据这些信息，银行为更符合可持续发展标准的企业提供更优惠的价格和条件，以激励区块链上的企业向环境友好型企业转变，持续地按照绿色发展的标准来运营。

（2）国内实践应用案例：国内的"区块链+供应链金融"应用，按照推动主体的类型可以分为三类，分别是核心企业主导型、技术提供方主导型和金融企业主导型。

- 核心企业主导型：Chained Finance 区块链金融平台。2017 年 3 月 7 日，互联网金融公司点融网与富士康旗下金融平台富金通宣布，双方推出 Chained Finance 区块链金融平台，用以借助区块链技术破解供应链金融和中小型企业融资难题。目前，这一平台已在电子制造业的供应链上成功试运行，并通过区块链技术在线上成功发放了多笔借款。未来，这一平台将主要面向电子制造业、汽车业和服装业这三大行业。借助此区块链平台，所有与核心企业相关的供应链上的中小型企业都可以被自动地记录相关交易行为，在所有节点上，记录的同时已经对其真实性进行了自动验证和同步，记录也不可篡改，区块链上的所有企业只要有需要就可以随时根据相关交易记录快速融资。在这种情况下，整个商业体系中的信任将变得可传导、可追溯，大量原本在过去无法融资的供应链上的中小企业有望同核心企业更紧密地联系在一起，并由此获得信任和融资。

- 技术提供方主导型：腾讯区块链+供应链金融解决方案。2018 年 4 月 12 日，腾讯正式发布了"腾讯区块链+供应链金融解决方案"。此次，"腾讯区块链+供应链金融解决方案"采取"以源自核心企业的应收账款为底层资产，通过区块链实现债权凭证的流转，保证不可篡改、不可重复融资，可被追溯"的模式。主要目的是解决中小型企业融资难、融资贵问题。如某车企按照贸易合同要给其一级轮胎供应商 1000 万元的款项，但是它想在半年后再付这 1000 万元。那么，该轮胎供应商在拿到 1000 万元收账承诺后，可通过腾讯区块链平台让该车企为其做线上确权。做完确权后，腾讯平台可将这 1000 万元应收账款转换为同等金额的数字债权凭证。在该供应链条上的每一级供应商，只要参与过这 1000 万元款项的拆分，都能基于核心企业的债权拿到相应数字凭证。最为关键的是，拿到凭证之后，每一级供应商都能随时随地找到多种类型的金融机构实现融资。

- 金融机构主导型：平安银行供应链应收账款服务平台。2017 年，平安银行凭借其十八年的供应链金融专业服务经验，运用互联网、云计算、区块链等技术，搭建"供应链应收账款服务平台"（SAS 平台）。该平台是针对核心企业及其上游中小微型企业提供的线上应收账款转让及管理服务平台。SAS 平台上，具有优质商业信用的核心企业对赊销贸易下的到期付款责任进行确认，各级供应商可将确认后的应收账款转让给上一级供应商用以抵偿债务，或转让给机构受让方获取融资，从而盘活存量应收资产，得到便利的应收账款金融服务。平安银行将区块链的各项技术应用于 SAS 平台，建立符合交易规则的系统服务场景，有效解决了传统供应链金融应收账款融资业务的操作痛点，降低了业务风险。

最后，我们总结下相应的发展趋势和未来展望，主要有以下 4 个方面。

（1）区块链技术在供应链金融领域的应用将更多地与其他技术进行融合。区块链作为技术基础设施，能够结合更多新技术，进一步丰富数据来源，加强供应链金融操作的自动化和交叉验证的完整性与正确性。如区块链技术可与万物互联的物联网实现深度融合，由物联网设备实现关键信息的实时记录，再用区块链技术实现永久不可篡改的存储，这样就形成了物理世界与数字世界的深度结合，形成了信任的闭环网络。区块链技术可以与移动互联网结合，提供区块链与链上主体的可操作性和互动性。区块链技术可以与大数据技术融合，提供链上数据的价值提取和多元化的使用方式。区块链技术可以与人工智能技术中的图像和视频识别技术结合，提高区块链上供应链金融相关操作的自动化和精准化程度，这些都是技术融合的实例。

（2）"区块链+金融监管"的格局将成为未来供应链金融的发展方向。区块链技术提供的多主体协调机制可以将监管机构直接引入到市场主体的供应链金融业务流程中，实时获取数据，了解业务动态，实现"穿透式"监管，并提供即时、精确的相关服务。同时，可信数据基础设施是留存证据的重要工具，可以改善举证定责难的情况，帮助监管机构认定具体责任人。区块链引入更多监管参与，能够提高监管效率、降低监管成本。如瑞银携手巴克莱、瑞信等大型银行机构推出的智能合约驱动的监管合规平台就是其中的典型案例，它将各类监管要求统一写入智能合约，利用各家银行提供的数据验证交易方的合法性，简化合规流程，降低监管成本。

（3）基于区块链技术的供应链金融将不断强化基础管理的能力。供应链金融由事件驱动，因此供应链金融的实施要求对供应链动态进行有效管理，区块链技术在支撑供应链金融运作的同时，也将越来越多地支撑实体供应链自身管理能力的底层构建。区块链技术能够在整个供应链上形成一个完整且流畅的信息流，确保参与各方及时发现供应链系统运行过程中存在的问题，并提供优化解决方案。如区块链技术有助于实现物流链条中商品的可追溯、可证伪、不可篡改，保障货物安全，优化货物运输路线和日程安排，在供应链的各场景中，形成托运方、物流总包商、实际承运人、收货方、银行、监管机构等主体有效联动，降低信任成本、监管成本和资金成本，提升运作效率。

（4）基于区块链的供应链金融将一体化继承资产数字化金融服务。区块链在推动供应链金融市场快速发展的同时，还将不断强化对底层资产的"穿透式"监管，这有助于准确进行资产评级，促进供应链金融数字产品的发行。2017 年，"德邦证券浙商银行池融 2 号资产支持专项计划"成功在深交所发行，其产品应用了区块链技术，这也是首款区块链供应链金融数字产品。

以上就是我们对供应链金融与区块链技术结合的案例分析。相关的应用场景一方面涉及了区块链技术的自身特质，另一方面涉及了供应链金融的业务方向。随着技术的发展和供应链金融行业的成熟，行业的龙头企业和平台企业正在构建自己的区块链供应链金融生态，以期能够更好地实现资金流转平台与产业上下游企业更紧密地联系，从而形成供应链联盟。

第 9 讲　区块链技术与非金融应用（一）: 数字版权、物联网与网络安全

作为一种新型的技术应用模式，区块链被认为是"下一代互联网"，在数字版权、身份认证和网络安全等方面都有着非常重要的应用。区块链技术作为分布式网络、非对称加密、共识机制、智能合约等多种技术的组合创新，它带来的是社区"去中心化"、流程的可追溯性、业务透明化、网络智能化和决策民主化等特质，因此区块链技术催生了基于信用的价值网络。如何通过这样的网络形成新的商业生态模式，是我们理解区块链技术在非金融领域应用的重要角度。

9.1　区块链技术与数字版权

要理解数字版权，首先要理解版权的概念。版权又称为著作权，它与专利权、商标权共同构成了知识产权。版权授予原创作品的创作者在一定期限内确定和决定其他人是否以及在何种条件下能使用此原创作品的权利。版权包括一般著作权和软件著作权，这里主要指前者。按照世界知识产权组织的界定，版权产业是指版权可发挥显著作用的产业。它不是一个新的产业部门，而是国民经济中与版权相关的诸多产业部门的集合，这些产业部门的共同特点是，以版权制度为存在基础，其发展与版权保护息息相关。核心版权产业是完全从事创作、制作和制造、表演、广播、传播和展览、销售和发行作品及其他受保护客体的产业，比如新闻出版、广播影视、文化艺术、软件与数据库等产业，是版权产业最重要、最核心的组成部分。

版权的概念起源可以追溯到 15 世纪末的英国，随着印刷机的发明，英国当局通过授权的方式来控制图书出版。1662 年通过"授权法"授予了部分企业注册和监管出版物的权利，1710 年第一部纯粹以保护作者利益为核心的版权法在英国安妮女王统治期间通过，即"安妮法令"（全称是《为鼓励知识创作授予作者及购买者就其已印刷成册的图书在一定时期内之权利的法案》）。这是第一部现代意义上的版权法，也是第一次从法律层面确认了作者对于自己作品印刷出版的支配权。其核心在于保护范围和保护期限的规定，保护范围只有作者及其授权的书商和印刷商，保护期限是 14 年且可以再续约保护。虽然细节有所不同，但是其关于保护范围和保护期限的规定成为了之后全世界有关法律法规中不可缺少的内容，也成为了版权保护的基本准则。

数字版权内容保护的核心是作品的存证、确权、维权和版权交易管理，而区块链技术所特有的链式数据结构、加密算法、智能合约等技术，使其在这个领域拥有非常大的优势和价值。通过区块链技术在分布式的数据网络中建立一整套不可篡改的数字版权认证体系，从而形成智能化的数字版权运维机制来保护原创者的权益，这是目前区块链技术在这个领域应用的基本逻辑，从应用方向上可以从以下 3 个方面来对其进行讨论。

（1）利用区块链技术的链式数据结构和非对称加密算法进行版权注册存证。数字版权保护的基础就是版权注册存证，其能够为作者获得著作权提供初始依据，存证内容也是处理版权归属的重要证据。本质上可以认为区块链技术是一套安全性极高的数据系统，通过链式数据结构

和加密算法来记录作品信息，在版权注册存证方面能够发挥其天然优势。

区块链技术采用多方参与维护的技术机制，每个网络节点都按照块链式结构存储完整的区块数据，相邻区块还要通过随机生成的认证标记形成相互链接，从而确保版权信息登记在时间上的不可逆性。另外，区块链采用安全度极高的哈希算法对版权信息进行加密，形成独一无二的数字版权底层密码，一旦某个区块链数据被篡改，将无法获得相对应的哈希值，从而保障了版权数据的唯一性、完整性和安全性。总之，区块链技术可以非常方便地将作者信息、原创内容和时间戳等元数据放在分布式的网络中，打破目前在网络上由版权数据中心化数据库记录的模式，实现多节点、多终端和多渠道接入。

（2）区块链技术可以通过智能合约进行确权、维权和版权交易管理。需要注意的是，版权注册存证不等于确权，前者是对用户上传作品的行为进行存储性的证明，后者则是确定作者和作品之间的权属关系，需要对作品内容进行鉴定取证，以证明版权的有效性。传统的作品确权需要经过非常繁琐的检验程序，而区块链技术尤其是智能合约技术可以实现对数字作品版权几乎实时的确权，能够对作品版权实现智能化监测和交易管理。

所谓智能合约技术，就是部署在区块链系统上的计算机程序代码，可以通过这些自动化的代码使作品变成一种可编程的数字化商品，再通过和大数据、人工智能、物联网等技术结合，就能够自动完成作品版权的确权和授权工作，实时地对全网侵权行为进行监控和反馈，自动完成各类版权交易活动。所有处理过程都是在智能合约内置程序被触发时就自动完成了，这在解决版权内容访问、分发和商业化问题的同时，也大大降低了版权交易的成本，实现了网络版权管理的自动化、智能化和透明化，帮助原创者获得最大收益。

2018年4月，百度研发的版权登记平台"图腾"上线，从抓取每张原创图片的生成版权入手，达到了保护原创版权的目的，形成一个良性的网络生态。2018年6月"图腾"进行了版本更新，新版本的"图腾"采用自研区块链版权登记网络，配合可信时间戳、链戳双重认证，为每张原创图片生成版权DNA。永久区块链版权登记和时间戳都免费开放给所有成功入驻的用户。按照百度公司的对外公开资料，新版本的"图腾"会在现有的基于区块链实现版权权属存证的基础上，继续打通图片行业价值链，正式推出版权权属存证、图片分发变现、版权监控和维权全链路服务，以期能够解决行业信息不对称、流程效率低等实际问题。下面对"图腾"的功能做简要介绍。

• 全流程版权保护：将作品版权信息永久写入区块链，基于区块链的公信力及不可篡改性，结合百度的人工智能识图技术，让作品的传播可溯源、可转载、可监控。

• 多渠道内容分发：基于图像分析、语义理解等多项人工智能技术，构建图片Tag智能推荐和图片检索子系统。并且依托百度流量支持，精准匹配图片内容与用户需求，实现图片供需双方高效"链接"。

• 技术赋能生态：建立基于区块链技术的版权登记系统、人工智能视觉检索系统和版权图片检索系统，发挥百度技术实力，赋能原创作品版权登记、监控与维权。

（3）区块链技术有助于实现数字版权保护的新机制，在版权溯源和版权管理方面发挥巨大的作用。版权溯源指的是对作品的创作、改编、传播和售卖等环节进行跟踪记录，对原创作品的保护和打击侵权行为有重要意义。从版权流通环节看，版权溯源首先是对作品的原创作者进行溯源，区块链技术基于新的版权注册机制，有利于改进和完善作品版权的登记模式。原创作者可以直接在区块链应用程序中书写创作，区块链创作程序会忠实记录作者每次的创作时间和原创内容，将每次创作的时间戳、作者和作品关键信息打包封入区块链存证，将过去单点记录作品的成稿时间改为多点记录完整的创作周期。最后，存留在区块链系统里的数据能够完整地反映整个创作过程的作品存证序列，能够为原创者维权举证提供更多的可以检索验证的信息，有利于加强人们对原创作品全流程的保护意识，推动版权保护模式从以作品结果为中心转向以创作过程为中心。

除了对版权作者的溯源，区块链还可以完整地记录作品版权的整个流通环节和流转过程。在传统互联网环境下，作品流通过程中的验证和取证非常困难，缺乏成熟可行的技术机制，而利用区块链技术能够对作品版权的生命周期进行全流程追溯。从作品确权开始，版权的每一次授权、转让和交易都能够被精准地记录和追踪，这不仅有利于创作者对作品进行管理，也能够为各类纠纷提供准确的证据。

版权管理指的是一切对版权进行规范管理的活动，既包括国家行政机构对版权实务的管理，也包括版权主体对自有版权进行规划和运营等活动，以最大限度发挥作品的经济价值和社会价值。从管理活动上看，版权管理的核心主要体现在授权条款的规定和授权流程的协商。由于大多数创作者并非法律专家，对著作权法中的条款内容也不太熟悉，在签署相关合约时一般处于弱势地位，一旦出现争端往往非常被动。区块链技术在版权管理方面拥有独特的技术优势，在智能合约程序中可以详细规定版权授权的条款内容，可以对法律条款内容进行模块化和智能化设计，进而使得普通创作者也能够读懂并参与符合自己利益的授权条约。后续作品的版权交易、版权费用支付也可以通过智能合约自动执行，从而使得版权交易管理变得智能和简便。除此之外，区块链版权管理还可以和作品创作、版权登记、交易管理等功能进行整合，从而形成一体化的版权管理平台，为创作者提供更多的价值和服务。

2018年10月，日本索尼公司开发了一种新的基于区块链的数字版权管理系统，这一管理系统将帮助管理数字内容的版权相关信息，并将把教育内容领域作为主要管理方向。索尼公司表示，内容版权管理目前主要由行业组织或创作者自己进行，这一新系统旨在提高管理流程的效率。使用这个平台，参与者能够共享和验证信息，如内容创建的日期和时间以及作者的详细信息。索尼公司还表示，该系统还可以自动验证书面作品的版权。该系统是基于此前由索尼公司开发的类似系统研发的，支持诸如电子书、音乐、视频、虚拟现实等数字内容。事实上，早在2018年4月，索尼公司就向美国专利商标局提交了一项专利申请文件，描述了一种使用区块链存储数字版权数据的概念。此外，索尼公司还申请了验证用户数据和管理教育数据的系统专利。

以上就是我们对区块链技术在数字版权领域应用的案例介绍和分析，目前这个领域的应用仍然不够成熟，尤其是底层技术尚有很多问题没有得到解决。不过作为一种快速迭代创新的新型技术，区块链在这个领域的实际应用正在不断加速推进，媒体出版行业的相关人士也已经开始关注这个领域，并积极推动行业正向发展。

9.2 区块链技术与物联网

随着全球物联网技术的逐渐发展和各国政策的大力扶持，物联网芯片、信息传感器等产品逐渐成熟，有力地促进了物联网的应用和普及。从物联网概念兴起并发展至今，受基础设施建设、基础性行业转型和消费升级三大周期性发展动能的驱动，处于不同发展水平的领域和行业动态地推进物联网发展，基础性和规模化的行业需求正在不断增加。一方面，全球制造业正面临严峻发展形势，有些国家已制定了国家制造业转型战略，以物联网、区块链、人工智能等为代表的新一代技术成为重建工业基础性行业竞争优势的主要推动理论，物联网持续创新并与工业融合，推动传统产品、设备、流程、服务向数字化、网络化、智能化发展，加速重构产业发展新体系。另一方面，市场化的内在增长机制推动物联网行业逐步向消费市场聚焦，受规模联网设备数量、高附加值、商业模式等因素推动，目前物联网发展的热点行业是车联网、社会公共事业和智能家居等。在发展过程中物联网也受到诸多条件的限制，其中很多部分是可以通过区块链技术解决的，这是我们理解两种技术融合的基本逻辑。

首先来看目前物联网行业的发展特点，按照全球物联网发展的总体态势，可以将其总结为以下三点。①物联网发展的内生动力不断增强，呈现出边缘的智能化、连接的泛在化和服务的平台化等特质。互联网企业、电信运营商、设备商全面布局物联网，产业生态已具雏形，多种不同类型的低功耗广域网全球商用化进程不断加速，物联网平台迅速增长，使得服务支撑能力迅速提升。区块链、边缘计算、人工智能等新技术不断与物联网技术进行融合，为物联网的发展提供了新的动力。②全球物联网产业规模由 2008 年的 500 亿美元增长至 2018 年的近 1500 亿美元，在连接数快速增长和"梅特卡夫定律"作用下，物联网在各行业的新一轮应用已经开启，在各行业数字化变革中的赋能作用越来越明显。新的应用范畴被开拓，新的技术演进在发生，进而形成了新的业务变革；③随着物联网应用速度的加快，全球互联网企业、通信企业、互联网服务商、垂直行业领军企业对物联网的重视程度持续提升，进一步明确了物联网在其整体发展战略中的地位。物联网产业的理论也不断得以深化，并成为了整个信息行业重要的战略方向。与此同时，物联网的深度应用和利用物联网的赋能实现大规模变革的行业与企业所占的比例并不高，上游物联网技术、产品、平台等供给侧力量远大于需求端力量，产业供需不平衡的问题很明显。

然后来看目前物联网存在的痛点，其主要体现在以下四个方面：①数据传输成本较高，物联网连接下的设备需要周期性更新迭代，智能设备所获取的数据流也需要在中心化的平台上汇总，因此每一次互动传输的成本和费用都不可忽视；②中心化的网络带来的安全风险，如果中央服务器出现安全漏洞，将会对整个网络中的节点产生安全隐患，曾经出现超过 200 万台的物联网设备被一次性网络病毒感染，使得服务商遭遇运营、成本和信任危机；③用户隐私无法得到保障，当人们在物联网中进行交流和交易时，中心化服务器对大数据的掌控带来了隐私泄露的风险，这一类情况在过去数十年间大型互联网企业的相关案例中屡见不鲜；④非标准化的产业造成了网络孤岛，物联网厂商都基于自身标准搭建网络平台，使得信息不兼容，网络之间的沟通显得非常困难。

以上这些痛点存在的原因基本上都是因为其采用了集中式的服务平台来连接需求方和供给侧的模式，根据有关机构预测，到 2020 年全球物联网设备要达到百亿级别，果真如此的话，这样的中心化模式将受到非常大的挑战。为了解决这一问题，创新者们开始尝试设计新型物联网服务模式，其中通过区块链技术来实现"去中心化"的物联网服务就是非常有价值的尝试。由于区块链技术支持设备拓展，可以用于构建高效、安全的分布式物联网网络，因此部署在海量设备网络中运行的数据密集型应用可以为物联网提供信任机制，保障所有权、交易记录的可信性、可靠性和透明度。同时，区块链技术可以为用户隐私提供保障机制，从而有效解决集中式物联网带来的数据管理、安全和隐私问题，推动物联网向更加智能化的高级形态演进。具体来说，区块链技术可以应用的场景包括以下几种。

（1）工业物联网领域：在传统的工业物联网的组网模式下，所有设备之间的连接和通信都需要通过中心化的网络和通信实现，这极大地增加了组网和运维成本，同时中心化组网模式的可扩展性、可维护性和稳定性也相对较差。区块链技术基于点对点的组网技术和通信协议处理异构设备间的通信，能够显著降低中心化数据中心的建设和维护成本，同时可以将计算和存储能力部署到物联网网络各处，有效避免由单一节点失效带来的整体网络失效或者崩溃的情况。区块链技术采用的分布式账本具备防篡改的特性，能够有效降低工业物联网中由于任何单一节点设备被恶意攻击和控制后带来的信息泄露和恶意操控的风险。利用区块链技术组建和管理工业物联网，能够即时掌控网络中各种生产制造设备的状态，提高设备的利用率和维护效率，从而能够提供更加精准和高效的工业物联网服务。

（2）溯源防伪：利用区块链的不可篡改、数据完整追溯以及时间戳等功能建立物联网平台，可以对不同类型的商品、食品、艺术品等进行溯源。利用区块链技术搭建的防伪追溯开放平台，通过联盟链的方式，可以实现线上线下零售商品的身份认证、流转追溯与交易记录等，从而更有效地保护品牌和消费者的权益，帮助消费者提升消费体验，有效推动商业信用的提升。在食品领域，也可以通过区块链技术与物联网的结合，使得整个食物流通过程都有证可查，每个环节都可以追根溯源，从而加强食品的可追溯性和安全性，提升食品供应链的透明度，保障食品安全。在医药领域，区块链技术可以用于追溯医药的生产、交易和运输环节，推动药品需求的可预测性、采购流程的透明性、库存信息的合理性以及物流运输的高效性，从而解决医药供应链上下游的信息不透明和信息不对称难题。

（3）智能交通：区块链技术可以通过物联网在智能交通的诸多领域发挥作用，如利用区块链技术的不可更改性和"去中心化"的共识机制管理和提供车辆认证服务，从而实现车辆电子号牌认证服务；又如通过区块链技术来记录车辆的实时位置，通过区块链平台的"去中心化"服务特性来判断不同区域的交通堵塞程度，提供区块性的交通协调方案。

（4）医疗领域：区块链技术可以帮助建立可信共享的医疗大数据，医疗大数据的有效共享可以提升整体医疗水平，同时降低患者的就医成本。医疗大数据共享是医疗行业应用发展的难题，这主要源于患者对个人隐私保护的需求。区块链为解决医疗大数据共享难题提供了解决方案，患者在不同医疗机构之间的就医记录可以上传到区块链平台，不同的数据提供者可以授权平台上不同类型的用户对数据进行不同层级的访问，这样既降低了成本又解决了信任问题。

（5）环保领域：环保行业的数据共享可以通过区块链和物联网的融合来解决，通过区块链技术可以解决环保监管过程中存在的末端监控、数据有效性、监控手段等问题。环保行业通常利用建立相关监测系统实现重点污染源自动监控、环境质量在线监测等功能，而这中间存在对环保监测设备和监测数据的信任问题。应用区块链技术可以确保每个环保监测设备身份可信任、数据防篡改，这样既能够保障企业和机构的隐私，又能够做到必要的环保数据开放共享。基于区块链技术的物联网平台，能够实现不同厂家、协议和型号的设备统一接入，建立可信任的环保数据资源共享平台。在环保领域比较典型的应用有三个方面：环保数据管理、"一源一档"和环保税实施。污染数据从环保监测设备传送到网络过程中存在被篡改的可能性，区块链技术能为每次监测提供永久性记录，并通过加密技术防止篡改，提升数据的可靠性，加强对排污企业的监管。应用区块链技术还可以实现排污全程数字化跟踪，避免人为因素对排污数据准确性的影响，这是在环保数据管理领域的应用。环保部门使用区块链技术搭建排污企业基础信息库，对备案排污企业所有资料和污染设备进行集中管理，为每个污染源建立对应的档案，并将档案放在区块链上，防止伪造和篡改，同时采用非对称加密的方式建立账户验证机制，防止账户数据被窃取，从而建立"一源一档"的机制。区块链技术还可以实现数据全网共识和共同维护，与物联网结合可以更准确地采集排污企业的排污数据，同时应用区块链区分授权，监管机构能够标注免税企业，防止企业滥用免征条例。

（6）能源领域：区块链技术可以在一定程度上解决能源领域的产能过剩、新能源利用率和回报率低以及相关基础设施和硬件配置不完备等问题。区块链的分布式账本可以实现分布式能源管理，相关的技术可以用于电网服务体系、微电网运行管理、分布式发电系统和能源批发市场。同时，区块链与物联网技术融合能为可再生能源发电的结算提供可行途径，并且可以有效提升数据可信度。此外，利用区块链技术还可以构建自动化的实时分布式能源交易平台，实现实时能源监测、能耗计算、能源使用情况跟踪等功能。此外，物联网与区块链技术融合还可以提升新能源汽车管理能力，主要包括新能源汽车的租赁管理、充电桩智能化运营和充电场站建设等，同时可以提升电动汽车供应商、充电桩供应商、交通运营公司之间的互联互通和数据共享。

总之，区块链在物联网领域的应用场景丰富，基于区块链拓展分布式物联网可以实现跨环节和跨行业应用。除了以上场景之外，区块链技术在物联网领域的应用还包括数字身份信息认证、物联网数据交易确权、5G 网络中的边缘计算等领域。简而言之，区块链与物联网融合一方面可以拓展"去中心化""去平台化"的分布式架构，另一方面可以保障物联网数据跨环节和跨行业流动的真实性，形成多方参与、信息透明共享的溯源链，从而拓展物联网应用。我们在关注这些应用场景的同时，也需要关注到区块链技术目前还具有不能做到高性能交易、智能合约不够完善以及数据迁移困难等问题，因此如何通过加强区块链基础技术的研究，将其与大数据、云计算、人工智能等技术融合，形成规模化和集约化的运营支撑体系，是区块链技术在"万物互联"时代发挥作用的关键。

9.3 区块链技术与网络安全

本节来讨论区块链与网络安全之间的关系，我们从两个方面着手建立分析框架：一方面分析区块链技术在信息安全方面的应用，另一方面分析区块链技术自身安全性的问题。正如前文所说，区块链有可能从提高数据完整性、更安全的数字身份认证等方面改善物联网设备性能，从而提升其安全性。事实上，区块链会发挥"信息安全三原则"的保密性、完整性和可用性作用，从而提高应变能力、加密、审计和透明度。正如英国爱丁堡纳皮尔大学计算机学院教授比尔·布坎南（Bill Buchanan）所说，"区块链填补了我们在安全性、可靠性方面的不足……通过区块链方法，我们可以正确地验证和签署我们的交易"。

接下来讨论区块链技术在网络安全领域的应用场景和案例，区块链技术在网络安全领域的主要应用场景和案例可以分为以下三种。

（1）通过数字身份认证保护边缘设备。随着互联网技术焦点转移到所谓的具有数据和链接性的"智能"边缘设备，安全性也随之提高。区块链技术之所以被称为"下一代互联网"，是由于它能够推动物联网技术安全性的提升，并能够契合在工业物联网层面安全应用的场景。随着 5G 时代的到来以及"万物互联"的场景出现，毫无疑问，"更加安全"的互联网是这个以数字为核心资源的时代最重要的发展趋势之一。

（2）通过区块链技术改进数据的隐私性和完整性。区块链中的"区块"和"链"组成了特殊的数据结构，使得区块链的数据能够实现完全加密后再进行传输，并通过这样的技术方式实现授权访问的数据身份体系。任何一种技术创新都是原有技术元素的组合，而区块链正是通过数据结构层面的组合变化推动了算法层面的变化，最后才能在合适的应用场景下得到关注。特殊的数据结构能够让网络本身的完整和隐私得到保障，也能够推动新的数据形态和资源在网络中实现深层次的价值交换。

（3）通过区块链技术来提高对网络安全攻击的防御性。使用星际文件系统（Inter Planetary File System，IPFS）协议就是这个领域的典型应用，IPFS 协议是旨在创建持久且分布式存储和共享文件的网络传输协议，通过这个技术可以实现分布式的文件系统，从而推动下一代互联网技术的出现。互联网的基础技术之一就是文件存储技术，而 IPFS 协议则在这个层面上提供了一个更加安全和高效的解决方案。与我们熟知的 HTTP 协议不同，IPFS 协议是资源导向而非位置导向，它通过完整或者部分的数据节点获取数据资源，并能够创造一个"去中心化"的互联网。

下面来讨论区块链技术自身所引发的安全问题，其主要体现在 3 个方面：加密算法安全性、协议安全性和系统安全性。而这些安全问题会发生在区块链技术的几个主要架构中：存储层、协议层、扩展层和应用层。

加密算法安全性指的是基于区块链的公钥算法和哈希算法的安全性。如比特币的算法是SHA256，通过数学算法的复杂度提升来加强其安全性，不过任何一种加密算法都存在被破解的可能，因此需要在底层算法（尤其是区块链数学相关）的领域进行深入研究。所谓协议安全性指的是区块链所依托的协议层的安全问题，以比特币为例，如果能够控制超过全网 50%的算力，就有可能推翻原有的既定协议，从理论上讲风险是存在的。所谓系统安全性就是指区块链的智能合约在创建和编写过程中的安全漏洞，这些漏洞很容易成为恶意网络攻击的对象。

从区块链技术架构的不同层次来说，区块链技术的安全风险主要有以下 4 类。

（1）存储层的安全风险：区块链存储层通常结合分布式数据库、文件系统等多种存储形式，存储上层应用运行过程中产生的所有交互数据。主要存在的安全风险有基础设施安全风险、网络攻击威胁以及数据丢失和泄露等，这些问题会影响区块链数据文件的可靠性、完整性和存储数据的安全性。

除此之外，随着时间的推移，在存储层中的区块数据可能会爆炸式增长（节点之间恶意频繁交互），也可能会线性增长，这主要取决于此区块链应用的设计。依赖现有的计算机存储技术，区块数据若发生爆炸式增长，可能导致节点无法容纳或者使区块链运转缓慢，从而使稳定运行的节点越来越少。节点越少，系统就会越趋于中心化，越容易引发区块链危机。不过目前主流的区块链应用（如 BTC、ETH 等）都较好地解决了此问题。比特币的解决方法是固定区块大小为 1MB，防止区块过度膨胀，使区块链大小呈线性增长。但是在限制区块大小和防止数据增长的同时也给比特币带来了交易时间长的问题，目前比特币的一笔交易需要确认数小时才能完成。

（2）协议层安全风险：区块链技术的协议层主要是结合共识机制、P2P 网络、非对称加密机制等，实现区块链用户网络的构建和安全机制的形成。协议层的安全风险主要由区块链技术核心机制中存在的安全缺陷引发，包括来自协议漏洞、流量攻击和恶意节点的威胁。

在区块链中，P2P 网络依赖附近的节点进行信息传输，必然会互相暴露 IP，若网络中存在一个攻击者，就很容易给其他节点带来安全威胁。中心化的网络不用太过担心此问题，因为组织的网络中心的安全性都是极高的，即使暴露也不会有太大问题。而"去中心化"的公链网络节点可能是普通家庭终端，也可能是云服务器等，其安全性参差不齐，其中必然有安全性较差的节点，对其进行攻击将威胁其他节点的安全。

除此之外，区块链技术的广播机制和验证机制也存在一定的安全风险。在区块链中，节点之间是互相连接的，当某节点接入到区块链网络后，单个节点会与其他节点建立连接。此时该节点就具备了广播信息的资格，在将信息传播给其他节点后，其他节点会验证此信息是否为有效信息，确认无误后再继续向其他节点广播。这个机制存在"双花"问题，也就是如果攻击者控制全网算力的51%以上，则有可能成功。由于此时攻击者可以比网络的其他部分更快地生成块，所以他可以坚持自己的私有分支，直到私有分支比诚实节点网络建立的分支更长，其就可以代替主链。

区块链运行为了维持其数据的有效性与真实性，必须要有相应的验证机制来限制节点，必须将真实信息写入区块中。验证机制的代码是区块链应用的核心之一，一旦出现问题将直接导致区块链的数据混乱，而且核心代码的修改与升级都涉及区块链分叉的问题，所以验证机制的严谨性就显得尤为重要。必须要结合验证机制代码的语言特性来进行大量的"白盒审计"或"模糊测试"，以保证验证机制不可绕过。

（3）扩展层安全风险：目前扩展层主要实现智能合约的功能，由于智能合约的起步应用较晚，相关程序开发中的安全问题尚未得到完全解决，因此会造成代码实现中存在很多安全漏洞。虽然智能合约的基本要求是合约处理逻辑的正确性和完备性，但是由于开发者能力不足和其他原因所导致的安全问题仍然很明显，如在以太坊上多次发生的智能合约的程序漏洞导致的数亿美元众筹资金被劫持的情况。

随着区块链技术的不断升级，区块链已经具备在链上繁衍出多种应用的功能，而实现这种功能的基础就是合约虚拟机（用于运行各种智能合约的平台），此技术的出现极大地提高了区块链的可扩展性，是区块链2.0的重要标志。合约虚拟机运行在区块链的各个节点上，接受并部署来自节点的智能合约代码，若合约虚拟机存在漏洞或相关限制机制不完善，很可能运行来自攻击者的恶意的智能合约，包括可重入攻击、调用深度攻击、时间戳供给等方式。智能合约本质上是一份代码程序，难免会有漏洞，所以在发布一份智能合约之前进行大量的"模糊测试"或"白盒审计"是很有必要的。

（4）应用层安全风险：区块链的应用层主要面向用户提供服务，涉及不同行业领域的应用场景和用户交互场景。应用层的业务类型多样且交互频繁，这导致很多传统安全问题都集中在这一层，并成为攻击者实施攻击和突破区块链系统的首选目标。应用层安全风险涉及私钥管理安全、账户窃取、应用软件漏洞、DDoS攻击、环境漏洞等多种安全问题。由于区块链平台对网络带宽存在高需求，因此一旦发生DDoS攻击，不但交易平台会蒙受损失，而且交易量也将大大减少，在有统计的安全事件中显示目前只要上线的交易平台都遭受过DDoS攻击。

从上面的分析可以看到，区块链技术架构本身是存在安全风险的，且其"去中心化"、自治化和匿名性等特点也给现有网络和数据安全监管带来了新的挑战。从本质上来说，区块链的安全性是由P2P网络和密码学共同保障的，因此它的优势在于基本不存在单点故障所带来的系统性影响，不过也需要注意区块链技术本身尚处在发展早期，存在各种各样的安全挑战，并不是使用了区块链技术就一定能保障系统的安全性。

我们可以看到随着技术的发展，区块链安全问题越来越趋向于用户、平台层面，也就是说区块链的安全问题已经延伸到了传统的网络安全、基础设施、移动信息安全等方面。所以在谈及区块链安全的时候，不应该仅仅局限于区块链本身，它的使用者和衍生物都需要引起关注。随着区块链技术在各个领域的应用，我们应该正视其风险，加强对区块链应用领域的正确引导，推动和强化区块链安全产品和服务市场的发展，鼓励自主可控的区块链平台和应用的开发，打造更加符合市场需求和拥有自主知识产权的区块链技术生态。

第 10 讲　区块链技术与非金融应用（二）：实体经济赋能与企业转型驱动

本部分的最后一讲我们来讨论区块链赋能实体经济和区块链驱动企业转型两个主题,作为关于区块链应用的总结。在过去几年的发展过程中,区块链技术存在着应用场景不落地和对实体经济转型变革促进较小等问题,如何实现区块链技术从金融场景到业务场景、从边缘应用到核心应用、从小幅度改善到大幅度变革的转换,是区块链技术接下来面临的重要挑战。

10.1　区块链赋能实体经济

在之前关于区块链技术在供应链金融、物联网、网络安全等领域的应用介绍中,我们已经探讨了区块链技术与实体经济结合的诸多内容,在这里主要从理念层面探索区块链赋能实体经济的内容,讨论包括产业区块链、通证经济体和链改等相关话题。事实上我们不能单独为这样的产业浪潮创造概念,而是要将区块链技术赋能实体行业放在之前讲过的智能经济的背景下去讨论,也就是如何理解区块链技术在智能经济浪潮中的作用,以及未来其会如何推动实体经济发展。

先来看实体经济目前存在的问题。由于我国经济已经进入新常态,拉动经济增长的传统动力正在减弱,寻找经济增长的新动力迫在眉睫,毫无疑问,发展实体经济已经成为全社会的共识。

自 2008 年全球金融危机爆发以来,我国实体投资回报率、劳动生产率和全要素生产率都出现了整体下降的趋势。根据公开统计数据,工业企业利润同比增速在 1999—2007 年平均为 37.55%,而 2008 年至今则回落至 12.7%,其中 2015 年至今更下降至 3.1%,出现了较为严重的增长下滑问题。

实体经济发展情况较差,不少行业已经处于产能过剩阶段,与此同时,大量实体经济企业技术落后,尽管企业在自主投资和长期研发方面的投入逐年增多,但是科技成果迟迟无法落地。实体经济发展的传统要素优势减弱,刚性成本熵增,利润空间减少。简而言之,实体经济发展内生动力不足、企业创新和研发动力不足、自主核心技术有限,进而造成竞争力下降。

实体经济体制机制改革亟待深化,社会管理服务能力不够,资源要素价格改革还不到位,要素价格扭曲使市场信号失真等,导致产业分化严重和增长缓慢。新一轮实体经济发展将更具开放性、连通性、互惠性、竞争性,技术创新对实体经济发展的引领作用日益显现,无论是制造业企业的数字化、智能化发展,还是创新型平台经济的发展,都需要先进的技术做支撑。社会经济脱虚向实,线上线下经济融合发展,都需要创新技术来打造新模式和新业态。

解决这些问题的方法就是构建智能经济,智能经济的技术基础包括人工智能、云计算、大数据、物联网和区块链等新技术。这些新技术构建了新的基础设施,也形成了智能经济发展的底层操作系统。如果要理解区块链技术对实体经济的赋能,就要将其放在智能经济发展的浪潮中看待,而不是只关心区块链技术本身的发展。按时间周期来计算,我们可以将我国信息技术推动信息经济发展和为实体经济赋能分为三次浪潮:第一次是 20 世纪 80 年代以个人计算机、软件和传统电信网络为代表的互联网技术浪潮，这轮技术浪潮实现了企业的互联网化，让企业在战略决策、设计生产、市场营销等多个环节实现了企业内部信息技术的革新，提升了企业整体的效率，也帮助企业参与全球贸易互联互通；第二次是 2000 年前后兴起的以互联网技术为代表的信息技术浪潮，在这一轮技术发展过程中最大的变化在于互联网成为最重要的媒体交互形态，大量的消费场景在互联网中产生，尤其是移动互联网的发展，推动了全球科技公司上市新浪潮，全球市值最高的企业几乎都是科技行业，这一轮浪潮让人们意识到不仅企业，人类社会也已经开始向信息文明迈进；第三次就是我们正在经历的智能经济浪潮，5G、物联网、区块链、人工智能、云计算等技术不断发展成熟，这些技术从消费端影响到了产业端，从科技行业渗透到了传统行业，正在开启从"万物互联"到赋能万物的新时代。

区块链技术被认为是继大型机、个人计算机、互联网、移动互联网之后计算范式的第五次变革，是人类信用进化史上继血亲信用、贵金属信用、中国人民银行纸币信用之后的第四个里程碑。区块链作为"价值互联网"的重要基础设施，正在引领全球新一轮技术变革和产业变革。目前，业界普遍认为区块链经历了三个发展阶段，正在从以比特币为代表的"数字货币"概念的 1.0 时代进入超越货币和金融范畴的、以应用为主的 3.0 时代。区块链技术接下来会深入应用到社会管理、文化娱乐、医疗健康、物联网等多个实体经济领域。具体说来，区块链技术可以从以下 3 个方面推动实体经济的发展。

（1）降低实体经济的运营成本。当前实体经济面临高成本、低利润的实际困难，金融对实体经济支持明显不足。企业财务成本管理是企业发展的重要战略，但是在实际经营中企业的管理成本和财务成本占比过高，影响了企业的盈利。区块链技术通过"去中心化"的模式，可以帮助企业高效处理相应的财务交易信息和企业内部的管理信息，可以显著降低企业的管理成本和财务成本。

（2）提升实体企业的运营效率。区块链技术将促进产业链协同效率的提升，产业协同指的是在产业链不同环节下通过流程、信息等要素的设置，提高产业链的运转效率。区块链技术公开透明和不可篡改的特点为不同环节的信息实现即时同步提供了条件，进而打通了产业链的各个环节，促进产业发展，推动制造业的转型。

（3）区块链技术构建商业的信用体系。利用区块链技术可以营造更加诚信的商业氛围，构建诚信的产业环境。通过区块链获得不可篡改和不可伪造的账本记录，可以降低交易方信用信息获取难度，便捷地查询到过往信用信息，营造诚信氛围，进而提高合作的效率，也可以有效缓解中小型企业融资难的问题。此外，通过区块链与智能合约的结合，可以有效避免违约行为的发生。当下中小微型企业融资难、融资贵、融资慢等现象仍然存在，金融对实体经济支持仍显不足，造成这种现象的一个重要原因是金融机构和实体企业之间存在较为严重的信息不对称问题，社会诚信体系尚不完备，金融机构准确获取实体企业真实经营信息的难度较大。利用区块链技术实现"可信数字化"，进而实现实物流、信息流、资金流"三流融合"，可以有效解决资金"脱实入虚"的问题。基于区块链系统，数据可以被有效地确权，且数据被多方验证并不可被篡改，能较为有效地保障数据的真实性，实现"可信数字化"，从而可以较为准确地把实体经济运行的实际情况传输给金融机构，为金融机构投资、贷款提供大量可靠的基础信息，降低金融机构服务实体经济的风险，促进金融服务更广泛地服务实体经济。

正是因为以上的应用特点，才推动了区块链技术与真实的产业场景相结合，形成"产业区块链"的新浪潮。接下来我们从产业区块链的角度来讨论区块链技术在实体经济领域的应用要点。

产业区块链的关键在于区块链将发挥"提高产业链的协同效率"和"为实体经济降成本"的作用。增进产业协同是推动我国制造迈向中高端的重要途径，但是目前很多产业协同效率不高，而通过区块链技术可以实现协同环节的信息化，大幅提升协同效率。区块链可实现多主体同步记账，很好地满足了协同环节信息化的根本需求。此外，目前实体经济成本高、利润薄，区块链技术可以有效帮助企业降低成本。基于区块链系统，只要确认系统运行的有效性，第三方就可以了解交易双方账目的一致性，而且入账后不能被篡改，进而实现"信任传递"。这样就可以减少很多对账、审计、检查等环节的重复数据比对工作，大大降低企业的财务和管理成本。

区块链的应用已经在供应链金融、电子信息存证、版权管理和交易、产品溯源、数字资产管理等领域广泛落地。未来，区块链技术将与实体经济产业深度融合，形成一批"产业区块链"项目，迎来产业区块链广泛落地、"百花齐放"的时代。区块链将推动实体经济和数字经济融合发展，区块链作为"价值互联网"的基石，通过分布式多节点共识机制，可以完整、不可篡改地记录价值转移（交易）的全过程。区块链将大大加快数字资源的确权过程，赋予一切数字资源以价值，进而将数字资源转变为真正的数字资产，奠定数字经济发展的关键基础，进一步推动实体经济和数字经济的融合发展。

产业区块链可以和通证经济结合，区块链技术将打造平台经济的升级版。平台经济是互联网经济发展的基础创新模式。平台的价值来自平台用户，特别是越早期的平台用户贡献越大。通过区块链技术可以把用户对平台的贡献通过通证得到量化反映。通证作为一种技术要素，是区块链技术体系内的一种记账符号，具有快速流转、自动结算的作用，可以实现用户与平台所有者共享平台价值的增值。基于区块链的激励模式推进"分享经济"升级，也符合创新、协调、绿色、开放、共享的新发展理念，是一种更高层次的新型平台经济。

以上就是关于产业区块链相关话题的讨论，我们可以将区块链技术理解为智能经济中"网络"部分的下一个阶段的技术趋势。如果说我们正在以产业互联网的逻辑塑造工业互联网、能源互联网等新的形态，那么未来我们将基于区块链技术以价值互联网的逻辑塑造未来实体经济的发展，对实体经济在网络和价值两个方面进行赋能。

10.2　区块链驱动企业转型

在讨论了区块链在推动实体经济的场景和类型之后，这一节将从推动企业转型角度来理解区块链技术的价值。前文也提到，区块链技术目前最重要的目标在于实现"从金融场景到业务场景""从边缘应用到核心应用"和"从小幅改善到大幅变革"的过程，而实现这个过程的关键就是如何通过建立新的商业逻辑和商业模式推动企业实现转型升级。

首先我们从实体经济的角度来分析，学界曾针对实体经济在新时代背景下的升级、转型和发展提出过一个很重要的概念"新实体经济"，这里我们基于这个概念来理解实体经济的转型。所谓新实体经济，其有以下 3 个基本特点。

第一，新实体经济是指在新的思维和理念中融合新经济。新实体经济与所谓虚拟经济不存在对立关系。我们之所以要倡导"互联网+"，就是因为在新的经济体制下发展新经济需要研究新的经济规律。当前打算继续沿用传统经济理念来管理新经济的想法是行不通的，互联网可以为我国制造业向数字化、网络化、智能化迈进提供平台和技术支撑，也可以促进基于信息物理系统的智能装备、智能工厂等的制造方式的变革。换言之，如何通过新的技术手段和新的商业思维来推动传统实体经济的发展是新实体经济的核心。

第二，新实体经济建立在实体经济的资源基础之上，需要创新精神和创新人才。新实体经济并不意味着统一的资源配置和发展路径，而是基于每个地区和产业的资源来实现的。新实体是经济主体之本原意义的回归，这意味着若要推进企业部门的"三去一降一补"，须加速全面推动"创新大平台"建设，吸引人才并打造"创新生态链"。如浙江省结合产业和行业优势建设"生态小镇"，通过挖掘小镇自身特质，用"特色"聚集产业，用配套服务涵养产业，使特色小镇成为高端要素集聚的平台和产业创新升级的"发动机"。总之，产业政策与人才政策是新实体经济发展的重要动力，如何结合自身的产业优势推动新实体经济发展是核心。

第三，新实体经济是面向未来与先进科学技术相结合的经济业态。科技创新的每一次重大突破，往往都会带来一系列新技术、新材料、新工艺、新装备，运用这些先进技术对传统产业进行改造提升，有利于提升传统产业的生产效率和产品质量，降低生产成本，促进产业的高端化、生态化发展。这里的科技创新不仅仅包括相关的技术发展，也包括配套的产业能力。

然后我们从我国企业组织转型的理论角度来分析，主要有两个方面：一个是转型的周期，一个是转型的要点。改革开放四十年以来，我国企业快速经历了西方数百年的工业革命发展，我国也从一个以农业为主的国家发展为工业国家。我们可以将我国企业过去四十年的发展历史划分为两个阶段：第一个阶段是从 20 世纪 80 年代末 90 年代初开始到 21 世纪的前十年，我国企业大体上进行了工业化转型，我国也从一个农业国家发展成为工业国家。从 21 世纪初开始一直到现在是第二个阶段，是围绕互联网的转型，企业纷纷进行了互联网化。

在第一个阶段中，我国形成了一系列与工业化相配套的基础设施，最主要是形成了公路、铁路、港口，以及与之配套的汽车、火车、轮船等运输工具，组成了遍布全国、连通全球的物流网络。同时，机器在生产中广泛运用，替代了手工操作，提升了生产效率。我们把这类更新换代并且广泛应用的技术称为"基础设施级技术"，物流网络和机器就是工业化转型时代的基础设施级技术，把过去千千万万的小作坊联合起来，形成了大规模生产。这个阶段的转型应该说已经结束，我国的企业已经完整、系统地解决了怎样创建、运营和发展工业企业的问题，掌握了高效、低成本构建以产品为核心的价值网络，以及整合资源、组织运营和产品交付的全套方法。总之，在技术层面第一次转型吸收了西方两次工业革命中的主要成果，在产业层面主要集中于制造业相关的转型，在商业模式层面则是以"供给侧占主导的商业模式"为核心的转型。

第二个阶段是以互联网为核心的转型，这个时代的基础设施级技术是信息网络和计算机。我们知道，在制造业集中与标准化才出效率，而互联网转型则找到了另外一个突破点——把消费端聚合起来。解决这个问题须依靠服务，通过服务把消费需求聚合起来，在供需之间搭建起网络化的体系，我们可以称之为"大规模消费服务"。互联网转型的核心，或者说互联网为什么在我国能成功，就是解决了大规模消费服务这个问题。过去的服务都是分散化的，整体效率很低。通过互联网等信息技术的大规模运用，把这些分散的服务能力集合起来，就形成了新的产业升级。简而言之，第二个阶段的转型在技术层面是以西方第三次科技革命的成果（即信息科技）为核心的转型，在产业层面主要集中于信息技术相关的新兴产业，在商业模式层面是以"消费者主导的商业模式"为核心的转型。

从转型周期而言，我国的企业经历了以"大规模生产"为核心的第一次转型，正在经历的是以"产销一体化"和"大规模协作"为核心的第二次转型，那么以区块链技术为代表的新一代智能技术带来的可能就是第三次转型：以价值互联网为基础的大规模分配的转型。从全球范围来看，从 18 世纪末到 20 世纪初人类经历了多次生产力革命，这些技术革命的核心就是追求规模经济，实现规模化生产和标准化制造。而这一轮信息技术革命则推动了从工业经济到知识经济，再到创新经济的发展。生产方式的变革也推动着企业组织的变革，组织形态正在被重构和再定义，个性化的产品需求、多样化的市场推动着企业在组织层面的变革。在智能经济的诸多技术中，区块链技术所代表的网络化组织可能是未来组织的一种新形态。

区块链技术能够很好地解决大规模分配问题，在数字经济学理论中，企业理论的核心就是如何通过区块链技术建立新的企业生态和组织。一方面，通过重新分配供给侧的利益，以"众包"和"共享"的思想来整合产业链；另一方面，通过对消费端的资源分配整合，基于通证经济的逻辑，激励消费者参与到生产过程中来。这种模式暂且称为"区块链技术下的社区模式"，我们认为区块链所构成的社区就是基于共识的网络组织形态，其能够将消费和生产聚合起来的同时，又能大规模提升供给侧的协作效率，这是区块链技术未来商业模式的核心。这里需要强调的是，互联网和区块链网络在重塑企业的组织生态时的角色是有差异的：互联网提供了企业组织的网络化效应，从而构建起企业组织的平台和生态系统，这个商业逻辑在过去二十年间一直在持续发挥作用；而区块链网络中的"网络效应"的理论继承了互联网的"网络效应"的理论，只不过将"网络"的范畴从信息互联网扩展到了价值互联网。区块链则是通过"链"的方式将网络化组织的相关利益以共识机制的方式程序化了，也就是实现了以通证作为组织权益，包括但不限于所有权、投票权、收益权、分配权、治理权等的自动化分配机制。传统经济生态中，企业的分配机制是通过股份和股权来进行激励和分配的，而区块链网络生态中则是通过技术化的契约机制，将所有权进行明确定义和分配，使得网络化组织形成一个基于智能合约的可信、高效、安全的自动化生产关系的系统，也就是实现了收入分配的程序化和法制化的转型过程。

最后我们从如何推动新实体经济发展的角度来理解基于区块链为代表的新技术如何推动企业转型和行业发展。

（1）通过新技术为新实体经济赋能，通过新的技术融合推动实体经济发展。科学技术是第一生产力，因此如何通过新技术的发展来推动新实体经济的发展，是目前最重要的课题。任何一种新的技术范式，无论是人工智能、区块链，还是物联网、量子计算机，都需要解决从实验室到产业化的过程，这是目前推动实体经济转型的重要挑战，大规模的商业化是检验科技能否真正推动经济发展的最重要的指标。

（2）通过新商业模式建立新实体经济的发展逻辑。商业模式是利益相关者的交易结构，即企业在其选择的业务活动环节与互补协同性资源提供者之间的交易结构，对新实体经济而言，必须要有新商业模式，从而进行转型升级创新。过去数十年间，我国企业经历了以供给侧为中心的商业模式和以消费端为中心的商业模式，接下来就需要基于区块链和人工智能等技术建立新的商业模式，以推动实体经济发展，其核心体现在以下 4 个方面。

• 如何构建企业的关键资源能力，如品牌、技术、渠道等，在企业不同的发展阶段如何利用新技术快速地建立企业的核心竞争力，形成"护城河"？

• 如何建立企业的用户价值，深刻理解用户需求，并通过整合关键资源能力来实现用户价值，让用户愿意为企业的产品和服务买单？

• 如何围绕新的商业模式形成新的利益共同体，也就是如何建立一个内外部利益相关者的交易结构，分配商业模式中的角色和组织方式，提升商业的整体效率并降低成本？

· 如何建立新的企业收益分配方式，尤其是通过区块链技术建立一种更加公平、即时和透明的收益分配方式，重新理解新经济下的产业逻辑和分配逻辑？

（3）通过培养新一代的、拥有全球化眼光的企业家和创新者推动新实体经济的发展。一方面我们所处的产业竞争环境已经是全球化的产业竞争环境，全球化的进程、全球产业的分工和结构调整，以及互联网的飞速发展，都为年轻人创造了大量的机会，同样，在全球化条件下，人才跟随材料、信息、市场等要素在全球范围内不断流动，为新实体企业发展提供了广阔的舞台，因此需要企业家和创新者拥有全球化的眼光和格局。另一方面，技术的竞争和发展也是全球化的，尤其是区块链和人工智能技术更是具备全球化的基因。如何在竞争中获取技术优势并推动企业提升竞争力，这是所有企业家和创新者都需要思考的问题。

以上就是关于以区块链技术为代表的新技术如何推动实体经济转型、推动新实体经济发展的讨论。只有理解了我们正处于创新经济的浪潮中，才能理解只有通过组织变革、发挥人的主动创造性，才能真正推动经济的发展。传统的集中式的组织将逐步朝着协同创造、多元分散的共享组织生态转变，企业将通过构建更加开放的生态，用"去中心化"的自治代替机械化的管理，从而推动整个企业生态的变革。

第三部分　人工智能技术应用与场景

在第二部分中，我们基于智能经济中"网络"的概念对区块链技术进行了讨论，本部分将对智能经济中"智能"的部分进行讨论，也就是对人工智能相关的技术、产业和趋势进行讨论。本部分仍然采用主题式的方法进行讨论，力图将人工智能的发展历史和现状、人工智能的技术方向、人工智能产业发展等多个主题在有限的篇幅内为读者梳理清楚。要理解人工智能技术的发展，就要理解几次人工智能技术浪潮的关键人物的贡献和相应的技术趋势，本部分中我们就来梳理相应的发展概况和基本概念。

除此之外，本部分还会从概念、产业和趋势等多个角度深入探讨智能经济的内涵和外延。正是人工智能、5G网络和智能终端等技术的发展，才推动了"万物互联"和"万物智能"的智能经济浪潮的到来。这一切的技术基础就是人工智能技术，我们既需要理解人工智能技术的内涵和外延，也需要理解人工智能技术如何同其他技术进行融合以形成新的创新应用场景，并最终推动社会经济的发展。

第11讲 人工智能的概念与发展

2016 年 AlphaGo 的出现，引发了人们对人工智能技术的高度关注，进而开启了智能经济时代。随后，世界各国便开始大规模地研究和发展人工智能技术，尤其是中国（产业界）对人工智能技术更是有了极大的期待，因为第一产业、第二产业（制造业）及第三产业（服务业）都对智能化有需求。事实上，人工智能技术具备三种能力：第一种能力是模仿理性思考，包括推理、决策和规划等，类似于人类的高级智能或者逻辑思维；第二种能力是模仿感知，即通过视觉、听觉、触觉等来感知周围的环境；第三种能力是模仿动作，包括模仿人类的动作以及其他动物的动作，这种能力又称为机器人的能力。本讲拟从人工智能的发展简史出发，为读者梳理人工智能的基本概念和发展趋势，使读者建立起对人工智能最基础的认知和思考框架。

11.1 人工智能的发展简史

要探索人工智能将走向何处，首先要知道人工智能从何处来。1956 年 8 月，约翰·麦卡锡（John McCarthy）、马文·明斯基（Marvin Minsky）等科学家在美国达特茅斯学院开会研讨"如何用机器模拟人的智能"，首次提出"人工智能"这一概念，这标志着人工智能学科的诞生。

什么是人工智能呢？较为学术的说法是，人工智能是研究开发能够模拟、延伸和扩展人类智能的理论、方法、技术及应用系统的一门新的技术科学，研究目的是促使智能机器会听（语音识别、机器翻译等）、会看（图像识别、文字识别等）、会说（语音合成、人机对话等）、会思考（人机对弈、定理证明等）、会学习（机器学习、知识表示等）、会行动（机器人、自动驾驶汽车等）。较为通俗的说法是人工智能指机器智能，即让机器达到人的智能所须实现的一些功能。人工智能既然是"机器智能"，就不是"机械智能"，那么这个机器又是指什么呢？是指计算机，用计算机仿真出来的人的智能行为叫作"人工智能"。

这里的关键是理解智能概念的内涵，一般来说智能包含以下能力：理解、计划、解决问题、抽象思维、表达意念和语言、学习。因此人工智能研究领域包括认知建模、知识表示、推理及应用、机器感知、机器思维、机器学习、机器行为和智能系统等。研究人工智能的核心包括推理、知识、规划、学习、交流、感知、移动和操作物体的能力等。以汽车领域的人工智能为例，其中包括对周边环境的感知、对移动操作的控制、对整个行为的学习和交互交流等技术，因此人工智能技术包含的是一整组围绕智能概念所衍生出来的技术生态，而不是某个单一的技术实现。

从历史发展角度来说，第一次人工智能会议是 1956 年的达特茅斯会议，按照学术界的通用标准，从那时开始到现在已经出现了人工智能发展的三次浪潮。所谓"三次浪潮"，指的是人工智能技术的三次发展高潮。由于不同学科的学者对人工智能做出了各自的理解，提出了不同的观点，因此产生了不同的学术流派。在三次浪潮中对人工智能研究影响较大的主要有逻辑主义、联结主义和行为主义三大学派。

（1）逻辑主义：又被称为主义学派（Symbolicism），其符号核心是逻辑推理与机器推理，用符号表达的方式来研究智能、研究推理，其原理主要是物理符号系统假设和有限合理性原理，这个流派的理论认为人工智能源于数理逻辑，数理逻辑从 19 世纪末得以迅速发展，到 20 世纪 30 年代开始用于描述智能行为，计算机出现后，又在计算机上实现了逻辑演绎系统。正是这一个学派在 1956 年首先提出"人工智能"这个概念。后来这个学派的人工智能技术又发展出了启发式算法专家系统、知识工程理论与技术，并在 20 世纪 80 年代获得了很大的影响力。逻辑主义为人工智能的发展做出了重要贡献，尤其是专家系统的成功开发与应用对人工智能走向工程应用和实现理论联系实际具有特别重要的意义。在人工智能的其他学派出现之后，逻辑主义仍然是人工智能的主流学派之一，这个学派的代表人物有艾伦·纽厄尔（Allen Newell）、赫伯特·西蒙（Herbert Simon）和尼尔斯·尼尔森（Nils Nilsson）等。

（2）联结主义：又被称为仿生学派（Bionicsism）或生理学派（Physiologism），其主要原理为神经网络及神经网络间的联结机制与学习算法，核心是神经元网络与深度学习，仿造人的神经系统，把人的神经系统的模型用计算的方式呈现，用它来仿造智能。目前人工智能的热潮实际上是联接主义的胜利，该学派认为人工智能源于仿生学，特别专注于对人脑模型的研究。它的代表性成果是 1943 年由生理学家沃伦·麦卡洛克（Warren McCulloch）和数理逻辑学家沃尔特·皮茨（Walter Pitts）创立的脑模型（即 MP 模型），开创了用电子装置模拟人脑结构和功能的新途径。它从神经元开始研究神经网络模型和脑模型，开辟了人工智能的又一条发展道路。20 世纪 60 年代初至 70 年代末，联结主义尤其是对以感知机（perceptron）为代表的脑模型的研究出现过热潮，由于受到当时的理论模型、生物原型和技术条件的限制，脑模型的研究在 20 世纪 70 年代末至 80 年代初落入了低潮。直到物理学家约翰·霍普菲尔德（John Hopfield）在 1982 年和 1984 年发表两篇重要论文，提出用硬件模拟神经网络以后，联结主义才又重新"抬起了头"。

（3）行为主义：又被称为进化主义学派（Evolutionism）或控制论学派（Cyberneticsism），其原理为控制论及"感知-动作型控制系统"，其认为人工智能源于控制论。控制论思想早在 20 世纪 40 年代就成为时代思潮的重要部分，影响了早期的人工智能研究者。诺伯特·维纳和沃伦·麦卡洛克等人提出的控制论和自组织系统与钱学森等人提出的工程控制论和生物控制论影响了许多领域。控制论把神经系统的工作原理与信息理论、控制理论、逻辑和计算机等联系起来。早期的研究工作重点是模拟人在控制过程中的智能行为和作用，如对自寻优、自适应、自镇定、自组织和自学习等控制论系统的研究，并进行"控制论动物"的研制。到 20 世纪 60 年代，上述针对控制论系统的研究取得了一定进展，播下了智能控制和智能机器人的种子，并在 20 世纪 80 年代催生了智能控制和智能机器人系统。行为主义是在 20 世纪末才以人工智能新学派的面孔出现的，出现伊始就引起了许多学者的注意，随着近些年学者们对复杂系统的研究，控制论再次受到重视，并成为复杂学科领域中研究人工智能技术的主要学术理论基础之一。

人工智能从 1956 年发展到 2019 年的六十多年间，先后出现了三次浪潮，而我们正处在第三次浪潮中，下面分别介绍三次浪潮的发展背景。

（1）第一次浪潮是从 1956 年到 1976 年，最核心的流派是逻辑主义学派。逻辑主义主要是用机器证明的办法去证明和推理一些知识，如能不能用机器证明一个数学定理，这是机器证明的问题。要想证明这些问题，需要把原来的条件和定义从形式化变成逻辑表达，然后用逻辑的方法去证明最后的结论是对还是错，这叫作逻辑证明。由于出现在网络之前，因此逻辑主义又被称为"古典人工智能"。该时期出现的"符号主义"和"联结主义"，分别是日后"专家系统"和"深度学习"的雏形。当时的成果虽然已能解开拼图或简单的游戏，却几乎无法解决任何实际问题。

（2）第二次浪潮伴随着计算机的普及，出现在 20 世纪 80 年代。该时期所进行的研究，是以灌输专家知识作为规则、协助解决特定问题的"专家系统"为主。然而，纵使当时有商业应用的实例，应用范畴却很有限，热潮也因此逐渐消退。换句话说，第二次人工智能的核心是"知识"，只不过专家系统是针对预设的问题，事先准备好大量的对应方式。它当时应用在很多地方，尤其是疾病诊断领域。只不过，专家系统只能针对专家预先考虑过的状况来准备对策，并没有自行学习的能力，因此还是有其局限性。

（3）第三次浪潮是从 20 世纪 90 年代至今的、以深度学习为代表的浪潮，科学家们通过将神经元网络和统计的方式引入人工智能，实现了深度学习等新的人工智能技术方式，这是从上文所说的"联结主义"为核心发展出来的技术浪潮。这里的代表人物是被称为"神经网络之父"和"深度学习鼻祖"的杰弗里·欣顿（Geoffrey Hinton），他是引入反向传播算法的研究者之一，且这种算法现已被广泛应用。在 2012 年，杰弗里·欣顿和他在多伦多大学的两名研究生亚历克斯·克里泽夫斯基（Alex Krizhevsky）、伊利亚·莎士科尔（Ilya Sutskever）通过人工神经网络来提高计算机识别照片中物体的准确性，他们设计的深层卷积神经网络 AlexNet，一举夺得了当年计算机视觉（ImageNet）比赛的冠军。仅仅半年后，谷歌公司收购了这三位研究人员创立的公司。至此，卷积神经网络将深度学习带进了新的历史阶段。

我们正在经历的这轮以深度学习技术为代表的人工智能浪潮，其代表人物就是三位 2019 年图灵奖的得主：杰弗里·欣顿，杨立昆和约书亚·本希奥。这里简单介绍下图灵奖，它是由国际计算机协会（ACM）于 1966 年设置的奖项，其目的是纪念著名的计算机科学先驱艾伦·图灵。图灵奖是计算机科学领域的最高奖，获奖者必须在计算机领域具有持久重大的先进性技术贡献。人工智能领域的先驱马文·明斯基、约翰·麦卡锡、艾伦·纽厄尔和赫伯特·西蒙等人都曾经获得过该奖，其被认为是计算机领域的诺贝尔奖。2019 年的图灵奖颁发给了加拿大蒙特利尔大学教授约书亚·本希奥、谷歌副总裁兼多伦多大学名誉教授杰弗里·欣顿和纽约大学教授兼 Facebook 首席人工智能科学家杨立昆，下面简要介绍下他们的贡献。

（1）杰弗里·欣顿是加拿大先进研究院神经计算和自适应项目（Neural Computation and Adaptive Perception Program）的创始人，获得了加拿大最高荣誉勋章（Companion of the Order of Canada）、英国皇家学会成员、美国工程院外籍院士、人工智能国际联合会（IJCAI）杰出研究奖、IEEE 詹姆斯·克拉克·麦克斯韦金奖（IEEE James Clerk Maxwell Gold Medal）等一系列荣誉。2017 年被彭博社评为"改变全球商业格局的 50 人"之一。他最重要的贡献来自于他 1986 年发表的两篇关于反向传播的论文、1983 年发明的玻尔兹曼机（Boltzmann Machines）和 2012 年对卷积神经网络的改进。杰弗里·欣顿同他的学生亚历克斯·克里泽夫斯基和伊利亚·莎士科尔改进了卷积神经网络，并在著名的计算机视觉比赛中取得了很好的成绩，在计算机视觉领域掀起了一场革命。

（2）约书亚·本希奥是加拿大蒙特利尔大学教授、加拿大数据评估研究所（IVADO）主任、蒙特利尔学习算法研究中心（MILA）科学主任、加拿大先进研究院主任。同时，他与杨立昆一起担任加拿大先进研究院机器与大脑学习项目的主管。他创建了目前世界上最大的深度学习研究中心——蒙特利尔学习算法研究中心，使蒙特利尔成为世界上人工智能研究最为活跃的地区之一。他的贡献主要是在 20 世纪 90 年代建立了序列概率模型（Probabilistic Models of Sequences）。他把神经网络和概率模型（如隐马尔可夫模型）结合在一起，并和 AT&T 公司合作，用新技术识别手写的支票，现代深度学习技术中的语音识别也是这一概念的扩展。此外，约书亚·本希奥还于 2003 年发表了划时代的论文《一种神经概率语言模型》，首次使用高维词向量来表征自然语言。他的团队还引入了注意力机制，使机器翻译技术获得突破，并成为深度学习处理序列的重要技术之一。

（3）杨立昆是纽约大学柯朗数学科学研究所 Silver 冠名教授、Facebook 公司人工智能首席科学家、副总裁。他获得了包括美国工程院院士、IEEE 神经网络先锋奖（IEEE Neural Network Pioneer Award）等一系列荣誉。他还是纽约大学数据科学中心的创始人，与约书亚·本希奥一起担任加拿大先进研究院机器与大脑学习项目的主管。他的代表贡献之一是卷积神经网络，20世纪 80 年代杨立昆发明了卷积神经网络，现在已经成为了机器学习领域的基础技术之一，也让深度学习效率更高。20 世纪 80 年代末，杨立昆在多伦多大学和贝尔实验室工作期间，首次将卷积神经网络用于手写数字识别。今天卷积神经网络已经成为业界标准技术，广泛应用于计算机视觉、语音识别、语音合成、图片合成和自然语言处理等科学领域，以及自动驾驶、医学图片识别、语音助手、信息过滤等工业领域。杨立昆的第二个重要贡献是改进了反向传播算法，他提出了一个早期的反向传播算法模型，也根据变分原理给出了一个简洁的推导。杨立昆的第三个贡献是拓展了神经网络的应用范围，他把神经网络变成了一个可以完成大量不同任务的计算模型，他早期引入的一些概念现在已经成为人工智能领域的基础概念。

正如图灵奖颁奖词中所说，"人工智能现在是所有科学领域发展最快的领域之一，也是社会上最受关注的话题之一。人工智能的进步和兴盛在很大程度上归功于他们三位为深度学习最新进展奠定的基础。这些技术被数十亿人使用，任何一个拥有智能手机的人都能切实体验到自然语言处理和计算机视觉方面的进步。除了我们每天使用的产品之外，深度学习的新进展还在医学、天文学、材料科学等领域为科学家提供了强大的新工具。"正是由于他们过去几十年间的辛勤独立工作，共同开发了深度学习神经网络领域的概念基础，通过实验和实际工程证明了深度神经网络的优势，才推动了这一轮人工智能技术的浪潮。

以上就是我们对人工智能技术发展历史的讨论，我们分别从人工智能技术的发展流派和核心思想、2019 年图灵奖的三位获得者的成就入手，梳理了我们所处的人工智能发展阶段和技术背景。理解这部分内容，有助于我们建立人工智能技术的大局观，也能够使我们对最新的技术概念有所认知。

11.2　人工智能的基本概念

在理解了人工智能产业的历史和现状以后，我们来讨论一些基本的概念，主要有以下 3 个：人工智能、机器学习、深度学习。

事实上，时至今日我们的科研工作都集中在弱人工智能部分，也就是专用人工智能部分，而其实现的方法主要是通过机器学习的方式，后面内容中讨论的大多数人工智能的产业实际应用也是围绕着弱人工智能主题来讨论的。弱人工智能的实质就是面向特定任务的专用人工智能系统，由于任务单一、需求明确、应用边界清晰、领域知识丰富、建模相对简单，形成了人工智能领域的单点突破，在局部智能水平的单项测试中可以超越人类智能。人工智能的近期进展主要集中在专用智能领域。如阿尔法狗在围棋比赛中战胜人类冠军，人工智能程序在大规模图像识别和人脸识别中达到了超越人类的水平，人工智能系统诊断皮肤癌达到专业医生水平。后面要讨论的语音识别、机器学习、图像识别、自动驾驶等多种技术及应用场景都属于专用智能领域的模块。

　　另一种人工智能——强人工智能，也被称为通用人工智能。弱人工智能不需要具有人类完整的认知能力，甚至完全不具有人类所拥有的感官认知能力，只要看起来像有智慧就可以了。由于过去的智能模式多是弱人工智能，人们一度觉得强人工智能是不可能实现的。强人工智能通常把人工智能和意识、感性、知识、自觉等人类的特征互相联结，具备执行一般智慧行为的能力。人的大脑是一个通用的智能系统，能举一反三、融会贯通，可处理视觉、听觉、判断、推理、学习、思考、规划、设计等问题，大多数学者认为真正意义上完备的人工智能系统应该是一个通用的智能系统。

　　目前，虽然专用人工智能领域已取得突破性进展，但通用人工智能领域的研究与应用仍然任重而道远，人工智能总体发展水平仍处于起步阶段。当前的人工智能系统在信息感知、机器学习等"浅层智能"方面进步显著，但是在概念抽象和推理决策等"深层智能"方面的能力还很薄弱。总体上看，目前的人工智能系统可谓有智能没智慧、有智商没情商、会计算不会"算计"、有专才而无通才。因此，人工智能依旧存在明显的局限性，依然还有很多"不能"，与人类智慧还相差甚远。通用人工智能要获得发展，最重要的是找到新的认知架构来实现更高级别的机器智能。

　　为了更深入地理解通用人工智能，这里简单介绍下认知架构的概念。认知架构是通用人工智能的一个研究分支，它起源于 20 世纪 50 年代，其目标是创建能够解决不同领域问题的程序、培养洞察力、自适应新情况并做出反应。同样，认知架构研究的最终目标是实现人类水平的人工智能。根据目前学界的研究，这样的人工智能可以通过四种不同的方式实现：像人类一样思考的系统、能理性思考的系统、像人类一样行动的系统和能理性行动的系统。现有的认知架构已经探索了所有四种可能性，像人类一样的思考是源于认知模型的架构所追求的。因此，只要智能系统造成的错误与相似情况下人类通常会出的错误类似，它们的错误就是可以被容忍的。这与理性思维系统相反，理性思维系统需要为任意任务做出一致和正确的结论，像人类一样行动的机器和理性行动的机器之间的区别也与之相似。在后两种情况中，机器并不被期望能像人类一样思考，我们关注的只是它们的行动或反应，只有在前两种架构中才有可能实现所谓的通用人工智能。

　　接下来讨论机器学习的概念，机器学习是人工智能和计算机科学的一个子领域，也涉及统计学和数学优化方面的内容。机器学习涵盖了监督学习和无监督学习领域的技术，可用于预测、分析和数据挖掘。机器学习通过在数据集上进行一系列训练的算法，做出预测，从而对系统进行优化。如基于历史数据监督分类算法就被用来分类潜在的客户或贷款意向。根据给定任务的不同（如监督式聚类），机器学习用到的算法也不同。当这些算法被用于自动化的时候（如自动飞行或无人驾驶汽车中），它被称为人工智能，更具体地说，就是深度学习。如果数据收集自传感器，再通过互联网进行传输，那就是机器学习应用到了物联网上。

　　总之，机器学习被认为是人工智能的一种实现形式：给定一些可用离散术语描述的人工智能问题，并给出关于这个世界的大量信息，在没有程序员进行编程的情况下弄清楚可行的正确的行为，在这个过程中需要一些外部流程判断行为是否正确。在数学上，把输入变成输出的过程叫作函数，机器学习的目标就是找到可以实现学习任务的函数所对应的参数。按照约书亚·本希奥的说法，机器学习可以根据某些基本原理训练一个智能计算系统，最终使机器具备自学的能力。其中一条基本原理涉及人或者机器如何判断一个决策是好是坏。对动物来说这就是演化原理，"好"的决策意味着提高存活和繁衍概率。在人类社会中，"好"的决策可能是指提高地位或产生舒适感的社会活动。对机器而言，以智能汽车为例，一个决策的"好坏"则可能被定义为其行驶模式在多大程度上接近优秀的人类司机。因此，机器学习在很大程度上算是一门实验科学，因为还没有普适的学习算法出现，对于不同的任务，科学家需要开发不同的学习算法。在特定情况下，做出好决策所需的知识并不一定能轻易地用计算机代码表示出来。

最后一个概念是深度学习，深度学习是如今非常流行的一种机器学习。按照上文所提到的约书亚·本希奥给出的定义，深度学习指的是用计算机模拟神经元网络，并逐渐"学会"各种任务的过程，如识别图像、理解语音或是自己做决策。这项技术的基础是所谓的"人工神经网络"，它是现代人工智能的核心。人工神经网络和真实的大脑神经元工作方式并不完全一致，事实上它的理论基础只是普通的数学原理。但是经过训练后的人工神经网络却可以完成很多任务，如识别照片中的人和物体，或是在几种主要语言之间互相翻译等。它涉及一种特殊类型的数学模型，可以认为它是特定类型的简单模块的结合（函数结合），这些模块可以被调整，从而更好地预测最终输出。深度学习是机器学习中的一种基于对数据进行表征学习的算法，观测值可以使用多种方式来表示，如每个像素强度值的向量，或者更抽象地表示成一系列特定形状的区域等，而使用某些特定的表示方法更容易从实例中学习任务（如人脸识别或面部表情识别），深度学习的好处是用非监督式或半监督式的特征学习和分层特征提取高效算法以替代手工获取特征。迄今为止，已经有很多流行的机器学习分析框架，如深度神经网络、卷积神经网络、递归神经网络和深度置信网络等，其中递归神经网络已被应用在计算机视觉、语音识别、自然语言处理、音频识别与生物信息学等领域并取得了较好的效果。

从技术架构来说，深度学习经历了一系列演变，人工神经网络已经取得了长足进步，同时也带来了其他的深度模型。第一代人工神经网络由简单的感知器神经层组成，只能进行有限的简单计算。第二代则使用反向传播，根据错误率更新神经元的权重。然后支持向量机浮出水面，在一段时间内超越了人工神经网络。为了克服反向传播的局限性，人们提出了受限玻尔兹曼机，使学习更容易。此时其他技术和神经网络也出现了，如前馈神经网络、卷积神经网络、循环神经网络、深层信念网络、自编码器等。从那时起为了实现各种用途，人工神经网络在不同方面得到了改进和设计。值得注意的是，虽然深度学习是目前使用范围最广、效率最好的机器学习算法，但是它仍然存在很多缺陷，如深度神经网络算法在识别图像时存在容易被欺骗的情况，一些深度学习算法容易被网络攻击，最普遍的局限性在于深度学习需要更多的数据、容量有限、不能区分因果关系等。因此，很多这个领域的前沿研究都在非监督学习、符号操作和混合模型中寻找突破口，并尝试从认知科学和心理学中获得灵感，以找到更加有效和普适性的算法。

以上就是对人工智能、机器学习和深度学习这三个概念的基本介绍，由于上文已经介绍了深度学习的三位奠基者的贡献，我们就不详细讨论目前的人工智能技术的发展现状了，后面会继续讨论这些技术概念衍生出来的产业应用场景和技术发展趋势。

11.3　人工智能的发展趋势

在理解了人工智能技术的现状和过去以后，我们需要对人工智能技术的发展趋势进行讨论，下面从整体趋势和技术趋势两个角度来探讨这个话题。

从整体趋势来说，人工智能技术目前呈现出了以下 3 个特征。

（1）从人工智能向人机混合智能发展。借鉴脑科学和认知科学的研究成果是人工智能的一个重要研究方法，人机混合智能旨在将人的作用或认知模型引入到人工智能系统中，以提升人工智能系统的性能，使人工智能成为人类智能的自然延伸和拓展，通过人机协同更加高效地解决复杂问题。正如本讲开头所说，在传统的人工智能研究中，联接主义的代表形式是人工神经网络，主要处理数据；行为主义的代表形式是强化学习方法，主要处理信息；逻辑主义的代表形式是知识图谱和专家系统，主要处理知识和推理。三者层层递进，但距离人最擅长的产生概念和建立理论相距甚远，尤其是在情感化表征、非公理性推理和直觉决策等方面，机器更是望尘莫及。

除此之外，机器学习中反馈、迭代的生硬、艰涩和滞后，与人相比也落后很多，这是因为人的态势感知能力不但来自科学技术，还来自社会学、史学、哲学、文学、艺术等多方面的知识汲取与思维技能训练，进而产生价值取向。机器的态势感知做不到，所以机器暂时还是单一领域的擅长者。一般而言，机器在定义域里比人的存储量大且准确、数据处理快，人在非定义域里比机器灵活且深刻、信息融合好。人的优势是划分领域或者定义领域，机器的优势是精确的执行。虽然当前的人机融合产品还是共性的，个性化服务的人机智能融合还未真正出现，但已有原始级别的系统悄悄崭露头角，我们可以期待未来有更加高级的人机融合的应用场景出现。

（2）从"人工+智能"向自主智能系统发展。当前人工智能领域的大量研究集中在深度学习领域，但是深度学习的局限是需要大量人工干预，如人工设计深度神经网络模型、人工设定应用场景、人工采集和标注大量训练数据、人工适配智能系统等，非常费时费力。因此，科研人员开始关注减少人工干预的自主智能系统，提高机器智能对环境的自主学习能力。

所谓自主智能系统是一种人工系统，它不需要人为干预，而是利用先进智能技术实现各种操作与管理。自主智能系统强调自主和智能，并不排斥人类的参与，而是更加重视与人类行为的协同。自主智能系统将利用机器特有的优势，如计算、存储、决策等能力取代人类的部分重复性劳动，针对主观性强的复杂性工作，将充分发挥人机协同能力，追求高智能、高性能的工作效率。因此，机器不可能完全代替人类，人机协同是未来的方向。人工智能技术起源于20世纪50年代，而自主智能系统则源于机器人发展的第三阶段，即智能机器人阶段。自从20世纪60年代末智能机器人出现，自主智能系统对社会发展的贡献就上升到了一个新的台阶。伴随着无人机、自动驾驶汽车、水下无人潜航器、空间操控机器人、医疗机器人、智能无人车间等应用场景的出现，自主智能系统不再是我们传统认识中的单一工业机器人，它被赋予了更广泛的内涵。

（3）人工智能将加速与其他学科领域的交叉渗透。人工智能本身是一门综合性的前沿学科和高度交叉的复合型学科，研究范围广而又异常复杂，其发展需要与计算机科学、数学、认知科学、神经科学和社会科学等学科深度融合。随着超分辨率光学成像、光遗传学调控、透明脑、体细胞复制等技术的突破，脑与认知科学的发展开启了新时代，能够大规模、更精细地解析智力的神经环路基础和机制，人工智能将进入生物启发的智能阶段，依赖于生物学、脑科学、生命科学和心理学等学科的新发现，将机理变为可计算的模型，同时人工智能也会促进脑科学、认知科学、生命科学，甚至化学、物理学、天文学等传统学科的发展。

从技术趋势来说，我们可以看到人工智能具有以下7个基本特点。

（1）人工智能工作所需数据变少，并在此基础上产生新的机器学习模型。对于目前人工智能技术来说，训练人工智能使用的数据量是为其发展的主要障碍，同时也是很多人工智能算法正在尝试突破的关键点,如使用概率归纳模型解决这个问题,采用某种不需要大量数据的算法,最终将会学习、吸收并使用这个概念,无论是在行动上、想象上还是在探索中。在此基础上,如何通过新的机器学习模型来进行知识构建是人工智能技术开拓的重点。

（2）人工智能会使人类更加理性,使人类的行为方式有所改变。做出最优化选择需要很高的计算能力和高昂的个人成本,因此人类通常做出的行为决策是一个妥协的决策而非真正理性的决策。当人们选择人工智能技术辅助决策后就能够改变这个情况,个体可以根据更加完整的数据和模型进行选择决策,人工智能甚至能自主地帮助人选择最优解。

（3）通用性人工智能(强人工智能)很有可能通过集体智能(而非单一终端)的方式实现。所谓集体智能,是一种共享的或者群体的智能,是集结众人的意见进而转化为决策的一种过程。它是从许多个体的合作与竞争中涌现出来的。集体智能在细菌、动物、人类和计算机网络中形成,并以多种形式的协商一致的决策模式呈现。对于集体智能的研究,实际上可以被认为是一个属于社会学、商业、计算机科学、大众传媒和大众行为的分支学科——研究从夸克层次到细菌、植物、动物和人类社会层次的群体行为的一个领域。

（4）人工智能会带来无法预期的社会政治经济方面的影响,尤其是在人工智能技术带来的竞争方面,人工智能的应用会在导致生产率提升的同时促进自动化进程的加速。这将会导致生产过程中人力使用的减少,从而会让经济中的资本回报份额增加。但是,"人工智能革命"也会遭遇所谓的"鲍莫尔病",即非自动化部门成本的提升,这会导致经济中资本回报份额的降低。人工智能首先带来的社会经济方面的影响就是大规模的失业问题,因为我们无法在短时期内为那些被人工智能替代的行业创造出新的工作岗位。其次人工智能使得知识更加分散,在特定的领域内人们将丧失他们的专业优势,人们会认为机器更加可靠,从而使得人们失去创造力和工作的积极性。然后人与机器之间不可避免地会产生竞争,机器人会逐步影响社会,从而使得它们对人类的影响超出了人类对它们的影响,最终导致整个社会结构的变化。最后人工智能技术会导致全球化的生产力格局的变化,掌握相关技术和资源将造成各国竞争力差异的增大,并导致新一轮的国家之间的技术竞争。

（5）机器学习系统将从辅助地位上升为主导地位,从解决"如何做"和"是什么"到解决"为什么"的问题。通用人工智能相关的算法和技术突破将会建立起机器如何理解世界本质的基本模型。美国通用人工智能会议主席本·格尔兹（Ben Goertzel）曾经提出过一种研究方向:先做出通用人工智能系统,然后让这个通用人工智能系统帮助我们创造出一个更好的大脑扫描算法的方式。由于目前我们对人类大脑的理解程度不够,因此这个研究方向从某种程度上来说是比较合适的方向。

（6）人工智能技术将结合物联网技术,使得人类真正进入智能社会。人工智能技术结合区块链技术可以推动物联网设备以分布式的架构进行设计,在每一个节点进行分布式的运算,即提供一种边缘计算的框架来实现物联网的真正价值。在传统的中心化模型中,有一个被称作是"服务器/客户端模型"的问题,其中的每一台设备都连接到云端服务器,并由云端服务器识别、验证,这导致了非常昂贵的设备费用。基于分布式方法设计的物联网网络或传统的点对点架构（边缘计算或雾计算）,能够解决这个问题并降低费用,还能够避免因一个节点失效而造成整个系统损坏的问题,这也是我们之前讨论区块链技术与人工智能技术结合的基础。

（7）NBIC 领域将成为未来人工智能的应用方向,即多技术融合下的人工智能技术发展。

NBIC 是纳米技术（Nanotechnology）、生物技术（Biotechnology）、信息技术（Information Technology）和认知科学（Cognitive Science）的简称。我们可以看到生物机器人、纳米科技等与人工智能的融合，正在推动类似"生物导线"和"器官芯片"这样的技术产生，而认知科学与信息技术的结合正在推动"化学计算机"和"脑机接口"等前沿技术的发展。换句话说，跨领域的技术实现不仅是概念上的，更是事实上正在前沿技术领域发生的。人们正在通过跨领域技术和对复杂学科思想的研究，探索在人工智能技术基础上的新型应用。

　　总而言之，本节从两个不同的角度梳理了人工智能技术的发展趋势，我们要看到人工智能技术作为自然智能的另一面，事实上它们的功能和目的是截然不同的：人工智能发挥的是可以数据化和模型化的智能，而自然智能则是在更加宽泛和广义上的智能形式。与其讨论人类被机器智能替代的科幻，不如讨论如何让机器更好地为人类服务、如何学习与机器更好的共存、如何提升整个人类社会的生产和生活水平、如何在过程中降低总体风险更有价值。人工智能技术需要从多个角度去理解，基础在于理解技术的基本面和发展逻辑，这可以为我们之后理解更深层次的人工智能在产业、经济、社会伦理等方面的影响奠定基础。

第12讲 人工智能前沿技术与产业生态

在了解了人工智能技术的发展历史和基本概念之后,这一讲我们来讨论人工智能的前沿技术、基础算法,以及人工智能技术前沿的产业生态。之前我们已经了解了我们正处于以深度学习为代表的第三次人工智能发展浪潮中,2016 年阿尔法狗在围棋领域对人类选手的压倒性胜利标志着以深度学习为代表的算法成为人工智能领域最重要的成果。事实上,除了神经网络算法上的革新,这一轮深度学习算法的成功还依赖于数据的爆发和以 GPU 为代表的芯片技术的进展。正是因为计算能力的发展,深度学习算法才得以建立更大、更复杂的神经网络。利用数学模型的不断创新,深度学习算法在图像识别、语音语义等多个领域取得了巨大的进步,进而引发了人工智能的第三次发展浪潮。

随着数据越来越丰富和新的算法的开发,人工智能技术也逐步发展出新的理论并取得技术进展,如通过数据驱动机器学习方法与人类常识先验和隐式直觉的有效结合来实现通用人工智能,又如通过群体智能的方式来构建新型产业经济模型等。这一讲主要讨论人工智能的前沿技术和产业生态,包括以下三个部分:人工智能前沿技术、人工智能基础算法和人工智能产业生态。限于篇幅,我们对这三个问题进行总体梳理和介绍而不深入技术细节,旨在帮助读者构建一个对人工智能技术的整体认知框架。

12.1 人工智能前沿技术

按照人工智能技术的发展程度,我们可以将人工智能技术分为 3 个不同的层次:运算智能、感知智能和认知智能。为了方便理解人工智能技术目前比较成熟的前沿应用,下面首先介绍这3 个不同的层次,以及这 3 个层次的技术特点和发展方向。

(1)运算智能,即具备快速计算和记忆存储的能力,现阶段的计算机相比数十年前最核心的优势就在于运算能力和存储能力的提高。这方面的能力事实上在传统的计算机领域就有所突破,包括大数据、云计算等都和这类智能相关。正是在这个方向的智能上的突破,才使得人工智能具备和人类差异化的能力,能够在生产力方面推动新的变革。从运算智能角度来说,目前的人工智能前沿技术趋势具体表现为:从浅层计算到深度神经推理;从单纯依赖于数据驱动的模型到数据驱动与知识引导相结合学习;从领域任务驱动智能到更为通用条件下的强人工智能。换言之,下一代人工智能将改变计算本身,将大数据转变为知识,以支持人类社会更好地决策。从这个角度来说,大数据和人工智能形成了不同阶段的技术范式,智能经济时代将从数据智能转向算法智能和知识智能。

(2)感知智能,即将物理世界的信号通过摄像头、麦克风或者其他传感器的硬件设备,借助语音识别、图像识别等前沿技术,映射到数字世界,再将这些数字信息进一步提升至可认知的层次,如记忆、理解、规划、决策等。而在这个过程中,人机界面的交互至关重要。这个智能人和动物都具备,机器能够通过智能感知能力与自然界交互,如自动驾驶汽车能够通过激光雷达等感知设备和算法实现了感知智能。

(3)认知智能,即能够主动理解和思考的能力,不用人类事先编程就可以实现自我学习,完成有目的的推理并与人类自然交互。人类有语言,才有概念、推理,所以概念、意识、观念等都是人类认知智能的表现，机器要实现以上能力还有漫长的路需要走。在认知智能的帮助下，人工智能通过汲取世界和历史上海量的信息，并洞察信息间的关系，不断优化自己的决策能力，从而拥有专家级别的阅历，辅助人类做出决策。认知智能加强了人和人工智能之间的互动，这种互动是以每个人的偏好为基础的。认知智能利用搜集到的数据，如地理位置、浏览历史、可穿戴设备数据和医疗记录等，为不同个体创造不同的场景。认知系统也会根据当前场景以及人和机器的关系，采取不同的语气和情感进行交流。

我们在这里重点介绍我国科学研究者所提出的"人工智能2.0"概念下的前沿技术，这个概念是由我国工程院院士潘云鹤在2017年提出的。具体来说，人工智能 2.0 的技术特征表现在以下5个方面：①从传统知识表达技术到大数据驱动知识学习再到大数据驱动与知识指导相结合的方式，其中机器学习不但可自动，还可解释，且更广泛；②从分类型处理多媒体数据迈向跨媒体认知、学习和推理的新水平；③从追求"智能机器"到高水平的人机协同融合再到混合型增强智能的新计算形态；④从聚焦研究"个体智能"到基于互联网的群体智能，形成在网上激发组织群体智能的技术与平台；⑤将研究的理念从机器人转向更加广阔的智能自主系统，从而促进改造各种机械、装备和产品，走上智能化之路。总之，相比于以往，人工智能 2.0 不但将以更接近人类智能的形态存在，而且将以提高人类智力活动能力为主要目标，紧密融入我们的生活（跨媒体和无人系统），甚至扩展为我们身体的一部分（混合增强智能），可以阅读、管理、重组人类知识（大数据智能与群体智能），为生产、生活、资源、环境等社会发展问题提出建议，在越来越多的专门领域的博弈、识别、控制、预测中接近甚至超越人的能力。

基于人工智能2.0的概念，我们重点说明感知智能和认知智能相关的前沿技术。感知智能目前主要有语音识别和计算机视觉两种技术，机器通过传感器获得视觉和听觉等感知能力，并与周围进行交互。由于计算处理能力的突破和数据量的爆炸性增长，使得深度学习算法获得了很大的进展，从而推动了人工智能技术在感知智能领域的突破。

在语音识别领域人工智能已经无限接近人的能力。所谓语音识别技术就是让机器通过识别和理解过程，把语音信号转变为相应的文本或者命令的技术，主要包括特征提取技术、模式匹配准则和模型训练技术三个方面。语音识别技术所涉及的领域包括信号处理、模式识别、概率论和信息论、听觉与发声机理等。百度、搜狗、科大讯飞等企业近年发布的数据显示，人工智能对中文的识别错误率降低到了3%（准确率97%），已经超越了普通人4%左右的中文识别错误率。微软、IBM等企业则宣布人工智能对英文的识别错误率降低到了5%，比人类对英文的识别错误率 5.1%低。换言之，随着各大企业将深度学习技术应用于语音识别之后，语音识别准确率大幅度提升。语音应用实际场景包括语音识别和语义理解：前者是语音转换为文本的技术，通过特征提取和模式识别将语音信号转变为文本或命令，实现机器识别和理解语音；后者则可以让计算机对文本的含义进行理解，建立在对自然语音处理的模型的基础上。二者结合使得语音识别的应用场景非常丰富，包括智能客服、智能助手和智能家居等。

在计算机视觉领域，人脸识别率已经达到99.8%，计算机视觉超越了人眼。所谓计算机视觉就是通过机器视觉产品（图像摄取装置）将被摄取目标转换为图像信号，并传输给专用的图像处理系统，从而得到被拍摄目标的形态信息，根据像素分布、亮度、颜色等信息，转变为数字化信号。图像系统对这些信号进行运算后抽取目标的特质，进而根据判别结果来控制现场的设备动作。2016年，数十家企业和机构的计算机视觉识别准确率都达到了99%以上的水准，包括谷歌的 FaceNet 系统99.63%，商汤科技的99.53%和百度的99.77%等，超越了人眼极限

99.2%的识别准确率。我们可以看到随着深度学习技术的发展，人工智能在识别准确率等数据上已经超过了人类水平，接下来正在朝着更加复杂的图像数据分析发展，如三维信息结合、多特征融合以及大规模人脸比对等技术。计算机视觉技术的应用场景也非常丰富，包括通过人脸识别技术来实现智能安防和身份验证、通过计算机视觉技术在医疗领域实现智能医学影像分析等，当然最重要的应用场景还有无人驾驶技术的拓展，这些应用场景后续我们都会较为详细地进行探讨。

总之，感知智能领域包括视觉感知、听觉感知、言语感知、感知信息处理与学习引擎等方面。2017年我国科学技术部公布的人工智能2.0项目中，感知智能方向的研究包括以下内容：①类人和超人的主动视觉；②自然声学场景的听知觉感知；③自然交互环境的言语感知及计算；④面向媒体感知的自主学习；⑤大规模感知信息处理与学习引擎；⑥城市全维度智能感知推理引擎。这些研究方向代表了下一阶段人工智能在感知领域的探索方向，也是我们进入人工智能2.0时代的重要研究方向。

最后我们探讨认知智能相关的话题，目前实现认知智能的前沿技术方案主要是群体智能和增强智能两个方向。

（1）群体智能研究方向，指的是不单关注精英专家团体的个体智能研究，更通过互联网组织结构和大数据驱动的人工智能系统吸引、汇聚和管理大规模参与者，以竞争和合作等多种自主协同方式来共同应对挑战性任务，特别是开放环境下的复杂系统决策任务，涌现出了超越个体智力的智能形态。在互联网环境下，海量的人类智能与机器智能相互赋能增效，形成人机物融合的"群智空间"，充分展现群体智能。其本质是互联网科技创新生态系统的智力内核，将辐射包括从技术研发到商业运营整个创新过程的所有组织及组织间的关系网络。群体智能的研究不仅能推动人工智能的理论技术创新，更能对整个信息社会的应用创新、体制创新、管理创新、商业创新等提供核心驱动力。这个方向的研究不仅是在人工智能领域非常受关注，在复杂系统相关领域也受到了很大关注，涉及认知科学、社会学和控制论等多个交叉学科。

事实上，基于互联网的群体智能理论和方法是新一代人工智能的核心研究领域之一，对人工智能的其他研究领域有着基础支撑的作用。著名科学家钱学森在20世纪90年代曾提出综合集成研讨体系，强调专家群体以人机结合的方式进行协同研讨，共同对复杂巨系统的挑战性问题进行研究。在我国提出的《新一代人工智能发展规划》中明确了群体智能的研究方向，包括群体智能的结构理论与组织方法、群体智能激励机制与涌现机理、群体智能学习理论与方法、群体智能通用计算范式与模型，以解决群智组织的有效性、群智涌现的不确定性、群智汇聚的质量保障、群智交互的可计算性等科学问题。总之，群体智能的研究是基于我国互联网"网络化智能"的体现，也是技术和产业结合最紧密的方向之一。

（2）增强智能是指将人的作用或人的认知模型引入人工智能系统，形成"混合增强智能"的形态。这种形态是人工智能可行的、重要的成长模式。有学者认为，人是智能机器的服务对象，是"价值判断"的仲裁者，人类对机器的干预应该贯穿人工智能发展的始终。即使我们为人工智能系统提供充足的甚至无限的数据资源，也必须由人类对智能系统进行干预。从实际情况看，增强智能有望在产业发展决策、在线智能学习、医疗与保健、人机共驾和云机器人等领域得到广泛应用，并可能带来颠覆性变革。如在产业发展决策和风险管理中，利用先进的人工智能、信息与通信技术、社交网络和商业网络结合的"混合增强智能"形态，创造一个动态的人机交互环境，可以大大提高现代企业的风险管理能力、价值创造能力和竞争优势。

事实上，增强智能领域的研究已经涉及计算机伦理学的范畴，在这个领域存在不同的关于计算机伦理的认知和立场，包括无解论立场、专业论立场、激进立场、保守立场和创新论立场等。增强智能的学者认为，由于人类面临的许多问题具有不确定性、脆弱性和开放性，任何智能程度的机器都无法完全取代人类，这就需要将人的作用或人的认知模型引入到人工智能系统中，形成混合-增强智能的形态，这种形态是人工智能或机器智能的可行的、重要的成长模式。混合-增强智能可以分为两类基本形态：一类是人在回路的人机协同混合增强智能，另一类是将认知模型嵌入机器学习系统中，形成基于认知计算的混合智能。

以上就是人工智能技术前沿领域的两个主要研究方向的相关内容。人工智能领域还有跨媒体人工智能研究、新型智慧城市、无人自主系统、复杂智能系统以及智能制造等多个领域，后续会有所介绍。这个部分只介绍目前在人工智能领域最前沿的课题和方向，也是我国在《新一代人工智能发展规划》中明确提出的重点方向，相关领域的研究工作正在进行之中，各位读者可以自行关注相应研究进展，以理解这个领域的前沿课题的成果。除此之外，理解人工智能技术的前沿课题不能仅局限于对技术本身的了解，而是要对产业化的技术应用有深入理解。

12.2 人工智能基础算法

当前流行的深度学习算法的核心是联接主义的神经网络思想，神经网络又称"人工神经网络"，在机器学习和认知科学领域，是一种模仿生物神经网络（动物的中枢神经系统，特别是大脑）的结构和功能的数学模型或计算模型，用于对函数进行估计或近似计算。神经网络由大量的人工神经元联结而成。大多数情况下人工神经网络能在外界信息的基础上改变内部结构，是一种自适应系统，通俗地讲就是具备学习功能。神经网络的构筑理念是受到生物神经网络功能的运作启发而产生的。

人工神经网络通常是通过一个基于数学统计学类型的学习方法进行优化，所以也是数学统计学方法的一种实际应用，通过统计学的标准数学方法我们能够得到大量的可以用函数来表达的局部结构空间，另外在人工感知领域，我们通过数学统计学的应用可以做人工感知方面的决定问题（也就是说通过统计学的方法，人工神经网络能够具有类似于人的简单的决定能力和简单的判断能力），这种方法较正式的逻辑学推理演算更具有优势。深度学习的算法通常分为监督学习算法和非监督学习算法两种，我们在这个部分介绍通用的监督学习算法和非监督学习算法，并介绍当前算法的一些前沿技术进展。

首先我们讨论深度学习算法的基本思想和运行逻辑，按照人工神经网络的信息处理单元的连接方式，人工神经网络可以分为前馈网络和反馈网络。前馈网络是最简单的人工神经网络，从它的内部参数输入层向输出层单向传播，各神经元之间没有反馈。反馈网络的某些节点除接收外部输入的信息外，还接收其他节点的反馈，或者自身节点的反馈。一般来说，跨层连接的节点越多，网络越是可靠；层数越多，网络的效率越低；反馈越多，网络的学习能力越强；节点数量越多，网络的记忆能力越好。基于人工神经网络的信息处理的特点，当前人工智能研究领域中，人工神经网络算法一般采用反馈网络的信息处理单元的连接方式。

人工神经网络正是通过算法进行大量的数据训练和调整，不断修正各层级节点参数，并通过不断学习获得初步的自适应能力、自我组织能力和较强的泛化能力，从而较快地适应各类使用场景和环境，基于这些优点，人工神经网络才成为当前人工智能算法的核心。深度学习算法作为人工智能神经网络的最新算法，其本质就是通过很多隐层的机器学习模型和海量的数据训练来学习各种数据的特征，提升分类和预测的准确性。传统神经网络算法采用的是反向传播（Back Propagation）训练机制，即对网络中所有权重计算损失函数的梯度。这个梯度会反馈给最优化方法，用来更新权重，以最小化损失函数。而深度学习的算法通常采用的是 Layer-Wise 的训练机制，原因在于如果采用反向传播机制，对于一个七层以上的深度学习网络（Deep Learning Network），传播到最前面的层时残差已经变得很小，会出现梯度扩散，从而影响精度。简而言之，深度学习算法的基本思想是分层次抽象的思想，更高层次的概念从低层次的概念中学习得到。这一分层结构常常使用贪心算法逐层构建而成，并从中选取有助于机器学习的更有效的特征。

按照当前学习模式的不同，大致可以将机器学习相关的算法分为监督学习算法和非监督学习算法，接下来分别介绍。

监督学习算法就是使用标记的训练数据来训练一个函数，然后将其推广到新示例。该训练过程需要一位评论员参与，能够指出函数是否正确，然后更改函数以生成正确的结果。换言之，监督学习通过建立一个学习过程，将预测结果和训练数据的实际结果进行比较，不断调整预测模型，直到模型的预测结果达到预期的准确率，监督学习算法的常见场景如分类问题和回归问题，主要的算法包括最近邻居（KNN）算法、自适应增强（Ada Boost）算法、朴素贝叶斯算法、决策树算法和神经网络算法等，各种算法在处理问题类型、结论可解释性、平均预测精度和训练速度方面各有差异。

（1）最近邻居算法是在训练集中选取离输入的数据点最近的 k 个邻居，这 k 个邻居中出现次数最多的类别（最大表则规则），作为该数据点的类别。在数据没有假设的前提下，该算法准确度很高。但是该算法也存在一定的缺陷：当计算量大、需要大量内存以及样本不平衡时，算法的效果相对较差。通常情况下，如果运用一些特殊的算法（如运用大间隔最近邻居或者邻里成分分析法）来计算度量，k 近邻分类精度可显著提高。

（2）自适应增强算法是一种迭代算法，算法的自适应在于：前一个分类器分错的样本会被用来训练下一个分类器。该算法对噪声数据和异常数据很敏感。但在一些问题中，相对于大多数其他学习算法而言，这种算法不会很容易地出现过拟合现象。自适应增强算法中使用的分类器可能很弱（如容易出现很大错误率），但只要它的分类效果比随机好，就能够改善最终得到的模型。换言之，它的模型是基于上一次模型的错误概率建立的，可以为各种方法构建子分类器提供框架。

（3）朴素贝叶斯算法是一种非常古老的算法，在 20 世纪 50 年代就已经开始被研究，它是一种构建分类器的简单方法。该分类器模型会给问题实例分配用特征值表示的类标签，类标签取自有限集合。它不是训练这种分类器的单一算法，而是一系列基于相同原理的算法：所有朴素贝叶斯分类器都假定样本的每个特征与其他特征不相关。对于某些类型的概率模型，在监督式学习的样本集中能获得非常好的分类效果。在许多实际应用中，朴素贝叶斯模型参数估计使用最大似然估计方法，换言之，在不使用贝叶斯概率或者任何贝叶斯模型的情况下，朴素贝叶斯模型也能奏效。

（4）决策树算法根据数据的属性采用树状结构建立决策模型，可以轻松处理特征检验参数化的交互关系，该算法常用来解决分类和回归问题。常见的算法包括分类与回归树（CART）算法、迭代二叉树三代（ID3）算法、C4.5 算法、随机森林（Random Forest）算法等。

随机森林算法由许多随机产生的决策树组成，其中决策树之间没有关联性，其工作原理为：

当测试数据进入随机森林后，会让决策树中的每一棵决策树去分类样本，最后选择决策树分类结果最多的那一类作为最终结果。这种算法具有对训练数据容错能力强的特点，善于处理高维度数据。

传统的监督学习算法包括最近邻居算法、线性回归算法、逻辑回归算法、朴素贝叶斯算法、决策树算法等，而神经网络算法则是较新的模式匹配算法，迄今为止已经产生了上百种算法，包括早期的反向传递算法、霍普菲尔德算法、自组织映射网络算法等，当前比较流行的包括卷积神经网络（CNN）算法、循环神经网络（RNN）算法和深度神经网络（DNN）算法。卷积神经网络算法是目前在计算机视觉领域应用最多的深度学习算法，循环神经网络算法是在语义理解领域应用最多的深度学习算法。

最后介绍下非监督学习算法（无监督学习），即没有给定事先标记过的训练示例，自动对输入的数据进行分类或分群。此类常见的应用场景包括关联规则的学习、聚类、分群和维度缩减等领域，是监督学习和强化学习等策略之外的选择。主要的算法包括先验（Apriori）算法、K-平均（K-means）算法和高斯混合模型（GMM）算法，它们的简单介绍如下。

（1）先验算法是关联规则学习的经典算法之一。先验算法的设计目的是为了处理包含交易信息内容的数据库，而其他算法则被设计用于寻找无交易信息或无时间标记的数据之间的联系规则。其核心是基于通过候选集生成和情节的向下封闭监测两个阶段来挖掘频繁项集，主要用于消费市场价格分析、网络安全领域的入侵检测等。

（2）K-平均算法源于信号处理中的一种向量量化方法，现在则更多地作为一种聚类分析方法流行于数据挖掘领域。K-平均聚类的目的是：把 n 个点划分到 k 个聚类中，使得每个点都属于离他最近的均值（此即聚类中心）对应的聚类，以之作为聚类的标准。这个算法对大数据处理有高效率和伸缩性的特点，主要应用于海量数据中快速热点事件的分析这一领域。

（3）高斯混合模型算法，是一种业界广泛使用的聚类算法，该方法将高斯分布作为参数模型，并使用了期望最大（Expectation Maximization，EM）算法进行训练。简而言之，就是通过几个高斯模型的加权和，将标的数据分别在几个高斯模型上投影，从而实现标的分类。这个模型在图像分割和视频分析领域得到了广泛应用。

以上就是对人工智能领域中监督学习算法和非监督学习模型算法的介绍，目前还有很多新的算法每天都在不断被讨论和研究（如双向 RNN 算法、DFCNN 算法和迁移学习算法等），限于篇幅就不一一讨论了，读者只需要理解：任何一种人工智能技术背后都是数学算法，不同的算法有不同的应用场景和使用边界，这是理解所有人工智能相关技术的认知基础。

12.3 人工智能产业生态

随着人工智能在硬件、算法和应用领域的不断发展，人工智能在全球经济社会中的影响力正在不断扩大。麦肯锡研究数据显示，到 2030 年人工智能将为全球额外贡献 13 万亿美元的增量 GDP，较 2018 年增长 16%，这也是人工智能被称为第四次工业革命的原因。目前我们正处于人工智能的基础设施建立期，因此人工智能对经济的贡献较小，企业需要学习和部署相关的技术和应用。根据麦肯锡预估，人工智能将在 2025 年进入加速阶段。下面从 3 个角度来讨论人工智能相关产业：①人工智能对经济的贡献及其全球化趋势；②人工智能产业基本生态与格局，新一代人工智能的发展；③人工智能在我国的落地，如何推动传统产业发展。

首先讨论人工智能对经济的贡献。按照麦肯锡的模型，其主要体现在以下 3 个方面：①通过对人类的劳动替代提高整体生产力，预计到 2030 年通过人工智能技术的应用，自动化劳动将会大幅度提升生产力，实现大约 9 万亿美元的增长，贡献全球 GDP 增量的 11%，而被替代的劳动力将分散到其他领域新的工作岗位中去；②人工智能会带来产品和服务的创新。按照麦肯锡的研究，在扣除人工智能技术对现有产品和服务的替代影响之后，预计到 2030 年人工智能将创造 7% 左右的 GDP，大约 6 万亿美元的规模；③人工智能技术依然会给经济和社会带来一些负面影响，主要体现在对劳动力市场的冲击。

近几年来多个国家都在着手研究和制定国家层面的发展规划和战略，这里仅以我国和美国举例。

2016 年 10 月—12 月，白宫接连发布了三份人工智能发展报告：《为未来人工智能做好准备》《美国国家人工智能研究与发展策略规划》和《人工智能、自动化及经济》。从报告中反映出的美国人工智能发展战略来看，美国人工智能的发展以经济应用和社会服务为基础，注重使新的技术能够充分应用到工业界和社会服务中，从而将自上而下的国家战略与庞大的经济和社会体系相结合。2019 年 2 月 11 日，白宫签署了《美国人工智能倡议》，旨在从国家战略层面调动更多资金和资源用于人工智能研发，以应对来自"战略竞争者和外国对手"的挑战，确保美国在该领域的领先地位。

2017 年 7 月，国务院印发了《新一代人工智能发展规划》（以下简称规划）。该规划是一部更注重细节化、全面化和应用化的人工智能顶层战略，它从人工智能科技发展和应用的现状出发，对人工智能进行系统布局，旨在抢占科技制高点，推动我国人工智能产业变革，进而实现社会生产力的新飞跃。该规划提出"构建一个体系、把握双重属性、坚持三位一体、强化四大支撑"的总体部署，明确了 4 项重点任务：①构建开放协同的人工智能科技创新体系，从具体的基础理论体系、关键共性技术体系、人工智能创新平台、人才引进和培养方面对重要技术细节进行列举和汇总，对今后人工智能技术发展重点给予明确的指引；②培育高端、高效的智能经济，该部分的重点内容是从智能软硬件、智能机器人和智能运载工具等人工智能新兴产业，到应用于制造业、农业、物流和金融等产业的智能化升级，再到人工智能企业和智能产业创新集群，从点到面对人工智能的应用落地与产业化指出明确方向；③建设安全便捷的智能社会，发展教育、医疗、养老等智能服务，同时从智能政务、智慧法庭、智慧城市等方面推进社会智能化治理；④构建网络、大数据和高效能计算的智能化基础设施体系，加强人工智能在军事领域的应用，并提出落实"1+N"人工智能重大科技项目群。

接下来讨论人工智能产业生态的基本格局，总体来看，人工智能行业可以分为基础层、技术层和应用层。

（1）基础层提供计算力，主要包含人工智能芯片、传感器、大数据和云计算等，其中最核心的是芯片技术。目前主要的贡献者包括 NVIDIA、AMD、Arm、MobilEye 和英特尔等厂商，我国在基础层的研究实力相对较弱。人工智能芯片产业是我国相对薄弱的产业，下一讲会专门讨论人工智能芯片的相关内容。

（2）技术层解决具体算法问题，这一层级主要依托运算平台和数据资源进行海量识别训练和机器学习建模，开发面向不同领域的应用技术，包括语音识别、自然语言处理、计算机视觉和机器学习技术。主要的技术巨头如谷歌、亚马逊、IBM、百度、阿里、腾讯等都在这个领域深度布局。我国人工智能技术层近年来发展迅速，主要聚焦于计算机视觉、语音识别和自然语言处理等领域。之前讨论的算法相关内容都是集中讨论技术层的话题，也就是围绕着计算机视觉、自然语言处理、语音识别和机器学习等应用和相关算法进行分析。

（3）应用层解决实践问题，是人工智能技术针对行业提供产品、服务和解决方案，也就是商业化的过程。应用层企业将人工智能技术集成到自己的产品和服务中，从特定行业或场景切入到市场。从全球来看，Facebook、苹果将重心放在了应用层，先后在语音识别、图像识别、个人助理等领域进行了布局，目前我国应用层的创新创业企业数量占比最大。

下面讨论国内的人工智能产业特点，以及如何与传统产业融合。如前文所述，在国家人工智能相关规划和行动计划的支持下，我国形成了较为完整的人工智能产业链条，主要体现在以下两个方面。

（1）产业链布局完整，具备较大的融合发展潜力，尤其是在基础层和应用层领域。移动互联网、物联网等基础设施和数据量的爆发，为人工智能尤其是深度学习奠定了良好的硬件和数据基础。另外，国内云计算和超算相关的计算平台的计算能力明显提升，对人工智能算法和技术的支撑力度不断增强。

（2）国内在融合前景较好的领域已经形成了较为完善的应用生态。目前在我国，人工智能在语音技术和计算机视觉领域已经进入了大规模产业化应用的阶段。在这两个领域中，我国的成果数量也显著多于国外，相应的产业应用也较为成熟。

根据清华大学发布的《中国 AI 发展报告 2018》，我国在论文总量和高被引论文数量上都排在世界第一位，中科院系统人工智能相关论文产出量全球第一，我国相关人才拥有量全球第二，杰出人才占比偏低。专利方面，我国已经成为全球人工智能专利最多的国家，数量略微领先于美国和日本。产业上，我国的人工智能企业数量全球第二，北京是全球人工智能企业最集中的城市。在风险投资领域，我国人工智能领域的投融资占到了全球的 60%，成为全球最"吸金"的国家。

在应用层面，除了人工智能相关的应用产品外，我国推动了"AI+"相关的行业解决方案，涉及领域包括计算机视觉、自然语音识别、智能机器人等，它们的大致介绍如下。

（1）计算机视觉：计算机视觉技术的应用非常广泛，在金融、安防、娱乐、医疗、自动驾驶等领域都被视为非常重要的基础技术。尤其是在安防市场，随着各地"平安城市"等项目的建设，视频监控等产品的市场在不断扩大，我国企业（如旷视科技、商汤科技等）在该领域的技术竞争中有着较好的创新能力。

（2）自然语言识别：自然语言识别应用主要体现在智能语音方面，也就是通过计算机自然语言技术对文本的语义进行理解并做出回应，再将回应转换为语音输出，以达到人机交互的效果。智能语音的交互无论是针对消费级产品（如汽车、家居、可穿戴设备等）还是在专业级领域（如翻译、医疗、教育等）都有着大量应用场景，我国的企业如百度、腾讯、云知声、科大讯飞等都有非常多的技术积累。

（3）智能机器人：智能机器人处于产业生态逐渐成熟的过程中，智能机器人包括工业机器人、商用服务机器人和消费级机器人。工业机器人主要用于制造业，包括离散制造和流程制造，在政策和资本的支持下正蓬勃发展，预计市场规模在 2020 年将达到 1110 亿美元（IDC 数据）。商用服务机器人覆盖医疗、零售批发、公共事业和交通等领域，面临巨大的发展机遇和市场空间，处于爆发的临界点。消费级机器人方面，随着智能化技术的发展，产品与需求逐渐匹配，加上多家科技巨头入局，市场大门正在打开。目前市场上消费级服务机器人的主要应用场景包括幼儿教育、助老助残、智能家居、数字娱乐、情感陪护等，在现有的技术成熟度和市场接受度下，扫地机器人、智能音箱、民用无人机、智能服务机器人这四大品类成为了主流产品。

　　以上就是对目前人工智能产业生态的基本情况的介绍，如何推动人工智能产业落地是目前亟待解决的问题，包括机器人自动化流程性软件、无人机、预测分析等新领域的产业化成熟度正在不断增强，如何使这些技术与具体的应用领域结合，这是值得我们探讨的课题。

第13讲 人工智能芯片行业分析

这一讲我们讨论人工智能芯片行业相关的话题，要理解这个领域，需要先了解一些计算机架构相关的知识。因此下面先对计算机架构发展的历程作简单介绍，然后具体讨论人工智能芯片技术和行业发展的情况。

从 20 世纪 60 年代早期 IBM 推出大型机开始，计算机架构中的指令集就成为最重要的问题之一。早期的计算机都有自己独立的指令集架构、I/O 二级存储系统、组装、编译器等，不同机型之间如果不能统一指令集，就无法互相兼容，从而会提高开发成本，造成用户的困扰和市场拓展的困难。英国科学家莫里斯·威尔克斯（Maurice Wilkes）（1967 年图灵奖获得者、第一台实际运行的存储程序计算机 EDSAC 的创造者）在 1951 年提出了"微程序"的概念和设计控制单元，极大地简化了 CPU 的制造工艺。微程序控制单元是在一个高速 ROM 里集成一个极度精简的计算机程序，组成一个中央处理单元来控制一台计算机，解决了计算控制难题。IBM 从 1964 年起延续该设计思路，随后其设计的微程序控制单元在多方面性能均有提升，微程序控制理念在主流处理器中一直沿用至今，IBM 在弗雷德里克·布鲁克斯（Frederick P. Brooks）（1999 年图灵奖获得者）等人的努力下也获得了更好的发展。

随后，逻辑运算、RAM 和 ROM 均以晶体管实现，半导体 RAM 和 ROM 具有类似的速度。摩尔定律和 RAM 对微程序的重写能力促使了复杂指令集计算机（CISC）的诞生。同时，微程序设计在学术界非常流行，最著名的可写控制存储计算机是 1973 年由查尔斯·泰克尔（Charles Thacker）（2009 年图灵奖获得者）领导设计的 Xerox Alto，Xerox Alto 是第一台现代个人计算机，首次使用了图形用户界面并具有以太网功能，其像素转换与以太网控制器采用了微编码技术。

随着技术的发展精简指令集计算机（RISC）产生了，产生的原因如下：①精简指令集是经过简化的，其指令通常和微指令一样简单，硬件可以直接执行，因此无需微代码解释器；②之前用于微代码解释器的快速存储器被用作 RISC 的指令缓存；③图染色法的寄存器分配器的出现使编译器能够更简易、高效地使用寄存器，这对指令集中那些寄存器到寄存器的操作有很大益处；④集成电路规模的发展使 20 世纪 80 年代的单块芯片足以包含完整的 32 位数据路径和相应的指令与数据缓存。接下来的数十年间就是两种指令集（CISC 和 RISC）的竞争，期间也产生了其他不同的复杂指令集（Alpha、HP-PA、MIPS、Power 和 SPARC），结果 CISC 赢得了个人计算机时代的后期阶段，但 RISC 正在后个人计算机时代占据主导。迄今为止，复杂指令集领域已经几十年没有新的指令集出现了，对于今天的通用处理器来说，最佳的选择仍然是精简指令集。

这里需要重点提到的是摩尔定律，戈登·摩尔（Gordon Moore）在 1965 年预测，集成电路的晶体管密度会每年翻一番，1975 年又修正为每两年翻一番，这一预测最终被称为"摩尔定律"。在这一预测中，晶体管密度惊人的进化速度使架构师可以用更多晶体管来提高性能。从 1965 年发展到现在，摩尔定律已经发挥了数十年的作用，但是在 2000 年左右开始放缓，到了 2018 年，实际结果与摩尔定律的预测相差 15 倍。基于当前的情况，这一差距还将持续增大，因为 CMOS 已经接近极限。与摩尔定律相伴的是由罗伯特·登纳德（Robert Dennard）提出的登纳德缩放（Dennard Scaling）定律，又称 MOSFET 缩放定律。该定律由罗伯特·登纳德在

1974 年提出，其主要观点为晶体管不断变小，但芯片的功率密度不变。随着晶体管密度的增加，每个晶体管的能耗将降低，因此硅芯片上每平方毫米上的能耗几乎保持恒定。由于每平方毫米硅芯片的计算能力随技术的迭代而不断增强，计算机将变得更加节能。不过，MOSFET缩放定律的影响从 2007 年开始大幅减小，大概在 2012 年左右接近失效。1986 年—2002 年间，利用指令级并行（ILP）是提高架构性能的主要方法，伴随着晶体管速度的提高，其性能每年能提高约 50%。

登纳德缩放定律的失效意味着架构师必须找到更有效的方法利用并行性，因此芯片厂商开始尝试用多核方案来解决芯片性能问题，通过多核方案将识别并行性和决定如何利用并行性的任务转移给程序员和编程语言。事实上多核方案并未解决芯片节能相关的问题，因为每个活跃的核都会消耗能量，无论其对计算是否有贡献。其中的主要障碍可以用阿姆达尔定律来表述，该定律的主要内容是在并行计算中多处理器的应用加速受限于程序所需的串行时间百分比。例如，如果只有 1%的时间是串行的，那么 64 核的配置可加速大约 35 倍，当然能量也与 64 个处理器成正比，大约有 45%的能量被浪费。

总之，计算机架构和芯片发展到现在，伴随着的就是登纳德缩放定律的结束、摩尔定律的放缓和阿姆达尔定律的作用，意味着低效性将每年的性能改进限制在几个百分点之内。想获得高的性能改进需要找到新的架构方法，新方法必须能更加高效地利用集成电路。在这些新方法和新思路中，目前看来最有效的就是针对专有硬件进行芯片设计，也就是为某个特定的领域问题设计专用的计算架构，从而为这些问题带来显著的性能（和效率）提升，这种方案我们称之为领域专用型架构（Domain-specific Architectures，DSA），也就是从研究通用芯片转向研究专用芯片领域。目前领域专用型架构进展最快的应用领域当属机器学习、计算机绘图和可编程网络交换器、接口，也就是人工智能芯片相关的领域。可以说人工智能芯片领域就是在 DSA 方案上目前最重要的应用场景之一，也是我们接下来要讨论的核心。

13.1　人工智能芯片的基本概念与关键特征

从图灵在他的论文《计算机器与智能》中提出"图灵测试"概念开始，到现在深度学习网络中多达上百层的深度神经网络的研究，人工智能技术经历了接近七十年的探索。从广义上来说，只要能够运行人工智能算法的芯片都可以叫作人工智能芯片，不过这里主要讨论狭义上的人工智能芯片，即针对人工智能算法做了特定设计的芯片。一般情况下，这里的人工智能算法主要指的是与深度学习相关的算法，也包括一些其他的机器学习算法，相关的概念差异之前我们已经讨论过了，这里不再赘述。

正如之前讨论的，DSA 芯片是可编程的，同样也是图灵完备的，但只适用于某一类特定的问题。从这个角度来讲，它们和专用集成电路 ASIC 之间也有所不同，ASIC 只执行单一的功能，对应的程序代码几乎从不变化。DSA 则常被称为"加速器"，相比于把程序的所有功能都放在通用计算 CPU 上实现，DSA 可以让程序中的一部分计算运行得更快。更重要的是，DSA可以让一些程序性能明显得到提升，因为它们就是为了贴近这些程序的计算需求而设计的。值得注意的是，DSA 是要跟领域专用语言（Domain-specific Language，DSL）相结合的，如谷歌的 TPU 与 TensorFlow、GPU 与 OpenGL 的搭配组合，就是领域专用架构与领域专用语言相结合的实际案例。TPU 和 GPU 各自有其适合处理的运算任务，在某几种应用领域内，搭配专用的软件语言，可提供很好的运算效能。但如果离开所擅长的应用领域，其整体效能表现就会大打折扣。

作为人工智能核心的底层人工智能芯片的研究也经历了多次起伏，大致可以分为以下三个阶段。

（1）第一阶段是 2007 年之前，人工智能芯片产业一直没有成为成熟的产业，随着深度学习算法的探索和应用，GPU 产品取得快速突破，以其并行计算的特性代替 CPU 芯片成为更符合人工智能技术需求的产品。人们开始使用 GPU 进行人工智能计算，推动深度学习成为效率最高的机器学习算法。

（2）第二阶段，2010 年前后，随着云计算技术的发展，相关的研究人员通过 CPU 和 GPU 进行混合计算，推动了人工智能芯片的深度应用，不同类型的人工智能芯片被生产出来。这个阶段的核心就在于使用云计算，但是大多数厂商没有生产出针对人工智能的专用芯片。

（3）第三阶段，2016 年前后，由于人们对人工智能芯片计算性能的要求不断提升，GPU 性能功耗比不高的特点已经被业界所注意，因此业界开始研发针对人工智能的专用芯片，通过更好的硬件和芯片架构，推动计算效率和能耗比进一步提升。

这里简单介绍下目前主要的人工智能芯片分类，我们按照技术架构和应用场景两个标准进行分类。按照技术架构，人工智能芯片可以分为以下 4 种。

（1）图形处理单元（Graphic Processing Unit，GPU）：GPU 加速器于 2007 年由 NVIDIA 率先推出，现已在世界各地为政府实验室、高校、公司和中小型企业的高能效数据中心提供支持。GPU 善于处理图像领域的运算加速，但 GPU 无法单独工作，必须由 CPU 进行控制调用才能工作。GPU 加速计算是指同时利用图形处理器（GPU）和 CPU，加快科学、分析、工程、消费和企业应用程序的运行速度。CPU 可单独工作，处理复杂的逻辑运算和不同的数据类型，但当需要大量处理同一类型的数据时，则可调用 GPU 进行并行计算，GPU 的优势在于可以通过并行计算的方式推动计算效率提升，使得 GPU 的计算速度远高于 CPU。

（2）现场可编程门阵列（Field Programmable Gate Array，FPGA）：FPGA 的基本原理是在 FPGA 芯片中集成大量的基本门电路和存储器，用户通过更新芯片的配置文件来定义这些门电路和存储器之间的连线。FPGA 是作为 ASIC 领域中的一种半定制电路而出现的，解决了定制电路的不足，同时克服了原有可编程器件门电路有限的缺点。和 GPU 相反，FPGA 适用于多指令、单数据流的分析，因此常用于推断阶段，如云端。对比 FPGA 和 GPU 可以发现，前者一是缺少内存和控制所带来的存储和读取部分，速度更快，二是缺少读取的作用，功耗更低；劣势是运算量并不是很大、价格比较高、编程复杂以及整体运算能力有限。

（3）专用集成电路（Application-Specific Integrated Circuit，ASIC）：专用定制芯片，即实现特定要求而定制的芯片。除了不能扩展以外，ASIC 在功耗、可靠性、体积等方面都有优势，尤其在高性能、低功耗的移动端。谷歌的 TPU、寒武纪的 GPU、地平线的 BPU 都属于 ASIC 芯片，谷歌的 TPU 比 CPU 和 GPU 的方案快 30~80 倍，与 CPU 和 GPU 相比，TPU 缩小了控制，从而减少了芯片的面积、降低了功耗。可定制的特性有助于提高 ASIC 的性能功耗比，缺点是电路设计需要定制，所以相对开发周期长且功能难以扩展。

（4）神经拟态芯片：20 世纪 80 年代由加州理工学院教授卡尔·米德（Carver Mead）提出的概念，当时他注意到 MOS 器件中电荷流动的现象和人体神经元的放电现象有类似的地方，因此提出了用 MOS 管模拟神经元以组成神经网络进行计算，并称之为"神经拟态"。

需要注意的是，神经拟态中的神经网络和现在深度学习算法中的神经网络略有不同：神经拟态电路中的神经网络是对生物神经元和突触的高度模拟，包括神经电位改变、发射脉冲等过程，该过程既可以用异步数字电路实现，又可以用混合信号电路实现；而深度学习算法中的神经网络是对生物学中神经组织的抽象数学模拟，仅仅描绘了其电位变化的统计学特性而不会去具体描绘其充放电过程。然而，这个充放电过程却可能是为什么人脑如此节省能量的一个关键，人脑的神经网络能实现极其复杂的推理认知过程，然而其功耗却远小于一个GPU。

换句话说，神经拟态电路的能效比可以远高于传统GPU／CPU芯片。除此之外，使用在终端的低功耗神经拟态芯片还能完成在线学习，而使用在终端的传统深度学习推理加速芯片往往没有在线学习的能力。IBM和英特尔都推出了自己的神经拟态芯片（IBM的TrueNorth和英特尔的Loihi），可以实现非常高的能效比。

总而言之，我们讨论的主要有三类四种人工智能芯片，第一类是经过软硬件优化、可以高效支持人工智能应用的通用芯片，如GPU；第二类是侧重加速机器学习尤其是深度学习的算法芯片，包括FPGA和ASIC；第三类是受到生物启发而设计的神经拟态芯片。

按照应用场景分类，可以分为云端（服务器）计算和边缘（终端）计算两个基本类别。

（1）云端计算：在深度学习的训练阶段，由于数据量和运算量巨大，单一处理器几乎不可能独立完成一个模型所有的训练过程，因此负责人工智能算法的芯片采用的是高性能计算的技术路线，一方面要支持尽可能多的网络结构来保障算法的正确率和泛化能力；另一方面必须支持浮点数运算和阵列式结构。在推断阶段，由于训练出来的深度学习网络模型仍然非常复杂，推断过程仍然属于计算密集型和存储密集型的工作，因此可以选择部署到云端。在云端比较典型的应用包括通用型的GPU芯片，它被广泛应用于深度神经网络的训练和推理，另外专用型的芯片如谷歌的TPU也是非常有名的应用，是阿尔法狗所使用的核心芯片之一。

（2）边缘计算：随着人工智能应用生态的完善，越来越多的人工智能应用选择在终端进行开发和部署。由于延迟、带宽和隐私等原因，这类芯片必须在边缘节点上进行计算，如自动驾驶、高清摄像头等应用，这类芯片一方面保障非常高的计算能效，另一方面还要求足够高的推断能力，因此，边缘计算的人工智能芯片要求差异很大，业界需要专门设计的人工智能芯片并赋予设备足够的能力去应对越来越多的人工智能应用场景。除了计算性能的要求之外，功耗和成本也是边缘节点工作的人工智能芯片必须面对的约束条件。

总之，云端人工智能芯片主要强调精度、处理能力、内存容量和带宽，同时追求低延时和低功耗，边缘设备中的人工智能芯片则关注功耗、响应时间、体积、成本和隐私安全等问题。一般情况下是在云端训练神经网络，然后在云端（由边缘设备采集数据）或者边缘设备进行推断。随着边缘设备能力不断增强，越来越多的计算工作也会在边缘设备上执行，以推动数据的本地化处理。

最后讨论下人工智能芯片的几个关键特征，主要分为以下几个方面。

从人工智能芯片行业的特质来说，一方面由于应用和算法的快速发展，尤其是深度学习的发展对人工智能芯片提出了几个数量级的性能优化需求，引发了人工智能芯片研发的热潮。另一方面，由于新型材料和工艺的发展，如3D堆叠内存等工艺的出现，推动了人工智能芯片的提升和低功耗的解决方案的出现，这两类动力是目前人工智能芯片技术快速发展的基本动力。

人工智能芯片代表了新的计算范式：一方面人工智能芯片处理的内容往往是非结构化数据，如视频、图形和语音等，因此需要通过样本训练、拟合环境交互等方式，获取大量数据以训练模型，再用训练好的模型处理数据；另一方面，人工智能芯片处理的过程往往通过大量的线性代数计算，因此大规模的并行计算硬件较传统的通用处理芯片更为适合，且由于人工智能芯片计算需要处理的过程参数量较大，需要巨大的存储容量以及高带宽和低延时的访存能力，因此数据本地化特征较强，适合数据复用和近内存计算。

人工智能芯片通常涉及的是训练和推断两个过程，因此相关芯片也会侧重于这两个不同的过程。所谓训练过程指的是在已有数据中学习，获得某些能力的过程。而推断过程则是指对新的数据使用特定的算法完成特定任务（如分类和识别）的过程。对于神经网络算法而言，训练过程就是通过不断更新网络参数，使得推断或者预测误差最小化的过程。而推断过程则是直接将数据输入神经网络并评估结果的正向计算过程，二者在计算和存储资源方面的需求存在显著差异。需要注意的是，在增强学习和在线学习等领域，由于它们的模式处于持续学习和改进模型之中，因此训练和推断的场景是交织在一起的。

由于人工智能发展依赖海量数据，因此人工智能芯片考虑的最重要因素就是满足高效能的数据处理的需求。学术界和工业界在富内存的处理单元和具备计算能力的新型存储器上进行了更多的探索，以推动数据计算单元与内存之间的移动成本降低和近内存计算的实现。

低精度设计和可重构能力也是人工智能芯片的技术趋势。对于某些应用来说，降低精度的设计不仅加速了机器学习算法的推断和训练，甚至可能更加符合神经形态计算的特质。因此，通过对数据精度的分析和对精度的取舍（如误差敏感性的降低）来动态进行精度的设置和调整，是人工智能芯片设计优化的必要策略。而可重构能力指的是由于人工智能的算法和应用正在不断迭代，因此需要针对特定领域而不是特定应用进行人工智能芯片设计，这样可以通过重新配置来适应新的机器学习算法、架构和任务的执行。

以上就是我们对人工智能芯片的基本概念、分类和关键特质的讨论。作为专用芯片领域的人工智能芯片，其在通用芯片发展到瓶颈期后进行了非常重要的突破和转型。理解了这节的内容，就能理解人工智能芯片发展的基本情况和技术特质。

13.2 人工智能芯片的代表厂商和技术特点

这一节介绍目前人工智能芯片的主要代表厂商和技术特点，我们将对国外和国内的厂商分别进行介绍。限于篇幅，我们只对重点厂商的主要芯片特点和性能大致进行介绍，希望各位读者对国内外人工智能芯片的主要厂商有一个大致了解。

国外的厂商主要有：英伟达、AMD、英特尔、Arm 和谷歌，这几家厂商也代表了目前全球范围内人工智能芯片领域顶尖的技术水平。

（1）英伟达是人工智能芯片行业市场占有率最大的企业，同时也是发明 GPU 的企业，于1993 年 4 月在美国加州创办。前期英伟达主要做图形处理的芯片，与 ATI（后被 AMD 收购）齐名。1999 年英伟达针对各类智能计算设备开发了对应的 GPU，并打造了 NVIDIA CUDA 平台，大大提升了编程效率、开放性和丰富性，建立了包含 CNN、DNN、深度感知网络、RNN、LSTM 以及强化学习网络等算法的平台，使得人工智能可以渗透到各种类型的智能机器中，推动了以深度学习为代表的人工智能浪潮。自从谷歌大脑（Google Brain）项目使用了 1.6 万个 GPU 训练 DNN 模型，并在语音和图像识别领域取得开拓性进展以来，英伟达已经成为人工智能芯片市场最大的供应商。2018 年 5 月，英伟达推出 Tesla V100 显卡，其研制被称为"世界上最昂贵的计算能力项目"，耗资 30 亿美元打造的 GPU 引发了业界的广泛关注。总之，英伟达是目前 GPU 市场的龙头企业，它在芯片以外的领域（如数据中心、无人驾驶、游戏等）也都有布局。

（2）AMD 公司成立于 1969 年，主要是为计算机、通信和消费电子行业设计各种微处理器，并提供闪存和低功率处理器解决方案。AMD 是当前除英特尔以外最大的 X86 架构微处理器供应商，在收购冶天科技以后，又成为除英伟达以外仅有的独立图形处理器供应商，是同时拥有中央处理器和图形处理器技术的半导体公司，也是唯一可与英特尔和英伟达匹敌的厂商。2018 年 11 月 7 日，AMD 在美国旧金山发布全球首批 7 纳米工艺打造的 GPU——Radeon Instinct MI60 和 Radeon Instinct MI5。由于 AMD 是目前人工智能芯片制造在 CPU 和 GPU 两个领域都有相当实力的厂商，因此利用"GPU+CPU"异构计算技术储备的协同效应与其他龙头企业进行竞争，成为人工智能芯片领域最受关注的厂商之一。

（3）英特尔是个人计算机时代芯片领域的全球领导者，同时也是过去几年全球在人工智能领域投资最激进的企业之一。近几年收购了包括 FPGA 芯片巨头 Altera、深度学习创业公司 Nervana、无人驾驶行业领导者 Mobileye 以及机器视觉芯片厂商 Movidius 等。作为 1968 年创业的"硅谷企业"，英特尔的影响力非常巨大，在个人计算机时代与微软公司组成了垄断性的联盟。到了人工智能时代，英特尔目前的策略是通过大举收购提供端到端的全栈实力，从硬件、语言、框架、工具到应用方案，向全球人工智能市场提供全面的解决方案。这里值得一提的是被英特尔收购的 Mobileye 所研发的 EyeQ 芯片，这个芯片具备异构可编程性，用以支持包括机器视觉、信号处理、机器学习和深度神经网络的部署，在无人驾驶领域拥有非常大的潜力。除此之外，英特尔收购的 Altera 是 FPGA 领域的巨头，为市场提供了 Cyclone 系统和 Startix 系列的芯片，主要用于微软 Azxue 云服务中，包括必应搜索和机器翻译领域。

（4）著名的半导体设计与软件公司 Arm 的前身是艾康计算机（Acorn），于 1978 年在英国剑桥成立，主要是做半导体芯片的知识产权工作。20 世纪 80 年代末苹果公司与艾康计算机合作开发新的 Arm 核心，并在之后研发出了采用精简指令集的新处理器，即著名的 Arm 1。1990 年 11 月 27 日，Arm 在苹果公司的资助下成为独立子公司。Arm 在业界享有很高的声誉，一方面因为它所设计的 Arm 处理器架构在工业控制、消费类电子产品、通信系统、网络系统中得到了广泛的应用，另一方面因为它开创了以知识产权授权为核心的芯片产业模式，它将知识产权授权给英特尔、IBM、LG 等厂商进行生产，自身则专注于技术研发和创新。2016 年 7 月，日本软银集团全资收购了 Arm 公司，这次收购成为近几年最受人瞩目的科技行业收购案例之一。

2018 年 3 月 6 日，Arm 在北京人工智能新品发布会上推出了机器学习计划 Project Trillium，结合开发环境、算法和各大主流机器学习框架，要布局从终端到云端的全人工智能应用开发生态。这个计划中包括相应的芯片 Arm ML 和 Arm OD：前者每秒可处理超过 4.6 万亿次操作，同时能耗非常低，这对于很多最关注电池寿命的移动设备用户来说非常重要；后者是一种物体检测芯片，它使用设备的摄像头实时识别人和物体。二者结合起来主要可以应用于终端和边缘相关的人工智能计算，也就是提供了一个可以扩展到任何设备的机器学习架构。可以看出，Arm 主要是通过移动终端的战略和整体解决方案的方式来提升其在人工智能领域的竞争力。

（5）谷歌作为互联网企业巨头，其主导研发的 TPU 是非常重要的垂直领域的人工智能芯片。在 2015 年的年度 I/O 大会上谷歌发布 TPU 3.0，这是谷歌为机器学习定制的专用芯片（ASIC），专门为谷歌的深度学习框架 TensorFlow 而设计。TPU 3.0 采用 8 位低精度计算以节省晶体管，速度最高 100PFlops（每秒 1000 万亿次浮点计算），对精度影响很小，但又可以大幅度节约功耗和加快速度，此外其采用脉动列阵设计、优化矩阵乘法和卷积运算，在技术上有着非常鲜明的特点。我们可以看到谷歌所采取的"云+Youtube+硬件"的战略，推动了谷歌在这个领域的发展。一方面谷歌拥有 Deepmind 这样的明星部门，推动相关业务与人工智能结合；另一方面谷歌拥有手机、音箱和 Google Assistant 等应用场景，可以在人工智能领域做多场景的布局。

下面介绍两家我国的人工智能芯片相关的厂商：华为和寒武纪。华为与寒武纪恰好代表了国内人工智能市场里两类典型的厂商，前者规模巨大，具有生态优势，后者因为人工智能浪潮而具备特定领域的技术优势。

（1）华为作为移动通信设备领域的巨头，同时也是全球手机终端消费领域最好的几家企业之一，在人工智能芯片领域有着自己的优势和发展逻辑。在 2018 年 10 月 10 日的华为全联结大会上，华为发布了人工智能发展战略和全栈全场景人工智能解决方案，其中包括全球首个覆盖全场景人工智能的昇腾（Ascend）系列 IP 和芯片。这是基于统一、可扩展架构的系列化人工智能 IP 和芯片，包括 Max、Mini、Lite、Tiny 和 Nano 五个系列。首批推出两款芯片昇腾910 和昇腾 310：昇腾 910 属于 Max 系列，强调单芯片的计算密度能力，华为用 1024 个昇腾910 构建全球最大的分布式训练系统，大大提高人工智能所需要的计算能力；昇腾 310 属于Mini 系列，是面向边缘计算场景强算力的人工智能系统集成芯片，能够在不同场景进行部署，意味着可以和更多的场景相结合，定制不同的人工智能应用。同时，昇腾 310 在提供高效计算能力时，功耗很低，其最大功耗仅 8W。昇腾 910 已于 2019 年 8 月 23 日正式发布。

正如华为所说，华为是围绕着全场景的模式来构建自身的技术和商业生态。所谓全场景是指包括公有云、私有云、各种边缘计算、物联网行业终端和消费类终端等部署环境。从技术角度来说也就是全栈技术，是指包括芯片、芯片使能、训练和推理框架以及应用使能在内的全堆栈解决方案。因此华为的全堆栈解决方案还包括芯片算子库和高度自动化算子开发工具CANN，支持端、边、云独立的和协同的统一训练和推理框架的 MindSpore，提供全流程服务（ModelArts）、分层 API 和预集成方案，支持端、边、云独立的和协同的统一训练与推理框架等。我们可以看到华为在相关领域的布局是比较完善且针对市场的：面向内部，持续探索支持内部管理优化和效率提升；面向电信运营商，通过"SoftCOM"人工智能促进运维效率提升；面向消费者，通过"HiAI"让终端从智能走向智慧；面向企业和政府，通过"华为云 EI"公有云服务和 FusionMind 私有云方案，为所有组织提供充足的算力并使其用好人工智能。此外，华为也面向全社会提供人工智能加速卡和人工智能服务器、一体机等产品。

（2）寒武纪是全球第一个量产商业人工智能芯片的公司，它的创始人陈天石曾获国家自然科学基金委员会"优青"、CCF-Intel 青年学者奖、中国计算机学会优秀博士论文奖。该公司目前主要有三条产品线：①IP 授权，通过智能 IP 指令集授权集成到手机、安防、可穿戴设备等终端芯片中；②智能云服务器芯片，通过智能云芯片布局人工智能训练和推理市场；③开发面向垂直领域如智能服务机器人、智能驾驶和智能安防等领域的应用芯片。2016 年，寒武纪发布了"IA"处理器，是世界上首款商用的深度学习专用处理器。

以上就是对全球人工智能芯片领域的主要厂商的介绍，我们可以看到，全球人工智能芯片主要的领导者还是以国外企业为主，国内的企业主要是深耕某些细分领域和市场，结合自身的优势推动相关领域的发展。不过目前人工智能芯片领域还处于较早的发展时期，并不能对产业格局下定论。

13.3　人工智能芯片前沿技术与发展趋势

最后一节我们来讨论人工智能芯片的一些发展趋势和相关的前沿技术，以及目前人工智能芯片在发展中所遇到的一些问题。内容主要包括新兴计算技术和未来展望与挑战两个部分。

新兴计算技术是为了减轻和避免当前计算技术中冯·诺依曼机构的瓶颈而探索的相关技术，包括内存内计算、基于新型存储器的人工神经网络和脉冲神经网络。虽然成熟的 CMOS 已经被用于实现这些新的计算范例，但是新兴器件有望在未来进一步显著提高系统性能并降低电路复杂性。

这里简单介绍下冯·诺依曼瓶颈，其指的是在人工智能芯片实现过程中，基于冯·诺依曼结构来提供计算能力是比较简单的，但是由于运算部件和存储部件存在速度差异，当运算能力达到一定程度时，由于访问存储器的速度无法跟上运算部件消耗数据的速度，因此再增加运算部件也无法得到充分利用，从而形成了所谓"内存墙问题"，也就是冯·诺依曼瓶颈。这是长期困扰计算机体系结构的难题，目前的主要解决方案是用高速缓存等层次化存储技术尽量缓解运算和存储速度的差异。然而目前人工智能芯片需要存储和处理的数据量要远大于之前场景的应用，这个问题已经越来越严重。相应的解决方案如减少访问存储器次数和降低访问存储器频率都不足以彻底解决这个问题，所以以下几种解决方案就成了重要的解决方向。

（1）内存内计算（In-Memory Computing，IMC）。内存内计算将数据存储于 RAM 中而不是存储于磁盘上托管的数据库中，消除了 OLTP 应用的 I/O 和 ACID 事务需求，大幅加快了数据访问速度。因为 RAM 存储的数据即刻可用，而存储在磁盘中的数据受网络和磁盘速度的限制。内存内计算可缓存大量数据，回应时间极短；还可存储会话数据，有助优化性能。简而言之，该体系结构直接在存储器内执行计算而不需要数据传输，目前的进展已经表明内存内计算具有逻辑运算和神经网络的处理能力。

（2）基于新型存储器的人工神经网络。通过新兴非易失性存储器来构建人工神经网络，如铁电存储器（FeRAM）、磁隧道结存储器（MRAM）、相变存储器（PCM）和阻变存储器（RRAM）等，通过这些存储器一方面可以构建待机功耗极低的存储器阵列，另一方面可以成为模拟内存内计算的基础技术，实现数据存储功能的同时参与数据处理。一般情况下这些器件都以交叉阵列的形态出现，其输入/输出信号穿过构成行列的节点。

（3）脉冲神经网络（Spiking Neural Network，SNN）。目前的人工神经网络是第二代神经网络，它们通常是全连接的，接收连续的值，也输出连续的值。尽管当代神经网络已经在很多领域中实现了突破，但它们在生物学上是不精确的，其并不能模仿生物大脑神经元的运作机制。第三代神经网络——脉冲神经网络，旨在弥合神经科学和机器学习之间的差距，使用最拟合生物神经元机制的模型来进行计算。脉冲神经网络与目前流行的神经网络和机器学习方法有着根本上的不同。脉冲神经网络使用脉冲——这是一种发生在时间点上的离散事件——而非常见的连续值，每个峰值由代表生物过程的微分方程表示，其中最重要的是神经元的膜电位。本质上，一旦神经元达到了某一电位，脉冲就会出现，随后达到电位的神经元会被重置。对此，最常见的模型是 Integrate-And-Fire（LIF）模型。

此外，脉冲神经网络通常是稀疏连接的，并会利用特殊的网络拓扑。目前的脉冲神经网络的应用存在一定的困难，一方面是没有适合脉冲神经网络的有效监督学习的训练方法以提供优于第二代网络的能效,因此无法在不损失准确时间信息的前提下使用梯度下降来训练脉冲神经网络。另一方面在正常硬件上模拟脉冲神经网络需要耗费大量算力,因为它需要模拟微分方程。这些都是目前遇到的比较大的困难, 也是相关领域目前研究的主要方向。

根据清华大学在 2018 年发布的《人工智能芯片白皮书》,人工智能芯片的一些设计趋势主要体现在以下 3 个方面。

(1)云端训练和推断:大存储、高性能、可伸缩。从英伟达和谷歌的设计实践可以看出,云端人工智能芯片在架构层面技术发展的几个特点和趋势——存储的需求(容量和访问速度越来越高)、处理能力推向每秒千万亿并支持灵活伸缩和部署、专门针对推断需求的 FPGA 和 ASIC。

(2)边缘设备:推动效率极致化。目前, 衡量人工智能芯片实现效率的一个重要指标是能耗效率——TOPs/W, 这也成为了很多技术创新竞争的焦点。其中, 降低推断的量化比特精度是最有效的方法。除降低精度外, 提升基本运算单元的效率还可以结合一些数据结构转换来减少运算量。另一个重要的方向是减少对存储器的访问, 如把神经网络运算放在传感器或存储器中。此外, 在边缘设备的人工智能芯片中, 也可以用各种低功耗设计方法来进一步降低整体功耗。最后, 终端设备人工智能芯片往往会呈现一个异构系统, 专门的人工智能加速器可以和 CPU、GPU、ISP、DSP 等协同工作, 以达到更高的效率。

(3)软件定义芯片。通用处理器(如 CPU 和 GPU)缺乏针对人工智能算法的专用计算、存储单元设计, 功耗大, 专用芯片 ASIC 功能单一, 现场可编程阵列 FPGA 重构时间开销过大, 且过多的冗余逻辑导致其功耗过高。以上传统芯片都难以实现人工智能芯片所需要的“软件定义芯片”。可重构计算技术允许硬件架构和功能随软件变化而变化, 具备处理器的灵活性和专用集成电路的高性能、低功耗, 是实现“软件定义芯片”的核心, 被公认为是突破性的下一代集成电路技术, 清华大学的人工智能芯片 Thinker 目前采用可重构计算框架, 支持卷积神经网络、全连接神经网络和递归神经网络等多种人工智能算法。

除此之外, 我们可以看到以下 3 个技术趋势也逐渐成型:①更高效的大卷积解构与复用和更低的存储位宽;②更多样的存储器定制设计和更稀疏的大规模向量乘实现;③更通用的人工智能计算和更通用的人工智能芯片设计。

简而言之, 目前全球人工智能产业还处在高速变化发展中, 广泛的行业分布为人工智能的应用提供了广阔的市场前景, 快速迭代的算法推动人工智能技术快速走向商用, 人工智能芯片是算法实现的硬件基础, 也是未来人工智能时代的战略制高点。但由于目前的人工智能算法往往都各具优劣, 只有给它们设定一个合适的场景才能更好地发挥其作用, 因此, 确定应用领域就成为发展人工智能芯片的重要前提。遗憾的是, 当前尚不存在适应多种应用的通用算法, 人工智能的“杀手”级应用还未出现, 已经存在的一些应用对于消费者的日常生活来说也非刚需, 因此, 哪家芯片公司能够抓住市场痛点, 最先实现应用落地, 那它就可以在人工智能芯片的赛道上取得较大优势。计算架构创新是人工智能芯片面临的一个不可回避的课题, 在此需要先回答一个重要问题:是否会出现像通用 CPU 那样独立存在的人工智能处理器? 如果存在, 它的架构是怎样的? 如果不存在, 目前以满足特定应用为主要目标的人工智能芯片就一定只能以 IP 核的方式存在, 并最终被各种各样的系统级芯片所集成?

不过, 我们也不用过于悲观, 正如 2017 年图灵奖的两位得主约翰·亨尼西(John Hennessy)和大卫·帕特森(David Patterson)所说, 随着登纳德缩放定律和摩尔定律走向终结, 标准微处理器的性能提升越来越慢并不是什么非解决不可的问题，实际上，它们完全可以看作是令人激动的新机遇。高级别、领域专用的语言和架构把架构设计师们从专用指令集不断扩充的链条中解放出来，同样也释放了公众对于更高的安全性的需求，这都会带来计算机架构的新的黄金时代。另外借助开源生态，敏捷开发的芯片也会越来越令人信服地展现出它的优势，并逐步取得商业上的成功。无论是科研还是产业应用，都有巨大的创新空间。从确定算法、应用场景的人工智能加速芯片向具备更高灵活性、适应性的通用智能芯片发展是技术发展的必然方向。未来几年之内人工智能芯片产业将持续火热，行业洗牌也将会开始，最终的成功与否将取决于各家公司技术路径的选择和产品落地的速度。

第14讲 人工智能产业应用（一）：金融、医疗与机器人

本部分的最后两讲内容将结合人工智能技术在不同产业的应用场景，讨论人工智能技术的产业发展和未来趋势。只有理解了具体场景中技术的应用，才能理解技术对产业发展的推动作用，也才能理解技术在未来的可能方向。如前文所说，当前的人工智能仍然是以特定应用领域为主的弱人工智能，如图像识别、语音识别、智能搜索等场景，涉及垂直行业，人工智能则多是以辅助角色来协助人类的工作，为不同的行业赋能。未来随着运算能力、数据量的持续增长，以及相关算法研究工作在新领域的突破，机器智能将逐渐从感知、记忆和存储向认知、自主学习和决策阶段发展，在这里首先来讨论以下三个细分领域的应用场景：金融、医疗和机器人。

14.1 人工智能+金融：金融科技的产业变革

目前，人工智能在金融领域的应用主要是在推动金融科技智能化的方向上，我们可以将这个方向放在金融科技的概念下进行讨论。之前我们已经在区块链技术的部分讨论了这个概念，这里简单回顾下。按照国际权威机构金融稳定理事会的定义，金融科技是指技术带来的金融创新，它能创造新的模式、业务、流程和产品，既可以包括前端产业也可以包括后台技术。金融科技基于大数据、云计算、人工智能、区块链等一系列技术创新，全面应用于支付清算、借贷融资、财富管理、零售银行、保险、交易结算等六大金融领域，是金融业未来的主流趋势。

结合不同的技术，金融科技可以分为 7 个不同的生态，包括智能投顾、区块链、监管科技、保险科技、数字银行、支付与清算和多元金融。具体在人工智能领域的金融科技应用，人工智能一方面优化了信息的市场提供机制，并将后台数据分析工作标准化，主要用于辅助金融行业的专业人士。另一方面，用机器代替人工进行标准化的前台服务和沟通。以下主要讨论人工智能与金融结合的 3 个细分领域：智能量化交易、智能投顾和智能客服。

（1）智能量化交易：所谓量化交易是通过数量化方式进行的投资。它以获取稳定收益为目的，用量化手段来评估收益风险而做出更理性的投资决策。量化交易基于高度量化的数据，每个用于决策的特征都拥有精准描述，如数值或分级。其中投资的决策大多是基于概率，每个交易的进场点、出场点、交易时机，都有大量数据支撑，这使得每个操作都有迹可循。同时，量化交易基于数学模型，这个具有严密数据指导的模型基于一些特定的投资想法而建立，并运用数学方式描述自身在市场的运作方式。由此，量化投资者可以进行分析，做出交易决策。

传统的量化交易是通过回归分析等机器模型算法预测交易策略的，这个过程是通过静态的模型来推动交易的量化研究的，事实上随着市场变化和时间推进，这些复杂模型的精准度是不够的，典型的传统量化基金收益并不会比人工交易的平均收益高。通过人工智能相关的技术进行量化研究工作，则带来了非常大的提升，主要表现在以下几个方面。

- 智能量化交易通过自然语言处理对非结构化数据进行处理，提升数据的深度和广度。事实上采集数据往往占据量化研究的主要工作量，如果通过机器学习和自然语言处理的方式来执行，则会提升整个量化交易的基本效率。

- 传统的量化投资方法往往严格按照事先设定好的策略进行投资，也就是假设现有的相关性是一致有效和持续的，这样的投资策略往往不适应快速变化的市场。智能量化交易通过机

器学习进行数据模型训练和回归测试,不断自动优化投资策略,这样可以发现更多的有效因子。

• 各种形式的人工智能技术成为量化交易的一部分,专业投资者自建或者使用开放量化平台,新成立的主动量化投资基金数量明显增加,推动了智能量化的普及。事实上,从全球范围来看,使用人工智能技术的量化基金普遍表现较为优异。

(2)智能投顾:所谓智能投顾,就是投资人可以直接把钱交给专业机器人来打理。机器人结合投资者的财务状况、风险偏好、理财目标等,通过已搭建的数据模型和后台算法为投资者提供相关理财建议。智能投顾通过技术的方式,把传统投资顾问所做的事情(如个人资产分析、风险偏好分析、资产配置、组合推荐等)变成互联网直接可用的服务。

从智能投顾的流程来看,其一般分为六个步骤:信息收集、投资者分析、大类资产配置、投资组合分析与选择、交易执行、资产再平衡。如果针对的是美国市场,通常还会多"税收规划"这一步骤。在量化模型方面,这些海外智能投顾基本上类似,普遍以哈里·马科维茨(Harry Markowitz)的"均值-方差模型"(Mean-Variance Model)及其衍生理论(如现代投资组合理论 MPT、B-L 模型等)作为资产配置的理论基础,投资标的也都是选择追踪不同的交易所交易基金(Exchange Traded Fund,ETF)作为基础品种,覆盖面宽且流动性较好。

事实上,在这个领域,中美市场的应用和发展体现出了非常大的差异,在美国欣欣向荣的智能投顾在国内发展却不顺利,其主要原因如下。

• 在美国,智能投顾的突出优势是极低的费率和门槛资金,财富管理的服务对象从高净值客户拓展到普通民众。以 Wealthfront 为例,它是美国最知名的智能投顾公司之一,其主要目标客户是有充足的现金流,却没有时间、精力和投资知识来打理自己资产的年轻人。投资的准入门槛很低,设定为 5000 美元,10000 美元以内不收取管理费(超过部分的费用约为对应部分的 0.25%),交易程序也被大大简化,增长速率非常快,在 2018 年初就已经管理了 100 亿美元的资产。而我国当前市场上正常的智能投顾均以公募基金为资产标的,通常其认购、赎回、托管成本和管理费用综合达 1%~2%,是国外智能投顾的 4~8 倍。

• 智能投顾的实现基于对细分产品的量化,国外的智能投顾投资组合主要以 ETF 为主。目前美国大概有 1600 只 ETF,超过 2 万亿美元的市场,而我国仅有 100 多只 ETF,大多数为股票,没有债券、大宗商品和针对不同产业的 ETF,不能做到分散投资,有效配置资产更无从谈起。因此,现在很多所谓的智能投顾,只是投资经理根据自己掌握客户的投资偏好做统计并推介相应的投资方案,本质上还是披着人工智能"马甲"的传统投顾业务。

• 智能投顾涉及投资咨询、产品销售和资产管理三块业务,而国内这三块牌照是分别发放和监管的。由于是纯线上平台,监管难度非常大,监管层也处于观察阶段。

• 智能投顾主要是基于用户画像和资产画像提供精准服务的。用户画像需要对投资者交易行为数据进行搜集和分析,而我国客户的投资行为习惯非常脆弱,客户是基于长期被动投资、指数投资还是主动投资,其结果对智能投顾的挑战是截然不同的,因此客户的风险画像有时候很难精准表述其特征。而资产画像需要针对金融产品,并结合对市场数据的搜集和分析,国内目前在这一块略显薄弱。国内拥有成体量的有价值的数据信息的公司很少,而拥有优质数据资源的公司组建了牢不可破的数据封闭体系,再就是数据整合模式不成熟,缺乏大的平台型数据公司,造成有价值的数据过于分散,接入成本高。

尽管现状不容乐观,但随着市场的发展,超额收益下降是大势所趋,因此被动投资产品的兴起亦是大趋势,而专业投资者把这些被动产品智能化地组合起来,将能给投资者提供一个风险收益较为可观的产品。

（3）最后简单讨论下智能客服，由于在第一部分中对这个概念已经有所介绍，这里只略做讨论。金融机构采用自然语言处理技术提取客户意图，并通过知识图谱构建客服机器人的理解和答复体系，进而提高金融企业的服务效率、节省人力客服成本。事实上，人工智能客服主要做的事情还是回答一些通用程度较高的问题，这些问题基本和具体业务无关，只是一些日常的简单问题，为此专设人力客服会耗费太多资源，而如果用人工智能系统去回答，只需要告诉对方简单的流程步骤即可。如果真正需要靠人工来回答，人工智能客服可以把对方一步步引导到人工这个步骤来。

总之，人工智能在金融领域的应用优势主要体现在差异化服务、大数据风控模型的优化、金融服务效率的提升三个方面，下面分别对它们进行介绍。

（1）通过智能技术的引入，智能投顾平台为大众群体提供差异化的投顾服务。传统的投顾模式受限于服务成本，仅覆盖了比较小众的高净值群体，且多采用一对一的模式，这就使得传统投顾模式存在业务受众面窄、投资门槛高、知识结构单一等问题。而智能投顾具备投资门槛低、管理费用低、方便快捷、客观公正等优势，能够为普通大众投资者提供差异化的投顾服务。毕马威会计事务所提出，到2020年，美国财富管理机器人咨询服务的产值将是现在的四倍，达到2.2万亿美元。保守估计，高净值客户大概有300万，而非高净值客户约有两亿。服务对象的改变将为智能投顾带来海量级的市场规模。

（2）人工智能助力大数据风控模型的优化。金融引进技术的核心不仅是获得利益，更重要的是风险控制，将可控风险降到最低。控制风险的关键路径有两点：一是对投资者心理底线的了解，二是确保能在这个底线之上运行的风险管理能力，或者叫风险定制能力。

在对投资者分析方面，智能机器人通过搜索技术为用户画像，了解账户的实际控制人和交易的实际收益人及其关联性等，并对客户的身份、常住地址和企业所从事的业务进行充分了解，用以识别反欺诈行为。

在风险管理方面，大数据风控技术、机器学习、独有的风控模型等技术能深入地对基金产品、固收产品、保险产品、另类投资等资产进行风险再平衡分析。大数据与人工智能技术的结合将更好地帮助金融机构实现对风险的量化，从而更好地实现风险可控操作。

（3）"人工智能+大数据"有助于整个金融行业效率的提升。随着互联网和大数据的发展，人工智能可用更少的时间分析更为全面的市场信息，提供更专业、更准确的金融服务。并且人工智能可以取代人力，使金融服务的业务流程变得更加标准化、模型化、系统化，有助于减少烦琐的审批流程，提升金融服务效率。

以上就是对人工智能技术在金融领域的产业应用的总结，根据毕马威的研究报告，我国金融科技领域最主要的应用场景在大数据调查、全金融产业链服务和消费金融领域，而在全球金融科技领域的企业中，应用在贷款、支付清算、保险和投资咨询的场景较多。根据这个结论，我们一方面可以看出我国市场和全球市场的差异，另一方面也可以看出这种差异很大程度上取决于金融行业发展的成熟程度。人工智能在产业中的应用一定要基于对产业的理解，而不是只看技术的发展。

14.2 人工智能+医疗：人工智能赋能医疗

近年来，随着医疗数据数字化深入和深度神经网络学习算法的突破，人工智能技术在医疗行业的应用越来越普遍，已经涉及疾病风险预测、医疗影像、辅助诊疗、虚拟助手、健康管理、医药研发、医院管理、医保控费等多个环节。目前这个阶段人工智能技术的应用主要是通过技术赋能的方式进行落地，一方面通过联合医院共同服务用户，另一方面基于医疗牌照和前沿技术直接提供服务，未来有可能基于人工智能技术建立独立的诊断中心。从国外的调研数据来看，大约35%的医疗机构计划在2018年至2019年开始使用人工智能技术，而计划在2018年至2022年开始使用人工智能技术的医院超过一半。

根据国内人工智能的实际发展情况，下面我们重点介绍人工智能在医疗影像、智能辅助诊断和精准医疗3个方面的应用。

（1）医疗影像是现代医学最重要的临床诊断和鉴别诊断工具，成像技术的不断丰富使得医疗影像从辅助检查工具变为现阶段医生做出诊断时最大的信息入口，大部分的临床诊断需要借助医疗影像。医疗影像诊断并不是所谓的"看片子"，从专业角度来说影像诊断分为两类：结构性影像和功能性影像。前者主要是通过直观地观察生理结构判断是否有物理病变的发生，后者则能够通过研究脏器细胞对某种物质的代谢能力反映出这个脏器功能是否正常。人工智能要做的事情就是帮助医生在功能性影像中做出更精准的判断，也就是影像信息的后处理，通过将图像转化为数学矩阵，用数字的方式诊断病灶，把定量化的数据引入到可参照系统中进行分析。

因此，从功能上看，人工智能在医疗影像领域的应用场景主要分为两类：①机器看片，主要是替代或者辅助医生观察影像数据，帮助医生提升影像诊断效率，解决医疗资源稀缺的问题；②机器分析，主要是对医学影像数据的内容进行解读，帮助医生提高影像诊断的精确度，加强医生的诊断水平。我们看到目前我国医疗影像医生的需求缺口巨大，以放射科和病理科为例，放射科有超过50%的医生每天工作时间在8小时以上，目前我国医学影像数据的年增长率约为30%，而放射科医生的数量年增长率是4.1%，这意味着放射科医生在未来处理影像数据的压力会不断增大。而根据公开的数据，我国平均每七万人才有一位病理科医生，而在美国平均两千人就有一位病理科医生。因此，现有的医疗影像医生面临工作负荷过载且无法满足实际需求的严重问题。在供需存在极大不平衡问题且短期内很难解决的情况下，人工智能应用于医学影像，可以提高医生的读片效率和准确率，填补了非常重要的市场需求。此外，这样也能够帮助医生更加客观地分析结果，降低人为操作的误判率。

从技术实现路径来看，目前人工智能医疗影像公司的门槛和壁垒在于算法和数据，需要从以下3个方面对其进行分析：①人工智能影像产品需要覆盖足够丰富的病种，单一或几个病种的分析作用有限，故须通过足够多的病种数据才能将漏诊风险降低到可以接受的范围；②现阶段的人工智能医疗影像公司依赖公开医疗数据集和个别医院的数据，从精准度、灵敏度和覆盖病种方面来说都有很大的提升空间，因此需要在数据量级和覆盖病种上进行提升，也就是获取更多的尤其是顶级医疗机构的数据资源，此外，产品本身的数据闭环很关键，也就是拥有影像数据、病灶重点标注数据、诊断报告等，数据闭环的打通能够让模型不断自我学习，提高诊断的精准度和灵敏度；③算法是人工智能医疗影像产品的关键，尤其是影像数据标准化和数据模型的构建，需要长时间技术积累和对医疗影像的深度理解。算法的技术优势将会在精准度、灵敏度上有充分的体现，此外还需要重视的是算法的可嫁接性，这决定其未来是否能够形成规模效应。

根据公开数据，我国医学影像市场存量规模将在2020年达到6000亿~8000亿元，这个规模中无论是上游医疗影像成像硬件设备还是下游医疗影像诊断服务，人工智能都有很大的应用空间。医疗影像产业链可以分为上游的影像诊断基础设施层和下游的影像诊断服务层，其中影像诊断基础设施层又可以分为影像信息化和医疗影像成像设备。影像诊断服务层现阶段主要参与者是公立医院，未来随着社会办医、远程医疗的发展，民营医疗机构、独立影像中心和线上影像平台也将会成为重要的影像诊断服务机构。不过值得注意的是，目前相关产品的成熟度还处于基础模型向优化模型过渡阶段，产品落地速度较为缓慢，主要受到以下因素的影响：大型医院不愿意共享数据，导致企业产品数据来源较少且质量不高、病灶识别与标注成本较高、人工智能医学影像行业门槛较高等。目前，基本成型的人工智能+医学影像产品大多数正处于医院试用阶段，该领域的企业也极少有实现盈利的。根据公开数据，目前国内有接近50家相关领域的企业，主要运用计算机视觉技术解决病灶识别与标注、靶区自动勾画与自适应放疗、影像三维重建这三种需求，可以说这个产业正处于行业发展的初期。

（2）智能辅助诊断是医疗行业最重要的细分领域之一，事实上所有为医生诊断疾病并制定医疗方案提供辅助的产品都可以被认为是辅助诊断产品，其中"医疗大脑"智能辅助诊断是最受关注的应用。所谓"医疗大脑"，就是通过人工智能学习专业医生的医疗知识，模拟医生的思维和诊断推理，给出可靠的诊断，构建的基本方法就是从临床治疗经验、专家文库中提取医疗知识。具体来说，"医疗大脑"将以患者的病史、症状、检验检查结果和用药等治疗方案为原始数据，整理出临床治疗经验，融合现有的医学知识，针对各种疾病建立医疗图谱，并在此基础上通过分析患者的病历或者临床症状，为医生提出临床医疗方案。简而言之，"医疗大脑"的构建就是将多角度的数据变为知识的过程，这一过程大致可以分为五个阶段：数据集中、数据加工、知识图谱、知识计算和交互设计，下面分别对它们进行简单介绍。

- 数据集中：尽管医疗信息化已经发展了近十年，但是目前医院内的数据仍然是高度分散化和碎片化的。主要原因在于：一方面临床医学发展出非常多的专科类别，每个类别都需要解决特定的技术问题，一个典型三甲医院的信息系统通常接近两百个，另一方面医疗信息化市场高度分散，一家医院的医疗信息化供应商往往有多家，这使得将数据统一到数据信息平台中这一工作的负担非常大。

- 数据加工：目前医院的主要数据都是非结构化数据，也就是电子化信息，这些数据并不能直接被计算机所理解，必须进行结构化和批量化处理。数据加工就是按照相关的数据标准将文本和图像等非结构化数据进行结构化处理，转换为标准化的语言。

- 知识图谱：对临床数据、医学文献数据进行收集、整理、分类、过滤、加工并建立逻辑关联知识点。所谓知识图谱就是结构化知识，它由实体和实体关系组成，其数据来源于基于文献的证据和基于临床实践的数据。医疗知识图谱最终目的是搭建完整的疾病知识图库。

- 知识计算：在知识图谱基础上，推动系统推理能力的诊断。一方面是要做到知识向量化的表示，将患者描述的病情转换为专业术语；另一方面是要判断各种症状和疾病表征之间的权重，配合诊断模型，提升诊断的命中率。

- 交互设计：用户意图理解，重点在于专业术语对用户通俗语言的翻译和多轮人机回答互动。通过多轮问答和交互，逐步引导患者把主诉信息和相关症状描述清楚，为后面的智能诊断提供必要的信息。

由此可知，智能辅助诊断即"医疗大脑"需要两方面的基础：一方面，医疗数据的规模决定了医疗大脑的智力水平。由于医疗辅助诊断系统本质上是将数据变成知识的过程，因此获取医疗数据的能力成为最核心的能力。另一方面，数据结构化技术决定了对数据的理解能力，只有在医疗数据结构化领域获得优势，才有可能建立起竞争壁垒。目前的智能辅助医疗系统主要应用于基层和专科医院，由于三甲医院有着更为丰富的医生资源并配备更为成熟的仪器设备，因此对智能辅助诊断需求并不强烈。从需求看，目前基层医生的供给和能力的增长速度优先，智能辅助诊断的引进将快速提升基层医疗的实力，而建立覆盖面较为全面的常见病知识图谱难度较大，垂直病种的单点切入更符合市场需求。根据产业公开数据，人类有4000多种常见病、7000多种罕见病，因此选择少数几个单一病种是更加合适的路径。技术赋能是现阶段的主要商业模式，未来独立人工智能诊断中心的出现是大概率事件，而2017年国家卫计委批准的五类独立设置医疗机构也为独立的人工智能诊断提供了政策支持。

（3）最后讨论人工智能+医疗的前沿应用，精准医疗，未来可以通过人工智能+基因组解读生命大数据，实现精准医疗。按照美国国立卫生研究院（NIH）对精准医疗的定义，精准医疗是一个建立在了解个体基因、环境和生活方式的基础上的新兴疾病治疗和预防方法。精准医疗的核心就是基因数据，而精准医疗的本质就是以对个人基因的解读为基础，结合蛋白质组、代谢组等组内环境信息，为病人量身定制最适合的医疗方案，以达到治疗效果最大化和副作用最小化的目的。细分来看，精准医疗又包括精准诊断和精准治疗两个环节，前者可以通过基因检测，提前预测疾病发生的风险、可能的发展方向和可能的结局，后者则对应个人的精准药物靶向治疗。

基因数据解读分析的核心是首先要找到基因组和表型组数据，以及基因组突变数据与疾病数据之间的规律，然后通过分析个体的基因数据，对比现有的基因组与表型组（疾病组）规律，实现疾病的风险预测和提前防治。与此同时，基因组测序成本大幅度下降，数据分析解读能力成为未来产业的焦点。随着基因检测的成本逐步降低，基因检测将更加普及并得到大规模应用。具体来讲，精准医疗可以从以下4个方面改变传统医疗行业。

（1）诊断和预防遗传学疾病：精准医疗革命正在改变遗传性疾病的诊断和预防。目前，大量儿童经受着严重的发育残疾或智力障碍的折磨，用于编码人体所需蛋白质的上千个基因中，任何一个基因受到损坏，都会导致这样的结果。基因组测序现在可以识别出40%～60%可能会受影响的基因，给家长和医生提供参考。

（2）癌症诊断和治疗：许多细胞的突变会引起癌症，但是传统测试不能明确是哪些细胞造成了特定的癌症。美国、英国、法国等国家正在尝试测定癌症患者的DNA，以便更好地实施针对性治疗。有迹象表明，这会大幅提升病人的存活率，而整体花费则会下降。这可能是因为疾病忽然发作而需要紧急护理的病人数量下降。

（3）药物的适用性：在澳大利亚和一些其他国家，有较高比例的人住院是因为对药物有中毒反应，还有许多药物对一些人来说是无效的。这主要是因为人类有不同种类的肝酶，肝酶会清理血液中的化学物质，最终影响这些化学物质的浓度和保留时间，但不可避免的，处方都是以人体平均水平来开具的。还有少见的基因突变会让一些药物成为致命药。基因分析可以预测并避免许多类似的不良反应或无用处方，节省大量金钱，同时让药物治疗更加精确。

（4）公众健康数据：考虑到基因组测序对个人医疗保健的好处，假设大部分人同意将他们的测序结果合并到他们的个人医疗记录当中，这个信息和诊断记录合在一起将提供丰富的数据供生物医学研究，也可以用于建立更好的医疗系统和资源分配管理机制。

以上就是对人工智能医疗的核心应用场景的讨论，人工智能是解决医疗领域相关问题的重要技术，与医疗行业的融合可以有效解决医疗行业的痛点。目前同时掌握人工智能技术和医疗领域相关专业知识的人才非常稀缺，我们可以期待未来十年人工智能在医疗领域的发展。

14.3　人工智能+机器人：智能机器人产业

人工智能应用领域最激动人心的就是机器人领域，这不仅是因为这个领域代表了人工智能技术最前沿的研究成果，还因为关于人类和机器之间关系的终极讨论也基于对机器人领域的认知。过去的机器人以半自动化机械劳动为主，近年来随着图像识别、语音识别、深度学习技术的发展，机器人产业也进入了关键的历史时期，人工智能技术的快速发展推动了智能化机器人的发展。

这里需要了解的一个概念是"机器人学"。机器人学作为一门学科，在不断地研究如何进一步改善人机互动的方式和优化数据的获取与处理能力。随着这一学科的不断发展，和语音识别、图像分析等技术的全方位突破，在大数据时代下，智能机器人将会成为继智能手机之后又一个"独角兽"产业，并将带动其他相关链条产业快速爆发。作为智能机器人产业的核心推动力，机器人学的发展直接决定了智能机器人的人机交互能力和数据的获取与处理能力。

从机器人学的角度来说，有两个因素成为智能机器人发展的基本驱动力：①更强的人机互动能力与交互形式，从基本交互到图形式交互、语音式交互和感应式交互的发展，当前感应式交互技术带给机器人领域新的变革，人机交互的必要条件就是给予用户对当前命令的反馈，因此低反馈延迟、命令要求的模糊化以及输出内容的多样化和真实化就成了当前人机交互的基本要求；②海量的数据获取、处理和分析能力，智能机器人相对于传统机器人，就好像智能手机相对于传统手机一样，处理器性能的大幅度升级和新的算法的不断出现，推动了机器人在智能化领域的不断拓展，形成了软硬件一体化的模式。简而言之，对外的感知技术决定了智能机器人交互的体验和准确度，而对内的算法、数据和硬件技术的升级决定了数据获取、处理和应用能力。按照机器人的应用领域，我们可以将机器人分为工业机器人和服务机器人。本节来看智能机器人产业链的发展，主要包括 3 个部分：机器人产业链的基本生态、工业机器人产业生态和服务机器人产业生态。

（1）机器人产业链的基本生态。机器人产业链可以分为四个主要部分：零部件制造、本体制造、系统集成和行业应用，零部件制造环节包括制造控制器、减速器、伺服电机等核心零部件，本体制造是指加工制造工业机器人的自身机械部分，系统集成则是指对由工装夹具、焊枪和喷枪配套软件等组成的完整机器人系统进行集成开发，而行业应用涵盖了制造业、医疗、食品加工、家用等各行各业。人工智能技术涉及的无论是智能芯片、感知识别，还是机器学习算法，主要影响的是机器人产业链的相对上游环节，主要提升的是机器人关键零部件的性能，因对其具有决定性的作用。具体来说，主要体现在以下三个方面。

• 人工智能决定了语音识别和图像识别等感知技术的成熟度，从而决定了人机交互的体验和准确性，正如之前所说，语音识别准确率在深度神经网络模型的推动下取得了巨大的进步，语音识别的准确率普遍高于 90%。

• 人工智能提升了图像识别技能，图像识别准确率普遍达到 95%以上，这得益于人工智能技术为图像识别性能带来的提升。过去几年机器视觉市场规模持续增长，我国相关领域的企业已达到数百家，市场规模也达到了百亿级。

• 人工智能算法提升了数据挖掘的效率，尤其是对海量数据的挖掘和应用能力。在人工智能专用处理芯片的推动下，整体数据运算效率也大幅提高。正如之前所说，人工智能专用的处理芯片可以加速包括卷积神经网络、递归神经网络相关的深度学习算法，成为机器人数据运算能力提升的核心动力。

（2）工业机器人产业生态。所谓工业机器人就是在工业化生产过程中协助完成生产线上重复性较高和技术要求相对较低工作的机器人，比较典型的包括焊接机器人、搬运机器人、装备机器人、处理机器人和喷涂机器人等。从技术角度来看，工业机器人行业的产业链较短，行业壁垒较高，核心零部件的性能直接决定了机器人的整体性能，具有技术含量高、利润高的特点，机器人本体是承上启下的环节，而下游系统集成商是机器人商业化和大规模普及的关键。从利润分配角度来看，工业机器人产业链的附加值更多地体现在价值论的两端：核心零部件是整个产业链中利润最高的环节且议价能力最强，本体制造环节利润较低，但厂商往往具备较强的软硬件结合能力，集成商市场规模更大且毛利水平较高。整体来看，工业机器人行业的零部件制造、本体制造、系统集成和服务共同构成了机器人全生命周期的产业生态，覆盖的产业链越长，盈利能力越强。因此，全产业链模式是当下工业机器人企业发展的趋势，也是当前具备较高盈利水平的商业模式。

从全球来看，日本发那科、德国库卡、瑞士 ABB 和日本安川的机器人产品销量分别占据全球前四的市场份额，四家加起来占据的全球工业机器人市场份额接近 50%，而根据国际机器人联合会的数据，2017 年全球工业机器人销量达 38.7 万台，其中我国机器人销量达 13.8 万台，销售额 51.2 亿美元，连续五年成为全球最大工业机器人市场。此外，2017 年我国工业机器人保有量 45.1 万台，全球占比从 2012 年的 7.85%上升到了 21.5%。过去十年，我国工业机器人行业完成了日本用 20 年发展的过程，从上游核心零部件制造到中游本体制造再到下游服务提供，形成了完整的产业链。从全球来看，中国、日本、韩国、美国和德国五个国家消费了全球 73%的机器人，同时也是全球重要的机器人制造大国，我国成为世界上第三个具备完整机器人产业链的国家。

当然，我们也要看到我国机器人企业以低端产品制造为主，汽车和 3C 等产业的高端工业机器人依赖进口，我国机器人市场红利主要被外资企业占据，我国自有品牌的市场份额仅为30%。最主要的原因就在于国产核心零部件的缺失，使得行业长期以来通过压缩本体利润空间的方式来补贴高昂的零部件进口成本。目前减速器和国产伺服电机制造实现稳步发展，控制器已经进入高端市场，我国零部件长期受制于外资企业的情况正在改变，这会带来国产工业机器人成本的下降和产能的扩张，尤其是给企业探索一体化商业模式带来了契机。简而言之，我国工业机器人行业正处于加速发展期，但是国产机器人企业面临着零部件进口程度高和垂直一体化发展程度低的问题，这导致前期国内自动化需求爆发带来的机器人产业红利被国外厂商占据，尤其是中高端市场被外资企业牢牢占据，如何在商务关系、技术和资金三重壁垒之下取得突破是国内厂商目前需要面对的问题。

（3）服务机器人产业生态。服务机器人分为专业服务和个人（家庭）两个类别，专业服务机器人主要为商用机器人，包括物流机器人、防护机器人、场地机器人、商业服务机器人和医疗机器人等，个人（家庭）机器人主要包括家政机器人、娱乐休闲机器人和助老助残机器人等。相对于工业机器人来说，我国在服务机器人领域与发达国家差距较小。服务机器人关键技术主要在芯片、舵机、传感器、定位导航系统和人工智能交互技术上，国内外起步时间相当，差距较小。在人工智能交互技术上，国内外水平差异不大，我国与发达国家并驾齐驱；在零部件制造行业，国内和国外差距远小于工业机器人行业，我国作为全球制造中心，具有成熟的消费电子产业链，这为我们带来了供应链和成本优势。目前世界上有接近五十个国家和地区在发展机器人产业，其中二十五个国家和地区涉足服务机器人领域，企业数量超万家。

由于我国正处于人口红利消失的阶段，出现了人口老龄化、劳动力不足和人力成本上升等问题，因此"机器换人"需求强烈且市场潜力巨大。事实上我国是亚洲最大的服务机器人市场，市场规模仅次于美国。根据国际机器人联合会数据，2017 年服务机器人市场 83.5 亿美元，2018—2020 年预计总体销售额 380 亿美元，年度增长率达到 22.35%；其中 2017 年专业机器人的销售额是 52 亿美元，2018—2020 年预计全球累积销量 39.7 万台，销售额 190 亿美元，年度增长率为 28%。个人（家庭）市场 2017 年为 31.5 亿美元，2018—2020 年预计总体销售额 190 亿美元，年度增长率为 39%。

可以看到，服务机器人的产业链非常复杂，下游应用场景众多，从需求属性上看，核心逻辑是由需求驱动、用户价值主导的。需求的刚性和频次决定了市场的价值和空间，需求的痛点决定了服务机器人的产品价值，需求的个性化决定了能够满足的程度。对于企业来说，如何整合技术链、供应链和资金链的实力，提供相应的机器人产品是关键。我们可以将服务机器人市场划分为需求升级、需求替代和需求探索三个不同的类别，可以看到，需求升级和需求替代对应现有市场，成本低且容易产业化，而需求探索则是个性化程度较高且需要大量市场培育的领域，也是目前人工智能发力的领域。目前产业的技术链同质化较为严重，芯片、舵机、传感器、定位导航系统和语音技术链价值高且稀缺性强，也是目前服务机器人产业化的主要难点，而人工智能技术短期突破和应用较为困难，难以形成核心竞争力。

以上就是基于机器人学对智能机器人产业链的讨论。事实上，人工智能从技术到产业应用还有着非常大的距离，尤其是供应链的管理是产业的难点。我们不仅要看到人工智能技术目前的进展和突破，还要看到真实的产业环境的情况，这样才能真正理解人工智能的产业应用。相信在未来随着机器人学的发展和相关产业的不断完善，机器人会给国民经济的各个方面都带来提升，也将在更大程度上影响人们的生活方式。

第15讲 人工智能产业应用（二）：智能驾驶、智能制造与智能家居

在本部分的最后一讲，我们来讨论人工智能产业的另外三个应用场景：智能驾驶、智能制造和智能家居。这几个领域不仅是目前产业发展较为前沿的领域，也是未来数年智能社会发展的重点领域。限于篇幅，我们主要对相关的概念和产业生态进行介绍，希望读者能够结合第一部分中关于智能社会相关的讨论进行思考：怎样的智能化才真正代表了未来的趋势？

15.1 智能驾驶：重新定义汽车行业

随着人工智能的发展，驾驶辅助系统成为汽车行业的新趋势，无人驾驶汽车也早已不是新闻。在实现完全无人驾驶之前，智能驾驶的核心在于通过技术提升驾驶者的驾驶体验，通过先进的汽车电子技术和人工智能手段，为驾驶者带来清晰的驾驶信息、精确的人机交互和智能的驾驶辅助。接下来我们从智能驾驶的定义、智能驾驶的产业生态和智能驾驶的趋势三个方面讨论这个主题。

（1）首先讨论智能驾驶的定义，事实上随着智能驾驶的发展，智能驾驶概念的内涵也在不断变化。传统汽车的人和汽车的交互方式较为简单直接，而随着技术的进步和发展，汽车添加了越来越多的功能系统，驾驶者能够在驾驶舱中获知更多的信息，但是分离式的驾驶舱布局体系使得驾驶者难以处理和掌握更多的功能与信息，这反而降低了驾驶者的驾驶体验。如何为驾驶者提供更加丰富的驾驶支持，同时创造更加舒适的驾驶空间，成为智能驾驶面对的主要问题。因此，所谓智能驾驶就是以硬件整合、信息融合和直觉化的人机交互体系为核心特点，集成车载信息娱乐、液晶仪表、抬头显示（Head Up Display，HUD）和后座娱乐等系统于一体的人机交互系统。强大的芯片计算能力和虚拟化技术，能够实现"中控屏+液晶仪表+HUD+后座娱乐系统的多屏互动与信息共享，为驾驶者提供丰富的驾驶信息的同时，带来沉浸式驾驶体验。

基于以上定义，我们可以看到智能驾驶在以下三个方面发生了基本变化。

* 智能驾驶采用数量更少、计算能力更强的电子控制单元（Electronic Control Unit，ECU），其通过整合驾驶舱的计算机避免了使用传统汽车越来越多的电子控制单元。智能驾驶正在实现由一个系统级芯片控制器进行运算和控制，集成车内多种功能，实现汽车座舱硬件整合。

* 智能驾驶通过虚拟技术实现多操作系统并行，具体来说是通过在硬件底层构建一个虚拟层，实现信息娱乐系统、仪表屏系统等多操作系统同时且独立运行，实现不同需求、不同安全要求的软件共存共用，从而实现无缝互动和信息融合。

* 智能驾驶通过构建直觉化人机交互系统，带来了全新的交互体验。在输入端通过结合触摸、语音控制和手势控制等多样化方式，给予驾驶者更好的交互体验。在输出端通过结合中控屏幕、液晶仪表、HUD多屏和个性化的UI界面设计，为驾驶者提供清晰的信息提示。

（2）理解了智能驾驶的基本概念之后，我们来讨论智能驾驶的产业生态。智能驾驶包括底层硬件层、操作系统层、中间件层、应用软件层和人机接口（Human Machine Interface，HMI）层：底层硬件层主要包括系统级芯片处理器；操作系统层包括底层嵌入式操作系统和车内相应

功能以及硬件所需的操作系统；中间件层包括车内多媒体系统、导航系统、车联网系统和高级驾驶辅助系统（Advanced Driving Assistant System，ADAS）等；应用软件层包括地图、视频等软件服务；HMI 层包括人机交互技术、车载显示设备和交互页面设计。这里简单将其核心分为智能驾驶感知层、判断层和执行层进行讨论，这也是人工智能相关技术应用的重点。

- 智能驾驶的感知层就是雷达和摄像头，感知技术是汽车实现智能驾驶的核心，智能驾驶主要通过摄像头（长距摄像头、环绕摄像头和立体摄像头）和雷达（超声波雷达、毫米波雷达和激光雷达）实现感知。当前最先进的智能汽车采用了接近二十个传感器来实现自动驾驶功能，预计 2030 年将超过三十个。目前超声波传感器和全景摄像头占据了主要的感知市场，其中超声波传感器占据了 85% 的市场份额。按照法国市场研究公司友乐（Yole）的数据，2030 年传感器市场将达到 370 亿美元，其中全景摄像头市场将达到 120 亿美元，超声波传感器市场将达到 90 亿美元，雷达系统市场将达到 130 亿美元，其他市场将达到 30 亿美元。雷达系统是感知端最重要的组成部分，而雷达传感器中激光雷达技术的发展是最引人瞩目的，也是目前无人驾驶原型车的核心技术。谷歌和百度研发的激光雷达基于 64 级激光技术，能够收集超过 100 万个数据点的信息，提供关键位置和导航功能，性能非常出色，缺点是过于昂贵，单套价格在 75000 美元以上。对于无人驾驶的应用，激光雷达主要集中在环境感知和障碍监测中，通过获取无人驾驶汽车周围路面图像信息，实时建立栅格地图来描绘驾驶舱周围的道路环境、车辆、行人的信息，并辅助其他传感技术识别重要环境信息。目前只有超声波雷达可以做到全自动泊车，不过由于其具有一定的盲区，存在安全隐患，因此厂家会要求驾驶者全程监控倒车过程。而激光雷达的效果是突破性的，它可以提供高分辨率的辐射强度几何图像、距离图像和速度图像，从最早的谷歌豆荚车到层出不穷的车企测试案例，激光雷达逐渐成为自动驾驶的标配。目前，激光雷达的核心技术基本被国外公司垄断。

- 智能驾驶的判断层是以 ECU 和 CAN（Controller Area Network）总线为核心的，ECU 是电子控制的处理核心，它在接收传感器信号后，会对信号进行处理判断，然后再输出信号并将其传送到执行控制机构。CAN 总线是汽车智能化信息传送的必要手段，其可以将车辆上多个 ECU 之间的信息形成局域网，有效解决信息传递带来的复杂化问题。ECU 作为汽车控制系统的核心，在传统汽车行业主要指的是发动机的控制单元，但是在智能驾驶时代则拓展为汽车上所有的电子控制系统。CAN 总线则是一种用于实时应用的串行通信协议总线，具备高位速率、高抗电子干扰性和检错能力强等特点，是目前国际汽车主流的控制器联网方式。这里需要关注到的是智能驾驶的 ECU 就是人工智能技术应用的核心，传统汽车的 ECU 通过特定的算法实现特定的功能，而随着智能驾驶的兴起，汽车需要主动处理各种路况，这就要求中央 ECU 具备学习能力。谷歌的无人驾驶部门 Waymo 自 2009 年成立以来，在 2015 年 6 月完成了约 160 万千米的无人驾驶测试，随后测试里程数加速增长，在三年后完成了约 1290 万千米。除了在实际公共路面进行无人驾驶测试以外，Waymo 还利用基于人工智能的无人驾驶系统进行虚拟测试。2018 年底，首款自驾叫车服务 Waymo One 推出市场，标志着自驾车正式上路。值得注意的是，无论是谷歌还是特斯拉目前都认为自动驾驶的普及遥遥无期，因为自动驾驶技术还没有达到任何天气和任何条件下都能驾驶的最高等级，换言之，自动驾驶的场景太多太复杂，无法达到普及的要求。

- 智能驾驶的执行层涉及执行汽车转向与自动，是汽车安全最核心的部分，对于整车厂商来说往往会向经验丰富的供应商采购相应产品，这样能够更好地保障安全以及建立长期的相互信任，相关的技术目前都掌握在博世、大陆和德尔福等技术深厚的企业手中。汽车制动系统主要由供能装置、控制装置、传动装置和制动器等部分组成，其原理是将汽车的动能通过摩擦转换成热能，常见的制动器主要有鼓式制动器和盘式制动器。与鼓式制动器相比，盘式制动器具备制动力强、性能稳定和便于保养等优点，目前随着盘式制动器成本降低，其代替鼓式制动器已成为趋势。相关的汽车电子制动产品也在逐步升级，驱动防滑系统（ASR）、电动助力转向系统（EPS）、电子驻车系统（EPB）、电子控制制动系统（EBS）和车身电子稳定系统（EPS）等汽车电子制动产品得到应用，为智能驾驶做好执行端电控化技术准备。

（3）最后讨论下相关的发展趋势。随着智能化、网络化和电子化的发展，汽车正成为越来越智能的"电脑"，传统的发动机和变速箱等部件的核心地位下降，汽车电子系统逐渐成为未来汽车的核心，也成为智能驾驶技术创新的核心，预计 2020 年全球汽车电子系统占整车价值的比例为 50%，而新能源汽车中的比例目前已经达到了 65%。随着行业的发展，消费者对汽车提出了更多的智能化和个性化要求，包括完善的驾驶辅助系统、更易操作的中控系统和液晶仪表等，因此汽车供应链上的厂商如何抓住相关的机会是对角色非常大的考验，新一代车载系统相关的设备厂商也将率先迎来爆发。相对来说，自动驾驶需要更长时间的发展，相关的算法的难度和实用性短期内也难以突破，因此智能驾驶领域的关注重点目前还在车载信息系统、大中控屏幕、液晶仪表和 HUD 等新一代显示设备中。

传统车企与互联网厂商在发展途径上存在很大的差异，传统车企按照从功能汽车到智能汽车再到自动驾驶汽车的发展逻辑，由易到难、由简单到复杂地进行发展，而互联网厂商则以颠覆性的方式进入行业。前者以辅助驾驶为核心，逐步试验并装配高级辅助系统，进而过渡到自动驾驶，后者直接从无人驾驶切入，以人工智能、高精度地图和激光雷达等综合技术实现高级别的无人驾驶。除此之外，我们可以看到汽车芯片行业逐渐成为重点，英特尔以 150 亿美元收购 Mobileye、高通以 380 亿美元收购 NXP 等事件表明，智能新行业中战略合作与并购越来越多，这是因为自动驾驶的市场规模在不断扩大，按照德国企业甘特纳（Gartner）的报告，自动驾驶硬件规模在 2025 年将达到 486 亿美元。

本节讨论了智能驾驶的定义、产业和趋势，可以看到汽车行业正在被人工智能技术发展重新定义，智能化、网络化已经成为汽车行业重要的变革方向，智能化正处于从辅助驾驶向无人驾驶演进的过程中。值得注意的是，从数字经济学的角度看，任何一个技术的发展是需要探讨其社会和制度性要素的，因此除了关注技术发展之外，我们还要关注交通领域所面临的挑战和相关制度的完善情况。在计算机伦理学领域，无人驾驶带来的责任问题也是非常重要的伦理学问题，在找到合适的解决方案之前，我们不能盲目地推动完全的无人驾驶技术，而要循序渐进地尝试相关的技术方案。

15.2 智能制造：制造业的智能革命

改革开放四十年，我国经济已从高速增长转向中高速增长的经济新常态，作为制造业大国，这就意味着过去数十年间依靠低成本、低价格和大规模生产能力的优势正在减弱，我国正面临着人口红利消失、土地和劳动力等要素成本上升的问题，智能制造由此成为重塑我国制造业的关键，人工智能技术在智能制造领域的应用成为新的发展方向。所谓智能制造就是先进的信息技术与先进的制造技术的融合，构建贯穿设计、生产、管理、服务等环节，具备自感知、自学习、自决策、自执行、自适应能力的先进制造体系。它已经成为制造业变革的主要方向，也是制造业转型的新契机。新一代信息技术与制造业融合是智能制造的重要特征，互联网、物联网、云计算、人工智能等技术推动着产品智能化、生产过程智能化、管理智能化等在制造业的实现，支撑着制造业转型和构建开放、共享、协作的智能制造产业生态，新技术与制造业的融合也催生了如大规模个性化定制、产品全生命周期管理、网络化协同制造等新的产业模式。这一节就来讨论智能制造的基本框架和人工智能的相关应用。

首先讨论智能制造产业链的基本框架和发展阶段。智能制造产业链分为 3 个层次：①产业链上游为感知层，主要包含制造行业的零部件和与信息采集和传感感知相关的产品；②产业链中游为网络层，主要包含云计算、大数据、智能芯片等的相关产品；③产业链下游为执行层，主要包含工业机器人、智能机床、自动化装备等自动化生产线和智能工厂。智能制造通过产业链生态的重构，在新型生产服务型制造、协同开发和云制造等领域具备非常明显的优势。

智能制造并不能一蹴而就，而是经历了自动化、信息化、互联化和智能化 4 个阶段。每一阶段都对应着智能制造体系中某一核心环节的不断成熟。自动化是指淘汰、改造低自动化水平的设备，制造高自动化水平的智能装备；信息化是指产品、服务由物理形态转变到信息网络，智能化元件参与提高产品信息处理能力；互联化是指建设工厂物联网、服务网、数据网、工厂间互联网，装备实现集成；智能化是指通过传感器和机器视觉等技术实现智能监控决策。事实上，由互联网技术、云计算、大数据、无线通信网等技术组成的"云—网—端"架构是实现制造业的核心，也是加速工业信息化的关键："云"包含工业软件、工业云平台、工业大数据、人工智能等平台措施，为企业提供大数据和经营决策支持；"网"包含各类工业通信网络，贯穿整个生产服务环节，提供实时高效的信息互联；"端"包含集成化的智能应用终端和各类智能化的传感器，它们是数据的来源也是服务提供的界面。"云-网-端"的协同发展推动了制造业的信息化和智能化，"云"以灵活调度资源的方式给予企业强大的计算分析能力，"网"为信息互联提供保障，实现传感器传输和生产设备控制信号传输等功能，"端"以开放有效的特点实时采集数据，便于用户使用。下面分别探讨这 3 个方面的智能化应用问题。

在云端，基于人工智能的大数据分析的智能应用成为了智能制造云端构建的核心，大数据和人工智能技术推动了企业生产管理流程、组织模式和商业模式的创新。目前人工智能与大数据分析的智能应用主要涉及四个方面：生产过程优化、产品全生命周期管理、企业管理决策优化和资源匹配协同。人工智能技术在云端基于"制造全流程数据互联"推动着大数据分析复杂的优化，从而推动企业管理流程、组织模式和商业模式的创新。

除此之外，基于工业云平台，工业大数据和人工智能将充分为制造业赋能，推动生产流程优化和企业管理由局部向系统性提升迈进。云平台产业生态可以分为：数据采集与集成的基础厂商、平台厂商、智能应用厂商。其中平台厂商通过资源整合和工业大数据、人工智能核心能力，实现了工业互联网和分析平台的构建，是产业链的核心；上游的通用基础厂商通过集成的方式成为平台的重要支撑；下游的智能应用厂商以平台为载体，基于细分领域工业知识、模型构建拓展应用创新，实现平台价值在细分领域的变现。

智能制造中的网络端是网络化的关键，网络通信在工业互联网中承担着设备控制、信息采集、交互和传输等功能，同时工业生产过程的大量数据将会为企业生产流程和内外部协作提供助力。考虑到工业领域不同场景对传输速率、稳定性和交互操作等属性的差异化需求，未来的工业通信网络将更加智能和开放，在实现工业控制的同时面向差异化场景实现互联互通，让数据在工厂内部和协作主体之间流通并贡献价值。工业网络包括两个基本体系：一个体系是工厂内部网络，主要用于连接生产要素与互联网技术系统；另一个体系是工厂外部网络，主要连接企业上下游、企业和智能产品以及用户之间的网络，目的在于支撑工业全生命周期的各项活动。相对于公共通信网络来说，工业控制领域对通信网络的实时性和可靠性要求更高。当前工业通信领域的主流技术包括现场总线、工业以太网和无线通信 3 个核心技术，这里需要强调的是，5G 的正式商用会给实时工业控制的无线通信带来有效保障，从而推动智慧工厂等新商业模式落地。

智能制造的执行端（终端产品）的智能化和数据化是目前的重大难题和挑战。我国云端和网端都处于快速搭建的过程之中，而在机械设备领域，我国正处于机械化与自动化的换挡期，相应的产品和相关的数据都很难收集。因此，目前的机械设备的改造升级只有两种方式：一种是将现有制造设备体系中的信息提取出来并上传云端进行分析，以抓取现有机械设备中的数据存量；另一种是产业升级，即在产业换代的过程中将产品升级为具备智能属性的自动化产品。这里涉及之前讨论的工业机器人领域，整体看来工业机器人正是目前工厂实现自动化和智能化的核心，是数据交互的来源，如果说智能手机是移动互联网时代的入口，那么工业机器人就是智能制造的核心交互界面。

最后讨论下工业互联网的概念，近几年工业互联网成为互联网和新一代信息技术与工业系统全方位深度融合所形成的产业和应用生态，也是工业智能化发展的基础。工业互联网的本质是以机器、原材料、控制系统、信息系统、产品互联为基础，通过数据的全面获取和大数据分析相结合进行合理决策，实现智能控制、优化运营和生产组织方式的变革，从而更有效地发挥出机器的潜能，提高生产力。工业互联网的显著特点是最大程度地提高生产效率、节省成本、推动制造技术的升级、提高整体效益。

世界各国都将智能制造作为制造业的核心，如美国提出的以"工业互联网"为核心的智能制造战略布局和德国提出的"工业 4.0"战略，二者的目标都是利用信息化和智能化技术改造当前的生产制造与服务模式，提升生产率和市场竞争力。德国的"工业 4.0"侧重于生产制造过程，强调生产过程的智能化，旨在推进产业模式由集中向分散式增强型控制转变，从而提供高度灵活的个性化、数字化生产服务。而美国提出的"工业互联网"侧重于设计和服务环节，强调生产设备的智能化，旨在形成全球化的开放性工业网络，这里重点讨论"工业互联网"模式。

从工业视角来看，工业互联网表现为从生产系统到商业系统的智能化，生产系统通过采用信息通信技术，实现机器之间、机器与系统之间、企业上下游之间实时连接与智能交互，并带动商业活动效率提升，其核心业务需求包括面向工业体系的各个层级的优化。从互联网角度来看，其主要表现为商业系统变革牵引生产系统的智能化，从营销、服务等环节的互联网模式带动生产组织的智能化变革。简而言之，工业互联网的核心是全面形成数据驱动的智能，网络、数据和安全是工业和互联网的共同基础和支撑。

网络是工业系统互联和数据交换的基础，包括互联体系和标识解析等，表现为通过广泛互联的网络设施和标识解析体系，实现数据在各系统单元之间、商业主体之间的无缝对接，从而构建新型的机器通信，支撑实时感知、协同交互的生产模式。数据是工业智能化的核心驱动，包括数据采集交换、集成处理、建模分析、优化决策等动能模块，表现为通过海量数据的采集交换、集成处理、边缘计算等复杂分析，形成企业运营的管理决策和机器运转的控制指令，驱动从机器设备、运营管理到商业活动的智能和优化。安全则是网络与数据在工业应用中的安全保障，包括设备安全、网络安全、数据安全等，表现为通过涵盖整个工业系统的安全管理体系，避免网络设施和系统软件受到内外部的攻击，确保数据和存储的安全性，实现对工业和商业系统的全方位保护。因此，我们可以认为工业互联网包括3个核心技术：工业网络通信技术（工业以太网）、智能化设备技术（智能机器人）和智能化感知技术（机器视觉），这三个技术尤其是后两个是人工智能技术应用的核心和关键。

工业互联网的出现推动了智能制造行业在4个方面的智能化升级：①智能化生产，实现从单机到生产线、工厂的智能决策；②网络协同化，形成众包众创、协同设计制造等新模式，降低新产品研发成本，缩短上市周期；③个性化定制，基于互联网获取用户个性化需求，通过灵活柔性的组织设计和生产流程，实现低成本大规模定制；④服务化转型，通过对产品实时监测，提供远程维护等服务，并反馈优化产品设计。综上所述，智能制造从设备自动化发展到信息透明化和网络化，再到智能化，工业互联网就是智能制造的关键基础。事实上，智能制造的实现依靠两个基础：工业制造技术和工业互联网。工业互联网是充分发挥工业装备作用、充分发挥工业和材料潜能、提高生产效率、优化资源配置效率、创造差异化产品和实现服务增值的关键与核心。

以上就是对智能制造概念的讨论，尤其是对智能制造"云—网—端"三个核心环节和工业互联网模式的深度探讨，通过这部分的内容，希望读者能够了解人工智能技术作为产业赋能的角色，如何推动行业的内在变革，和相应技术如何进行结合以实现数据化、网络化和智能化，这是我们理解技术和产业结合的重要视角。

15.3 智能家居：万物互联的新时代

随着互联网技术的发展，我们正进入万物互联的新时代。互联网1.0时代是以个人计算机互联网为代表的时代，主要实现海量信息互联共享，用户被动接受服务商提供的内容。互联网2.0时代以移动互联网为代表，核心在于连接人与人之间的关系，用户可以自己生产内容。互联网3.0时代则不再局限于人与人之间的连接，将会进入万物互联时代，在此基础上生成更大规模的数据，并通过更强大的人工智能算法推动社会的进步和生产力的发展，也就是进入智能社会。随着以人工神经网络为代表的深度学习算法的不断发展和普及，针对各类应用场景的人工智能算法能高效处理海量数据，随着低功耗的智能传感器等物联网终端技术的成熟和5G网络的部署，我们可以预期真正的万物互联时代将要到来，而家庭科技消费的升级则是重要的趋势，其中的核心应用场景就在于智能家居。

首先来看智能家居的定义。智能家居是以家庭居住场景为载体，融合自动控制技术、计算机技术，和新兴发展的大数据、人工智能、云计算等技术，将家电控制、环境监控、影音娱乐、信息管理等功能有机结合，通过对家居设备的集中管理，提供更具有安全性、节能性、便捷性、舒适性和智能化的家庭生活场景。事实上，智能家居的概念出现在20世纪80年代，脱胎于智能建筑的概念。过去三十年，智能家居经历了从有线到无线、从系统到单品、从高端到普及的过程，成为一个广为人知的概念。近几年，随着人工智能技术的发展，智能家居从依赖手机App控制发展到各类智能硬件，成为最重要的物联网应用领域。

智能家居的出现是为了满足消费者多层次的需求，也就是通过对生活场景的全面升级提升居住者的生活品质，具体来看体现在以下4个方面：①安全性，通过远程实时监控家中的安全，同时通过基于生物特征（如指纹、面部识别等）技术提高家庭安防的可靠性；②节能性，通过统筹家居使用过程中水、电、气等能源消耗，根据外部环境变化和使用习惯进行智能调控，使得能源使用效率最大化；③便捷性，构建不同场景，使用多种交互方式（如手势、声音等）进行控制，以降低交互烦琐程度，设备可以基于人的行为特征自动学习反馈，使人们可以最大程度地从控制家居设备中解放出来；④炫耀性，作为新时代的潮流生活方式，智能家居在精神层面可以满足消费者的炫耀性需求和猎奇性需求。

正因为智能家居具备以上优势，所以对智能家居的要求相对传统家居就高出许多。简单地说，智能家居至少要具备以下 3 个特征：①物物相连，所有家居产品都以有线或者无线的方式形成网络，设备间可以实现数据信息的传输共享和相互控制；②基于用户单词指令或者日常行为特质（如语音、手势等）即可完成一系列相对复杂的变化操作；③基于用户的生活习惯变化进行自主学习并更新操作，使每个用户都能在习惯场景下达到最好的居住体验。要实现以上几个目标，智能家居需要通过新的技术手段来推动相应的产业升级，首先需要依托数据传输和云存储实现大数据在云端的积累，其次需要通过大数据技术实现对既有数据的分析，最后需要通过以深度学习为代表的人工智能技术实现自我学习。

接下来从供需角度讨论智能家居产业，这是理解智能家居发展外部环境的关键。从需求端来说，有两个核心动力推动了智能家居的需求：一是高净值人群的崛起，以我国为例，根据中国人民大学 2017 年发布的《中国财富管理发展指数》报告，到 2020 年我国私人财富管理市场规模将达到 97 万亿元，市场规模总量达到 227 万亿元，这一部分人的家庭居住面积普遍较大，家庭成员较多，因此家庭娱乐、信息存储、隐私保护和远程控制都成为需求，而多元化的需求要在一个控制系统下实现，这就是智能家居的核心；另外随着我国的地产业精装修趋势的发展，智能家居控制系统如果能在前装时接入，可以在支出较少成本的情况下使房屋更具科技感，提供给消费者更好的体验，从而带来更高的溢价。与此同时，小区、公寓和酒店的管理需求也推动了智能家居的发展，通过智能家居实现能源控制、安防监控和提升物业管理效率，这是非常有价值的需求。

从供给侧来说，近年来在政策支持和行业巨头的推动下，智能家居在供给侧提供了更多高性价比的产品，使人们拥有了更人性化的体验。从政策方面看主要体现在两个方面：①政府对物联网技术的支持，智能家居作为物联网重点应用场景，频繁出现在相关政策中；②大型家用电器普及之后，智能化是未来政府刺激家庭消费的核心方向。除此之外，以国外的谷歌、亚马逊、苹果和国内的小米、百度、华为为代表的科技企业，越来越重视家庭场景的潜在价值。这几年，行业巨头们通过核心入口单品（以智能音箱为代表），以投资上下游生态企业、完善云平台建设和对传统企业开放平台等方式，提供智能化家居解决方案。对于行业巨头来说，智能家居能够让它们专注于家庭场景的入口，能够实现互联网 3.0 时代的生态布局。无论是销售智能音箱，还是投资收购生态链企业，本质上都是为了实现在新的场景下的连接，这会使平台的连接数与积累量快速实现从量变到质变。这一过程从客观上推动了整个制造业智能化和物联网发展，也推动了消费者以更低的价格体验相关产品和服务的趋势。

最后从产业链角度讨论智能家居行业，智能家居产业链涉及电子、通信、家电、互联网、地产等多个行业，产业链非常长，具体可以分为以下 3 个部分。

（1）产业上游，也就是零部件和核心技术提供方，主要包括：①硬件厂商，也就是芯片、传感器和智能控制器等核心零部件生产商；②软件厂商，也就是图像识别和语音识别等人工智能技术解决方案的提供商。

（2）产业中游，主要是以智能家居的产品方案设计为主的企业，包括智能家电、家居安防和智能照明产品的生产商等，也就是狭义上的智能家居生产商，除此之外，也包括相关的智能家居平台提供商。

（3）产业下游，主要以智能家居产品的销售和体验渠道为主，传统的智能家居主要依赖于前装，而新一代的智能家居则可通过体验馆的方式进行售卖。我们可以看到各种商场中的家居体验馆中智能家居相关的产品占据了非常重要的位置。

对于智能家居行业来说，上游和中游是构建盈利模式的关键。主要聚焦于两个基本路径：①通过硬件盈利，也就是通过提升用户体验进行智能化升级，在硬件端获得更高的溢价，不过由于目前产品智能化已经成为必须项而非加分项，且行业处于普及期，将盈利放在通过智能化扩大价差可能并不是最好的策略；②通过软件盈利，也就是通过软件平台端的流量、数据和品牌价值变现，这也是科技巨头较为擅长且用户较容易接受的方式。事实上，对于智能家居上游企业来说，实现核心技术突破、提供智能化解决方案和在满足消费者需求的同时控制成本等能力是它们的核心竞争要素。而对中游厂商来说，由于该业务对构建平台生态具备入口属性，因此可以吸引创新企业和科技巨头争相布局。对于现阶段的智能产品而言，产品能力和性价比是核心竞争要素。对于提供智能平台的服务商来说，如何推动连接数量的增长和提高人工智能的能力是核心竞争要素，只有累积了足够连接数量之后才能产生海量的数据，而只有基于海量的数据，大数据分析和人工智能的能力才有用武之地。

目前，国内的厂商也根据自身优势，采取了不同的方式进入智能家居行业。传统家电公司多以家电为切入点，如海尔通过打造全面智能家居布局推进智能家电，开发智能芯片并推出应用 App，形成"网络电器+交互+服务+平台"的模式；美的提供的 M-Smart 智慧生态计划，推出了三十多款智能家电，通过多种新技术的应用实现家居的全智能化，并通过"去中心化"的方式进行开放式合作，美的与腾讯基于 IP 授权与物联网云技术的研究，实现了家电产品的连接、对话和远程控制。互联网公司则更注重智能硬件和生态，如小米依托"米家"打造的生态闭环，围绕小米手机、小米电视和小米路由器，接入了多个生态链产品，并通过与美的达成战略合作，推动了智能家居及其生态链的发展。百度通过语音技术嵌入智能家居控制平台，并推出 DuerOS 操作系统与第三方进行合作。对于初创企业来说，则是通过开发小家电单品来加入海尔、小米、百度构建的智能家居生态。综合来看，互联网和传统家电公司采用的是开发合作与自建两种不同的方式，目前的智能家居已经具备初步的交互功能，人工智能技术在其中起到了关键作用，各家厂商目前无法互通，基本采用的是"传感器+芯片+App"的模式。

以上就是对智能家居行业的讨论，虽然目前阶段设备连接数量和数据积累尚未足够，人工智能相关的算法和技术也还未成熟，但是我们可以预期，随着物联网的不断发展，家庭作为最重要的生活场景越来越重要，未来基于家庭场景的平台的商业价值终将呈现，智能家居行业的发展将在 5G 时代实现其真正价值。过去，单一领域的技术突破和扩散是技术创新的主要方式，但是在智能时代，5G 和人工智能两个技术领域的创新正在推动以智能家居为代表的万物互联的新生活到来。随着前端消费场景的不断拓展，后端的产业互联网和智能制造领域的技术会不断衍生出新的技术创新，进而创造一个数字化协同的蓬勃发展的未来。

第四部分 智能经济时代的商业趋势

在第三部分中，我们对人工智能的概念、产业和发展趋势的内涵及外延进行了讨论，理解了人工智能作为影响未来信息技术发展的最重要的智能技术的价值，本部分我们将跳出具体的技术应用和技术概念，讨论智能化的技术对企业、社会以及人们认知的影响。

事实上，人工智能技术是跨界的，从大数据、云计算到物联网，基本上都和人工智能有着深刻而广泛的关联：正是因为有了大数据，才有了以深度学习为代表的人工智能技术的爆发；正是因为有了云计算，"云+AI"才成为了目前世界顶尖科技创新公司最重要的战略；正是因为有了物联网，AIoT才被看作是 5G 时代最重要的商业生态之一。本部分将讨论人工智能技术的商业生态是如何在技术融合趋势下逐渐形成的，以及如何从智能商业的视角来理解技术趋势与商业生态间的内在联系。此外，我们还将讨论区块链技术与共享经济的内在联系，以及网络化组织的创新与协同。

最后，我们将从社会治理、认知边界以及意义互联网等多个维度讨论智能化技术的影响，希望这能够给读者在理解数字经济学视角的技术范式时提供一些思路。

第16讲 计算智能与智能组织

随着数字经济的发展,技术的变迁推动着生产力的变革,同时也改变了企业管理模式和组织的内在结构。在工业经济时代,企业以追求规模经济为目标,通过对资源与财富最大化的占有,实现规模化生产标准化的产品。企业的管理体系建立基于严格的规章制度,组织以严格执行标准化的规章制度为目标,人被异化成为工厂的"机器"。随着生产力的发展和技术的创新,个性化的消费需求在全球市场成为主流。以大数据和智能技术为代表的变革浪潮正席卷这个时代,如何理解这些技术对组织形态产生的变革是非常关键的,我们在这一讲中将主要解读海量数据与智能化时代的技术浪潮和相关的技术生态与商业组织生态的互动关系。

16.1 大数据时代的浪潮

近年来,"大数据"概念伴随着人工智能技术的爆发和互联网商业的应用为人们所熟知,尤其是随着智能手机的普及,数据量猛增,相应的商业模式和应用也层出不穷。目前关于这个概念的讨论主要集中在 3 个层面:微观层面的大数据主要讨论技术,包括如何存储海量数据、如何将非结构化数据转换为结构化数据,以及如何统一多元的数据种类等;中观层面的大数据主要讨论大数据带来的商业逻辑的变化,包括如何通过用户的数据更加智能地推送相关服务,以及如何通过海量数据构建人工智能算法等;宏观层面的大数据主要讨论大数据对社会领域造成的影响,包括大数据对个人隐私、企业利益和国家安全等领域的影响。

事实上,大数据不仅代表技术趋势,还是信息时代中的浪潮,甚至是一种理解世界的价值观。从数据角度来说,我们可以将信息时代区分为三个完全不同的时代:计算机时代、互联网时代和大数据时代。三个时代对数据的利用程度和使用能力不尽相同:计算机时代解决了数据计算问题,互联网时代解决了数据传输问题,而大数据时代则通过数据资源解决生产力和生产关系的问题,同时也带来了人工智能技术和区块链技术的发展。因此,从数据维度理解信息文明发展和相应的技术形态是非常重要的。接下来就从数据、思维方式和应用这 3 个方面讨论大数据的基本概念以及如何通过大数据理解目前的前沿信息技术和商业生态。

我们先从数据角度理解大数据的基本逻辑,数据的出现和人类对数据的利用,事实上可以追溯到三千多年前古埃及时代对尼罗河水位的测量。随着工业时代的到来,科学利用数据的方法被普及,各个学科都开始对数据进行搜集、分析和利用,尤其是经济学和社会学相关领域,数据成为人们研究客观事物的重要依据。可以说正是数据的出现才使得货币能够成为经济的计量单位,也使得金融成为推动全球化最重要的方式。

当人们进入信息技术时代的时候,数据就成为一切信息技术的基础。计算机与互联网的结合,解决了数据计算和数据传输问题,数据量的爆炸式增长更是带来了全新的思维方式,让人们开始从"大数据"的角度理解世界。按照波士顿咨询公司(BCG)的定义,大数据的特点就是 4 个"V",即数量(Volume)、速度(Velocity)、种类(Variety)和价值(Value),大数据的价值不仅体现在对具体业务指标的影响上,还体现在对商业模式和商业思维的变革能力上,大数据从四个方面推动了商业价值:数据质量的兼容性、数据运用的关联性、数据分析的成本和数据价值的转化。

维克托·迈尔-舍恩伯格（Viktor Mayer-Schonberger）在《大数据时代》一书中提到，大数据的核心在于思维方式的变革，也就是 3 个基本转变：①分析与某事物相关的所有数据，而不是依靠分析少量的数据样本，也就是将随机采样的数据分析模型转变为全数据模式；②分析更加复杂的数据而不是更精确的数据，也就是通过大量数据的算法分析代替小数据的精确算法分析；③分析事物的相关性而非因果关系，也就是通过大数据洞察现象背后的本质，而不是通过简单的因果关系去理解世界。

随着大数据时代的到来，过去的世界观正在被重塑，相应的质疑和抵触也接踵而至，主要体现在 3 个方面：①大数据带来了人们对"在线"生活的恐惧，也就是对隐私和安全问题风险的极大重视，无论是斯诺登事件还是 Facebook 引发的数据泄露问题，都是关乎个人隐私和数据安全的问题；②大数据的到来伴随着传统商业价值理念对数据化生产革命的质疑，也就是开放式生产和共享数据的生产关系对传统生产关系的挑战，传统的企业家在企业转型中会对这类新兴概念和模式产生质疑；③大数据带来了传统社会对其引发的新的社会体制和透明化的数据生态的抵触，尤其是当区块链技术发展起来以后，"数字公民"和"数字社会"的概念对传统的政务治理和社会管理造成了极大的冲击。这 3 个方面的质疑正是大数据对世界观改变的具体体现。

最后我们从大数据应用角度讨论大数据的概念，需要注意的是数字和数据之间的差异，数字是抽象的概念，是对一切事物的数量性质的表达；而数据则是具象的概念，是对一个事物的数量性质的表达。受大数据影响较大的分别是互联网、制造业和公共服务领域。

在互联网领域，人们通过对海量用户行为数据的挖掘，衍生出一系列相关的服务，其中最具代表性的就是搜索、推荐和社交。搜索是目前大数据应用最为成功的领域，正是出于对全网数据的挖掘和分析的需求，诞生了诸如谷歌这样的顶尖科技企业。事实上，谷歌也是大数据思想的领导者：谷歌拥有世界顶尖的数据中心；谷歌是 GFS、MapReduce 和 BigTable 技术的缔造者；在谷歌新一代搜索引擎平台上，每月超 40 亿小时的视频播放，4.25 亿 Gmail 用户通信，150 000 000 GB Web 索引能实现 0.25 秒搜索出结果……推荐服务的代表是亚马逊，正是基于对海量数据的分析带来了更精准的电子商务服务，推动着亚马逊成为这个时代最有代表性的基于海量数据的推荐系统的电子商务网站之一。亚马逊还拥有着世界上顶尖的云服务平台亚马逊 AWS，可提供广泛的托管服务，帮助用户快速、轻松地构建并保护大数据应用程序。社交服务的代表是 Facebook， 在 Facebook 上，每天会产生 100 亿条消息、45 亿次"喜欢"点击和 3.5 亿张新图片。对于许多人而言，这些信息没有任何意义，但借助大数据技术，Facebook 可以了解用户的位置、朋友、喜好等信息。通过对数据的应用和分享，Facebook 构建了超过 10 亿用户的社交版图，当然因为 Facebook 对数据的滥用，导致其在数据隐私保护问题上受到极大的争议和挑战。可以说，整个互联网的商业模型，都是基于大数据思维和对数据资源的利用能力构建起来的。

除此之外，制造业和公共服务领域也在应用大数据，我们之前所提到的"工业互联网"和"工业 4.0"等概念，正是通过生产过程中的大数据的智能化，推动制造业更好地预测产品需求并调整产能、跨多重指标理解工厂绩效以及更快地为消费者提供服务与支持。通过对大数据和高级分析的应用，制造商能够实时查看产品质量和配送准确度，对如何依据时间紧迫性在不同供应商之间分配订单生产任务进行权衡，对产品品质的管控优先于发货进度。而在公共服务领域，大数据则为政府提供了现代化治理能力的基础，其体现在 3 个方面：①作为治理理念的大数据，推动着政务数据从过去封闭的状态向开放和共享的状态转变，进而推动了公共治理从大概决策向数据化决策转变；②作为治理资源的大数据，将过去治理过程中的分散的数据（如医疗、卫生和教育等行业的数据）向大数据时代基于分布式计算和云计算等技术所构建的融合的跨纬度的数据转变，解决公共服务决策在数据来源领域方面的缺失；③作为治理技术的大数据，大数据的采集、处理、分析和展现等技术，为公共服务的供给主体协同、供给预测和公共服务监管等领域提供了技术支持。总之，大数据为公共服务和公共管理提供了新的工具和思维，带来了数据化、智能化和精准化的公共服务生态。

综上所述，大数据相对于传统数据有两个核心差异：①目前行业中所有方面的数字化产生了新型的大量的实时数据，且这些数据中的非标准数据占据了很大的比例，如流数据、地理空间数据和传感器数据，也就是非结构化的数据越来越多；②当前的数据分析技术使得企业能够以从前无法达到的复杂度、速度和准确度从数据中获得洞察力，也就是越来越复杂的算法推动了大数据的实用性。数据技术与数据经济的发展是持续实现大数据价值的支撑，数据生态的发展和演进也逐步体现出社会价值，因此在大数据的浪潮下，行业需要从团队、机制和思维三个方面进行深刻变革。

以上就是对大数据基本概念、思维方式和应用的讨论，事实上智能时代几乎所有信息技术的基本逻辑和思维方式都是基于数据价值的，而数据的应用场景和具体技术之间是可对应的，这是理解海量数据的价值和理念的关键，也是接下来讨论智能时代组织变革的重点。

16.2　计算智能的主要模式

理解了大数据的基本概念和思维方式之后，下面讨论计算智能相关的概念。随着技术的发展，我们正处于从数据主义到智能时代的转变过程中。大数据的发展，使得数据成为这个时代最重要的资源，互联网到物联网的发展，使得我们将进入更加丰富的数据资源时代。基于这些数据资源，人工智能的各种场景才能逐步落地，数据革命的最终方向也就是"万物智能"的时代。在人工智能计算中，对于大数据应用最有代表性的就是计算智能这一分支。因此，我们需要理解计算智能和人工智能的关系，以及计算智能作为前沿的人工智能细分领域的主要模式。

所谓计算智能（Computational Intelligence），也称智能计算（Intellectual Computig）或软计算（Soft Computing），是指受人类组织、生物界及其功能和有关学科内部规律的启迪，根据其原理模仿设计出来的求解问题的一类算法。计算智能以数据为基础、以计算为手段来建立功能上的联系（模型），从而进行问题求解，以实现对智能的模拟和认识。也可以用计算智能指代使用计算科学与技术模拟人的智能结构和行为，计算智能强调通过计算的方法来实现生物内在的智能行为。我们可以认为计算智能是人工智能中最核心的模块之一，其中包括神经网络、模糊逻辑和进化计算。目前对神经网络、模糊逻辑的研究已有较长历史和较丰富的研究成果，而对进化计算的研究则相对较晚，现在仍处在研究和应用的活跃期。计算智能的研究内容包括人工神经网络、遗传算法、模糊逻辑、免疫系统、群体计算模型（如 ACO 和 PSO 等）、支撑向量机、模拟退火算法、粗糙集理论与粒度计算、量子计算、DNA 计算、智能代理模型等。

计算智能的主要方法有人工神经网络、遗传算法、遗传程序、演化程序、局部搜索等。这些方法具有以下共同的要素：自适应的结构、随机产生的或指定的初始状态、适应度的评测函数、修改结构的操作、系统状态存储器、终止计算的条件、指示结果的方法、控制过程的参数等。简而言之，计算智能是对人类在演化过程中所形成的种种机制的模仿，如生物的神经系统、优胜劣汰的自然进化、群居生物体的行为习惯等，这些机制给现实中的计算科学研究带来了启发，计算智能正是通过对这些机制的模仿和研究解决了诸如模式识别、数据挖掘、图像处理等多个领域的问题，目前已经形成具备代表性的分支，具体包括神经网络、进化计算、群体智能、免疫系统等。

下面分别讨论计算智能的三种核心模式：人工神经网络、进化计算和群体智能。通过海量数据的逻辑理解计算智能相关方法的探索和研究途径，这是我们讨论智能这个概念的基础，也是我们理解智能社会的基础。

首先讨论人工神经网络，人工神经网络是一种模仿动物神经系统行为特征进行分布式并行信息处理的数学模型，具有高度的非线性映射能力、良好的容错性、自适应能力和分布存储等优良特性，是一类重要的计算智能方法。人工神经网络不需要具备数据集概率分布的任何先验知识，与统计学方法相比，其限制条件更少。这里主要强调的是神经网络算法如何从生物的神经系统中得到启发，以及相关领域的一些研究成果。生物的神经系统由大量神经元和传播信号的轴突组成，因此科学家通过人工神经元取代生物神经元来模拟生物神经系统的功能，如大脑神经网络能够处理复杂的执行问题。人工神经网络目前也在模式识别、图像处理、数据挖掘等多个前沿领域得到应用，也是当下深度学习的人工智能算法的核心。

这里需要关注的是，人工神经网络算法并不是单一算法，而每一种算法都有自身的优势和局限性，如何将它们融合是当前神经网络优化算法的重要研究目标。影响人工神经网络性能最重要的因素是训练样本的特征选取、优化算法的设计和隐层结构的优化，由于特征选取目前还是基于经验而非系统的理论，因此关键就在于算法的设计和隐层结构的优化。

然后讨论进化计算，以遗传算法（Genetic Algorithm，GA）为代表的演化计算和以粒子群优化（Particle Swarm Optimization，PSO）、蚁群优化（Ant Colony Optimization，ACO）等为代表的群体智能算法是解决复杂优化问题的常用方法。这类智能算法的主要意义在于：一方面，可以快速近似求解一些难解的问题，如"NP难"问题；另一方面，还可用于约简问题的规模，从而解决那些由于数据量太大而不易解决的问题。这种算法来源于对大自然中自然演化理论的模拟，进化计算将群体的每一个个体称为染色体，将每一个个体特性称为基因，子代通过个体间的竞争繁殖产生，群体的进化通过个体的交叉、变异和选择等一系列过程实现。

遗传算法具有对噪声不敏感、不需要先验知识等优势和隐含的并行性，已经被广泛应用于解决复杂优化问题。另外，遗传算法还是进行数据约简的有效手段。在这类问题中，如果把特征组合看作一个染色体对其进行编码，并引入可以反映特征组合质量的适应度函数，就能通过选择、交叉和变异的遗传算子，高效地找出特征子集。此外，遗传算法还被用于确定复杂系统输入与输出之间的映射，即所谓的基于遗传算法的机器学习（Genetics-Based Machine Learning，GBML）。编码机制作为遗传算法汇总重要的因素制约着遗传算法的性能，当前的二进制编码被广泛应用，但是它在连续函数离散化时存在着映射误差，实际使用时也有一定的局限性，因此很多非二进制编码方法（如格雷码、树型编码和量子比特编码等）也被广泛应用。适应度函数也是遗传算法的重要搜索依据，函数的设计通常根据目标函数和约束条件，在设计过程中要确保目标函数变化方向与适应度函数变化方向一致。另外需要注意的是，遗传算法在执行过程中的适应度值的计算，需要考虑计算代价。简而言之，遗传算法通过对遗传算子的选择、交叉和变异进行操作，具备较好的全局搜索能力，算法的迭代基于概率机制，所以满足随机性特点，容易扩展并与其他算法进行深度融合。

最后讨论群体智能相关的算法，所谓群体智能优化算法主要模拟了昆虫、兽群、鸟群和鱼群的群体行为，这些群体按照一种合作的方式寻找食物，群体中的每个成员通过学习其自身的经验和其他成员的经验来不断地改变搜索的方向。群体智能优化算法的突出特点是利用种群的群体智慧进行协同搜索，从而在短时间内找到最优解。常见的群体智能优化算法包括蚁群算法、粒子群优化算法、菌群优化算法、蛙跳算法和人工蜂群算法等。除了上述几种常见的群体智能算法以外，还有一些并不是广泛应用的群体智能算法，如萤火虫算法、布谷鸟算法、蝙蝠算法和磷虾群算法等。

限于篇幅，这里只讨论最常用的粒子群优化算法。粒子群优化算法是在 1995 年由鲁斯·埃伯哈特（Russ Eberhart）博士和詹姆斯·肯尼迪（James Kennedy）博士一起提出的，它源于对鸟群捕食行为的研究。它的基本核心是利用群体中的个体对信息的共享，使整个群体的运动在问题求解空间中产生从无序到有序的演化过程，从而获得问题的最优解。粒子群优化算法是目前最流行和最有效的群体智能算法之一，它是一种基于种群的元启发式算法。粒子群优化算法的主要思想是模拟鸟类群体的集体协作行为，粒子群优化算法使用一种模仿群鸟群体行为的简单机制，引导这些粒子搜索全局最优解。与其他进化算法类似，粒子群优化算法是基于种群的迭代算法。由于其实现简单，粒子群优化算法已被成功应用于解决许多现实世界的问题。粒子群优化算法有两个主要缺点：相对弱开采能力和在复杂的多模问题上早熟收敛。因此，粒子群优化算法的改进是非常具有挑战性和有意义的。

无论是大数据、人工智能还是区块链，都是基于算法来运行的。如果说原子时代的商业逻辑是以生产力为核心的逻辑，那么在信息时代则是以算法为核心的逻辑。正是通过算法对信息的分类、筛选、展示和决策，使得互联网上的所有服务都具备一定的基于数据的智能性。计算智能一般被认为是在人工神经网络、模糊系统、演化计算这三个主要分支发展相对成熟的基础上，通过相互之间的有机融合而形成的新的科学方法。结合前文所说的大数据特点，我们可以从 3 个角度理解计算智能和大数据之间的关系。

（1）大数据混杂多样、多变的特点决定了模型驱动的方法存在本质上的局限性，因为面对海量、复杂的大数据，往往难以根据先验知识建立精确的模型，演化计算、群体智能等计算智能方法不依赖于知识，不需要对问题进行精确建模而在数据上直接进行分析和处理的特点非常适合进行大数据分析。大数据分析往往伴随着环境的变化，这源于系统本身、用户需求、目标等主客观因素的变化，传统方法往往难以适应环境的变化，进而导致算法失效，而以遗传算法为代表的演化算法可以通过在代与代之间维持由潜在解组成的种群来实现全局搜索，并能够根据环境不断优化种群的适应度，因此更容易适应环境的变化。

（2）精度是大数据的一个重要维度，对不确定性的处理和管理的需求源于数据采集手段、系统状态变化和自然环境等随机因素的干扰，同时也源于大数据固有的不确定性。因此，对不确定和概率数据的挖掘已成为当前大数据分析中的重要问题，模糊逻辑、粗糙集等计算智能方法能够有效处理数据中的不完全、不精确或者不确定性，增强了分析结果的客观性和可解释性。

（3）大数据的规模和复杂性意味着大数据分析需要巨大的计算开销，可能无法在可接受的时间内得到精确解。计算智能方法具有启发式特征，通过模拟人类和其他生物体的智慧求解问题，具有高度的自组织、自适应性、泛化和抽象的能力，可以快速近似求解一些复杂的数据相关的问题，如组合优化问题，为大规模复杂问题的求解提供了有效手段。

总之，随着大数据的发展，数据和智能之间有了非常重要的内在联系，我们可以认为大数据是计算智能的基础，而计算智能是大数据的核心应用场景。正是因为有了本节所说的各种大数据的特点，才会有之前讨论的人工智能的种种应用。计算智能是人工智能最重要的分支之一，是辅助人类处理各式问题的具有独立思考能力的系统。由于我们正在经历海量数据的时代，因此如何通过这些计算智能的算法更好地利用大数据是非常重要的课题，如何通过在线优化、随机化算法和大规模计算集群等方式来实现算法的可扩展性，既是人工智能时代最核心的问题之一，也是我们理解海量数据与计算智能之间内在关系的重要技术挑战。

16.3　智能组织的新范式

在技术变革的浪潮中，随着人工智能技术的发展，企业对人工智能的应用越来越广泛。正如之前所讨论的，人工智能潜力的充分应用是从探索特定的商业契机和创造潜在的应用场景开始的，通过技术推动企业的产品创新，可使企业成为市场的领导者。事实上，很多企业在运用人工智能技术时，发现要成为真正的人工智能驱动的组织，需要从根本上重构组织环境和生态，将机器学习和其他人工智能技术部署在整体运营和核心业务流程中，基于数据来制定新产品的业务流程和创造商业模式。如何成为人工智能驱动型的企业，更进一步说，智能时代的未来组织的范式应该是怎样的，是企业家非常关注的问题，也是企业能否生存的关键。接下来具体讨论未来组织的范式变化，我们将从人工智能驱动的组织到智能化组织生态对其进行系统的概述，以帮助读者梳理智能化技术和组织变革之间的关系。

首先我们从企业应用人工智能的方式和人工智能带来的变化入手进行讨论，以理解技术应用与组织变革之间的内在逻辑。一般情况下，企业应用人工智能有3个必经阶段：①第一阶段我们可以称之为"辅助智能"阶段，企业通过大规模的智能化程序、云计算技术和以数据为驱动的方法论来支持业务决策；②第二阶段我们可以称之为"增强智能"阶段，在这个阶段企业通过机器学习来增强整个企业分析信息的能力，并将机器学习用于企业自动化的流程之中；③第三阶段我们可以称之为"自主智能"阶段，随着流程数字化和自动化的发展，企业能够构建一整套基于人工智能的自主智能系统，从而成为人工智能驱动型组织。简而言之，企业在应用人工智能时，需要不断地在系统架构、流程和战略中渗透相关的应用，使得人机协作的深度和广度不断扩大，推动企业成为人工智能驱动型组织。

推动企业变革的因素不仅来自企业的内在推动力，也来自外部商业竞争环境和商业底层逻辑的变化，主要体现在3个层面：①随着外部环境的变化和竞争的越发激烈，市场变得越来越难以预测，跨界竞争和共生型组织成为常态。因此，传统的依赖同质化的基础性产品、可预测的刚性需求和单边的信息优势所构建的战略无法再适应现实的市场环境，如何通过人工智能驱动的生态系统对市场的快速变化及时感知和响应，成为了企业把握客户价值、推动企业战略实践的关键。②企业的创新和制造流程正在被智能化的浪潮所革新，未来的产品和服务基于数字化的逻辑会深度融合，科技不会再作为工具而是会作为企业的基本生存能力和基础设施而存在。因此，传统的垂直整合的企业创新流程不再适用，如何通过组织变革推动协同创造和多元分散的共享创新模式是企业面临的巨大挑战。③快速的自我变革和自我驱动的创新能力成为这个时代最核心的能力。正是由于各行各业持续的跨界竞争成为常态，导致企业没有长久稳定的竞争优势，加速的兴衰更替和快速的自我变革成为常态，因此如何通过人工智能驱动的方式提升在快速变化的商业界的适应能力非常关键。

然后从人工智能给组织生态带来的优势理解智能化时代的组织。对于企业来说，人工智能除了提升生产力、提高效率和降低运营成本外，还在以下 3 个方面可以产生附加值：①通过算法和智能自动化系统使企业的流程更加规范化，保障整体战略执行最低程度地受到人为偶然因素的影响。这方面的应用可以通过区块链技术中的智能合约技术与人工智能技术中的自动化来共同实现，通过技术自动化的方式代替传统的业务执行流程，毫无疑问是人工智能驱动组织的核心优势。②通过人工智能驱动的方式实现产品和服务的大规模定制化开发，也就是通过小数据、大系统的方式将个人化的需求以定制化的方式生产出来。这样的制造范式已经在互联网中大规模使用，如搜索、推荐等场景，在生产制造产品领域这样的趋势正在兴起，包括消费者到企业（Customer to Business，C2B）、柔性制造等模式正在成为很多制造企业转型的方向，可以说人工智能正在驱动大规模个性化制造的落地。③人工智能驱动的商业智能正在成为战略决策的主要参考要素，随着物联网和 5G 技术的普及，越来越多的数据将会成为企业的资产。这部分数据资产不仅能够指导企业的生产流程和业务流程，也能够成为战略决策的依据。

理解了人工智能带来的优势后，我们最后需要从智能组织演化的基本逻辑和结构入手进行分析。从管理学视角来看，传统的科学管理系统的内在核心实际上是在业务制造流程和认知外部世界的方法论角度的管理方式，"泰勒制"作为最经典的管理理论目前还是大多数社会组织运作的基本模式。按照管理学家彼得·德鲁克（Peter Drucher）的说法，新型组织在决策过程、管理结构、工作方式上都将发生巨变。从管理学视角来讨论，至少有 3 个基本变化：①更强调组织中个体之间的共赢而不是效率，如何通过整体的协同达成以人为中心的组织管理的新生态，是下一阶段管理者面临的重大转变。②更强调无边界的组织和跨生态的合作，由于组织的稳定性下降而灵活性上升，组织内的成员不再有固定的职责，而是基于项目和需求适应快速变化的环境，通过学习型组织的塑造和自我驱动能力提升自己的竞争力，从而推动企业目标的完成。③个体的价值被放大，基础的职能逐渐被替代，创造性的工作价值凸显。由于大部分重复的工作被逐渐替代，具有创造力和想象力的个体将在企业具有很大的话语权。工具和技术成为基础设施后，判断组织内个体价值的标准也就会产生结构性的变化。

简而言之，智能组织的出现和演进是技术发展和变革的必然结果，因为未来的创新业务模式需要将动态的、灵活的、可扩展的、自主学习的组织模式作为基础。目前市场上主流的人工智能驱动组织的方法包括云原生模型、组合模型和开放算法模型等，也就是通过三种不同的技术解决方案来实施组织基础设施的变革，然后再通过不同企业业务生态的差异制定定向的战略。企业组织文化和人才的价值正在被重新定义，人工智能的发展带来了新的战略问题：如何将企业内部数据转化为企业的数字资产？如何基于这些数字资产建立新的商业逻辑？从这些创新过程中可以产生哪些认知？我们看到，越来越多的商业变革集中在如何搭建数字时代的企业内部生态系统这个主题上。正如阿里巴巴公司在《浮现中的智能化组织》报告中所提到的：未来的组织将以客户为中心，在客户体验、在线交互、群体创造、接口透明、智能驱动、网络协同六个维度上实现智能化。未来的组织毫无疑问就是这样的基于数据的生态体，理解这样的生态体的核心是理解我们在这一讲中提到的智能化技术下的组织变革的内在逻辑。

以上就是对智能化组织的基本逻辑和未来发展趋势的分析，智能化组织所体现出来的在线交互、群体创造、生态化模式、无边界的价值网络等特点正在成为未来组织变革新范式的核心。如果说技术范式的变革是商业变革的驱动力，那么组织的范式变革就是企业在变革时代是否能够获得新的竞争优势和新的战略优势的关键，只有充分利用新的技术趋势推动组织变革，才能在未来成为具备竞争力的创新企业。

第 17 讲　智能经济时代的生态与模式

随着人工智能技术的普及和应用，商业的基本逻辑也在变化，尤其是当人工智能技术应用于链接万物的物联网之中时，也就跨越了行业的边界，形成了新的思考框架，我们正在迈入一个全息化的智能经济时代。在智能经济的浪潮中，全面进步的数字化技术使得以客户为中心的商业生态逐步建立起来，而客户需求也从同质化的产品消费向个性化产品消费全面升级，与此同时，在供给侧通过物联网等新型技术的网络协同正在取代过去以价值论为主题脉络的专业分工。为了满足日益个性化和多变的用户需求，以及越来越多的跨界竞争和随时可能发生的产业变革，无论是传统的企业还是包括互联网企业在内的科技企业，都需要通过数字技术进行赋能和商业模式的变革。

值得注意的是，2018 年，由腾讯推动的产业互联网概念在商业界悄然崛起，标志着智能经济时代的 2.0 版本已经开始实现。如果说 1.0 版本是以消费互联网为核心的智能经济时代，那么产业互联网就标志着为垂直的传统行业赋能的智能商业的到来。这一轮智能商业的发展特点是如何通过数字化的解决方案帮助传统企业进行业务流程的改造，提升供应链的整合程度和端到端的效率，让传统组织能够具备智能商业的基因。换言之，就是让传统企业实现互联网化的过程，这也是本讲讨论的重点。

17.1　智能商业的生态架构

基于理解智能商业基本概念的需求，我们首先来讨论智能商业的生态和它所具备的特点。有别于传统的商业管理生态的分析框架，以人工智能为核心的新商业生态是以"端""网""云"三个维度进行划分的，它们分别在商业逻辑中发挥着不同的功能，通过相互连接和协同，共同构成了智能经济时代的价值基石。

"端"指的是能够与商业场景发生交互的触点和支持，"网"指的是借助技术模块将产品、用户、企业等连为一体的商业网络，"云"指的是服务于"端"和"网"的，进行存储、运算和优化的基础设施。"端"是智能商业的"神经系统"，解决的是服务和产品如何到达用户的问题，同时建立了数据来源的采集入口；"网"是智能商业的"循环系统"，解决的是分享系统和建立商业通道的问题；"云"是智能商业的"大脑"，解决的是产品和服务的基础设施和基本逻辑问题。

在传统商业中，"端"的功能往往是人来实现的，而在智能商业中，通过互联网的产品或者移动端的 App 可以解决这个问题。随着物联网的普及和发展，"端"的范围将从有限的终端扩展为无数的边缘计算设备，所有物理产品在嵌入数字化的模块后也能够感知外部环境并成为新的信息入口，从而实现"端"的 3 个核心功能：①搜集不同商业场景中的数据，也就是接触和感知的作用；②传递不断更新的信息和执行不断优化的指令，也就是交互和互动的作用；③作为智能生态系统优化的承载点，提升整个网络的效率和体验。

"网"在智能商业中是构建商业生态的核心，是不同商业要素建立共生关系的载体，所有的智能商业模式的基本出发点在于通过网络的价值推动生产模式的变革。离散的"端"如果没有通过网络进行连接，是无法实现智能商业的协同价值的，这主要体现在两个方面。第一，数据的叠加和共享只有通过形成透明化程度高的网络才能实现，才能让商业决策不断被优化。以供应链管理为例，传统供应链由于需求信息从终端客户传递到供应端时无法实现信息的实时共享，因此会导致供应商的生产、供应和库存管理等环节的不确定性不断增加。而智能商业实现了零售端和供应端的数据共享，可以准确地判断市场需求，从而使供应系统的生产、物流和营销变得更加智能化。第二，各个"端"通过网络进行互动，智能设备具备交互的能力，一个"端"的交互会通过网络形成整体的联动。如工业 4.0 概念下的柔性制造系统，就是通过网络的作用实现从订货、设计、加工到发货等一系列环节的自动衔接和调整。各个生产环节之间的启动与调整是自动触发的，能够提升柔性制造系统的生产效率。简而言之，"网"的本质是通过连接人、产品和服务提供者，实现整体数据的协同和互动。

"云"的功能是智能商业的核心，也是智能商业系统的基础设施，通过存储、运算和优化的解决方案，"云"提供了整个智能商业的"大脑"。虽然"网"具备数据叠加、共享和协调的功能，但究其本质还是将碎片化的数据聚合和整理的过程，只有通过"云"才能够将数据转化为真正的智能。"云"的基本功能也分为两个方面：第一，基础服务，包括数据的存储和计算；第二，核心服务，包括数据智能和算法优化。前者是所有智能商业的基础设施，后者决定了商业系统的智能化程度。很多商业系统表面上差异不大，都具有入口和网络，但是在如何利用数据价值方面的能力却有很大的差异，这决定了对智能商业系统的整体价值评估。

通过"云""网""端"，可以形成价值闭环逻辑：首先，"端"搜集数据，为整个系统提供基础资源，也就是"数据"；"网"协同各种数据，通过叠加、分享和链接将数据的价值放大；"云"存储和分析数据，通过不断优化算法和效率提升智能水平，再通过"网"返回"端"，使得商业场景中的交互更加符合用户需求，进而提升整个系统的效率，这样就形成了一个价值不断增长的循环网络。如果没有"端"，就无法获取数据，那么整个智能系统就无法被训练和迭代；如果没有"网"，离散的数据无法协同，算法就只能针对局部进行优化，无法产生更大的价值；如果没有"云"，整个商业系统就失去了智能的根基，无法形成有效的生态。因此，企业在实施智能商业的战略时，需要在所有环节中去寻找相应的优势，主要体现在以下 3 个方面。

（1）传统行业在"端"上的竞争优势有助于企业占据商业场景的入口，无论是制造业争夺的产品销量，还是零售业竞争的顾客流量、店面数量等，都可以通过数字的手段转换为具有数据交互功能的"端"。如果产品销量大或者商店客流量高，就能够接触更多的用户、获取更有价值的数据，而这正是智能商业时代的竞争基础。如之前讨论过的海尔、美的等企业，以及美国的通用等公司，都是通过出售大量的智能产品终端来搜集相应的数据的，进而将工业时代的竞争优势逐步转换为智能时代的优势。

（2）高科技和互联网企业在"云"上的竞争优势有助于企业把握智能商业的高维竞争优势。这些企业往往在云计算和人工智能技术领域有所布局，而多年深耕于互联网行业又帮助它们积累了规模庞大的数据。技术和数据的双重优势将帮助这些企业开发和迭代现行的算法，在语音识别、图像识别和机器学习等领域建立起优势。如谷歌在深度学习技术上的优势使其在无人驾驶和人工智能解决方案上领先于对手。

（3）企业在"网络"中通过跨界与合作形成的生态优势有助于它们在智能经济时代开展网络协同，这些企业善于链接外部资源，形成商业生态，通过在不同的网络节点之间建立联系来创造价值。如阿里巴巴网站在不同商家之间建立的平台成为其核心竞争优势，而"智能商业"的概念在国内得以普及也起源于曾鸣教授的《智能商业》一书中所提出的"联""互""网"的概念。按照曾鸣教授的理论，在线化、智能化和网络化是所有互联网企业增长的关键，成功的互联网企业都必须基于智能商业的逻辑被构建。

无论企业处于什么行业，具有竞争优势或者生态优势，都可以在智能经济时代找到自己的切入点和立足点。不同维度的竞争优势之间可以通过彼此融合、放大和交互形成新的竞争优势，如之前讨论的智能医疗可以通过医疗行业与图像识别技术的融合来实现诸如医学影响的诊断效率的提升，而智能交通行业则可以通过交通运输行业与人工智能预测技术的结合来进行交通的智能化升级等。

需要注意的是，智能商业的核心不是技术逻辑而是商业逻辑，从经济学视角来看，如何在消费者支付剩余中最大程度地满足用户体验是这个逻辑的底层。以产业互联网为例，实际上产业互联网是对整个生产关系的调整，是基于消费端需求推动的产业变革。无论什么样的信息技术，个性化制造也好，智能化定制也好，如果无法让消费者愿意买单，生产成本超出其支付能力，那么从商业逻辑的角度来说都是毫无价值的。从生态角度来说，产业互联网所构建的是一个生态共同体，从要素到价值都由生态共同体完成，目标是如何将产业生态的各个要素形成个性化的服务体验，从而让消费者愿意为这种智能商业逻辑下的产品买单。脱离了产业生态的共同体和商业的基本逻辑之后，我们就无法理解智能商业和技术之间的内生性结构。

本节我们讨论了智能商业的基本生态，也就是"端""网""云"的逻辑，并分析了3个部分各自的特点和作用，此外，以产业互联网为例讨论了生态的作用和智能商业的本质：一个角度是任何商业本质上都要创造用户愿意付费的产品或者服务，否则就只是单纯地在技术上进行无效地投入；另一个角度要从产业生态理解智能商业，将交付的过程放在整个生态共同体的角度去认知。

17.2　智能商业的核心模式

基于产业生态的逻辑，企业在智能经济时代的优势是具备流动性，它从一个环节传递到另一个环节，形成巩固和扩大优势的良性循环。本节我们就来讨论这个循环过程的具体步骤，也就是具体战略，并从产业赋能平台的角度再次理解产业生态相关的战略核心和基于产业生态所构建的商业模式的内在机理和价值。如果说在智能商业 1.0 阶段是以平台理论为核心讨论其基本价值的，那么在智能商业 2.0 阶段就要以生态理论为核心讨论其基本价值。

首先讨论 4 个基本的智能商业步骤：场景数据化、数据网络化、网络智能化和智能平台化。

（1）场景数据化指企业通过定义和创造场景、通过高质量的交互产品占据流量。所谓的"入口"是指通过产品接触更多的用户，包括建立和培养社群、完善线上线下渠道和管理用户体验生命周期等方式，都是在建立基于产品的商业场景。在供给侧，对供应链各个节点的数据、生产设备的零件状态等信息实时记录和更新，相当于创造了新的信息空间，也是在定义新场景。在组织端，通过数字化的方式对企业组织的内在运营逻辑进行分析，这也是在定义一个场景。无论是哪种方式，如何通过建立场景系统搜集和沉淀数据都是场景数据化的核心。

（2）数据网络化是指企业通过商业生态圈的资源进行数据协同，正如之前所说，"端"的数据的价值是极其有限的，必须通过网络的方式链接数据，从而产生异质化数据的组合与协同。这里以海尔的"网络化"战略为例，2013 年海尔提出"网络化战略"，指出企业必须网络化，变成网络化的企业，才可能适应这个网络化的世界。海尔的企业组织架构从原来的"正三角"转变为"倒三角"，又从"倒三角"扁平化为节点闭环的网络组织。组织的核心是网络化组织、网络化资源和网络化用户资源上的"三无三自"。"三无"是指针对网络化组织的企业无边界、针对网络化资源的组织无领导和针对网络化用户资源的供应链无尺度。"三无"之间，是必要条件、充分条件和目标的关系。在这样的战略中，如何建立网络化组织、链接网络化用户，从而构建网络化资源就是战略的核心与关键。"三自"是指自主经营体高标准单的自生成、通过正反馈循环的人单自优化和自主经营体向小微型公司转变的自推动。

（3）网络智能化是指通过技术和算法推动系统高效运转，也就是通过对数据的分析形成系统优化的方案，再反馈到网络中进行优化的方式。还是以海尔为例，它在2017年所提出的"智能化"制造，其核心就是"三化"，即柔性化、数字化、智能化。柔性化即不仅要满足个性化的定制需求，还要快速地满足，这就需要有一个柔性精益的生产线。为了解决个性化和规模化的矛盾，海尔把产品分成了不变模块和可变模块，不变模块用一条固定生产线来满足，可变模块（即用户的个性化需求，如一个体现个性张扬的红色冰箱）可以通过定制生产来快速满足。数字化即使用现在的互联网技术来满足用户的需求。当用户下单时，通过海尔的COSMOPlat平台，可以瞬间传达到生产线和其他提供相应用户服务的供应商、设计商、物流商等处，所有环节会同时看到用户订单，用户的需求瞬间到达。智能化即海尔的智能产品都具备自控制、自学习、自优化的功能，海尔将整个产品的设计、制造、生产、发货等过程信息都联结在一起，通过数据模型来实现智能化。

（4）智能平台化是指将云端的能力（如数据、计算和算法）开放出来，一方面将云端能力与外部共享能够增加企业的变现能力，另一方面通过开放云端可以构建更深更广的商业生态，从而推动商业价值的升级。还是以海尔的COSMOPlat平台为例，在工业4.0时代，GE以Predix为基础平台，主要是在制造和资产管理的供应生态系统为大、中型企业服务，而西门子的MindSphere是工厂管理与服务工业生态的系统，它也为企业服务，海尔的COSMOPlat是大规模的定制工业生态系统，是同时面向企业和个体的，所以它是第三极的。

可以看到，到了智能商业2.0阶段，我们所构建的平台与传统互联网平台的差异是非常大的，我们将这种平台总结为"产业赋能平台"，也就是通过一系列界面设计和基础设施投入，赋能用户需求场景中的价值创造者并将其与用户互动链接的新型平台模式，也就是"产业互联网的生态模式"。这种模式所带来的价值正是智能商业2.0阶段所构建的商业模式的核心，一般来说具备以下3个特征。

（1）产业赋能平台是智能的，它将数字化技术真正渗透到了价值创造与交易的全流程中。相对于垂直价值链模式在信息化时代对信息的有限收集、分析、分享和应用，产业赋能平台模式更加注重数据的全息化、计算的深度化、分享的即时性和应用的广泛性。而相对线上交易平台模式，产业赋能平台模式则在全息化数据收集和挖掘的基础上，进一步将分享和应用渗透到供给侧，从而搭建起一套从用户端出发的、数字信息流贯穿价值创造全流程的智能商业体系。因此，产业赋能平台所实现的商业模式往往是以用户或者消费者为核心的。

（2）产业赋能平台是开放的，它通过开放能力和产业边界、引入多种类型的生态合作伙伴来推动平台的多样性和赋能的过程。这主要体现在两个方面：一个是产业赋能平台不仅强调供给侧的开放，而且同样注重在赋能端通过开放模式引入一系列的互补型资源与能力，从而能够为供给侧的创造者提供更加全面和深度的赋能，这提升了供给侧对平台的依附程度和平台的稳定性；二是产业赋能平台需要在一系列产业能力上通过或自营或开放的模式进行重投资，因此不可避免地带有更强的价值属性，这使平台对参与者的筛选会设定更加严苛的标准，从而能在更大程度上消解线上交易平台发展中极易产生的"平台噪声"和"平台崩溃"风险。

（3）产业赋能平台是深度专业化和集成化的，是在产业端对供给侧的深入改造。同时，由于具备更加全面的经营视角和更加雄厚的投入实力，产业赋能平台相对垂直价值链模式更有条件在一些基础性的产业能力上进行持续投入与饱和供给，从而在那些决定产业未来的重大能力上形成长期积淀。为了实现对供给侧的赋能，产业赋能平台需要将产业能力标准化和模块化，转变为产业经营的基础设施，供参与方随需调用。参与方不需要再像过去那样在每一个价值链环节上进行全面布局，而只需要专注于自己擅长的领域，便可以嫁接和调取平台的专业能力，共同完成价值创造和变现的全过程。

我们可以看到，这与传统的平台所谓"去中介化"的特质是不一样的，事实上"去中介化"在很大程度上是伪命题，尤其在互联网领域。在互联网领域"去中介化"实质上是解决了信息不对称的问题，而其他的服务还是通过中介平台完成的（如滴滴打车的模式）。智能商业并不是颠覆了什么，而是通过技术对产业进行赋能，这也就意味着如何通过服务业务链上的所有环节来提升效率和降低成本，从而让用户端获取更大的价值，这是智能商业的核心。从经济学视角来说，有以下 3 个基本要点。

（1）智能商业从 1.0 到 2.0，实际上是参与者的范畴被扩大了，而不是某个具体环节被颠覆了，由于范畴的扩大，从经济学视角来看，收益规模递增的效应也就体现出来了，从而实现了整体效率和收益的提升。

（2）不存在任何环节被颠覆，而是每个环节创造了更大的价值。换言之，产业互联网形成的是"网络"效应，网络效应会使整个产业生态吸引周边参与者的数量越来越多，受益方也就会越来越多，从而会推动"生态垄断"现象的出现。

（3）由于在结构层面存在更加多元的满足用户需求的产品，因此能够产生的也就是异质化的价值。根据数字经济学理论，异质化资本是数字经济领域有别于传统模式的重要特点，而异质化资本的前提就是异质化价值的产生。这个过程是依赖于生态企业、核心价值要素和数据驱动的逻辑共同产生的，换言之，就是通过人工智能驱动的商业逻辑在生态角度的实践。

以上就是对智能商业模式的分析，尤其是对智能商业 2.0 阶段的产业互联网生态平台的研究。正是通过产业互联网的赋能，才推动了整个生态的扩张和建设。我们需要关注的是，智能只是手段，目标是形成异质化价值创造的商业生态。在这个过程中，智能商业一方面从全局角度为产业生态的各个环节赋能，推动效率的提升和异质化价值的产生；另一方面，智能商业实现了价值的再分配，也就是通过智能化的算法实现资源切割、过程管控和智能调配，从而让产业生态最大效率地以合理分配的方式动态地运转起来。

17.3 智能商业的生态战略

通过以上内容的讨论，我们理解了智能商业的模式，也理解了智能商业的核心在于"智能互联"的产品，也就是通过网络将"云"和"端"之间连接起来，产生新的商业模式和异质化价值。接下来我们以"智能互联"为出发点，继续从"产业互联网"的视角来讨论智能商业的战略。这里需要明确的是，无论是智能商业 1.0 阶段的平台战略的逻辑，还是智能商业 2.0 阶段的生态战略的逻辑，都是以智能互联的产品作为基础的。基于现在的发展阶段，我们更多讨论后者。这一节主要介绍智能互联网产品的价值，以及智能经济时代的战略思维的本质与核心。

首先讨论"智能互联"产品，也就是自动化运行的产品。这些产品包含三个核心要素：物理部件、智能部件和联结部件，智能部件加强物理部件的功能和价值，而联结部件强化智能部件的功能和价值，并让部分价值和功能脱离物理产品本身存在，这就形成了价值的内在循环。新一代产品内置传感器、处理器和软件，并通过网络联结，同时产品数据和应用程序在云服务中储存并运行，这样的基本架构让产品的功能和效能大大提升。生产这些产品需要全新的设计、营销、制造和售后服务流程，同时需要新的审查环节，如数据分析和安全服务等，将重塑现有的价值链，进而引发生产效率的大幅度提升。

智能产品正在各个领域尤其是制造领域涌现，而要专注智能产品的浪潮，企业需要建立新的技术基础设施。从横向看，包括三个基本的层次：产品内置的硬件、软件应用和操作系统（端）、用于互联的网络通信系统（网）以及产品云。从垂直技术层看，这个基础设施包含身份认证和安全架构、获取外部数据的接口和与其他业务系统连接的工具。具备这样的技术架构之后，企业不仅能实现快速的应用操作和开放，更能收集、分析和分享产品内外各个环节产生的大量数据。

智能产品将具备四类基本功能：监测、控制、优化和自动，每类功能都以前一类功能为基础。监测功能就是通过传感器和外部数据源实现对产品状态、外部环境、产品运行和使用状况的监测；控制功能就是通过产品内置或产品云中的命令和算法进行远程控制，除此之外还可以实现用户体验的个性化；优化功能就是利用算法对产品运行和使用进行优化，从而实现产品性能的提升和获取数据进行诊断、服务和维修；自动功能则是结合上述能力实现完全自动的运行，在这个过程中与其他产品和系统进行协调配合，从而推动自动产品性能强化和个性化。这一系列能力推动了智能商业的战略的变化。

下面讨论智能商业的战略逻辑，也就是平台逻辑和生态逻辑的实质与异同。在消费互联网时代的平台，最大的优势在于能够通过自身的核心能力吸引产业上下游的参与，从而形成基于平台的商业优势。不过随着各个企业都在做属于自身的平台，平台逻辑的缺陷显现出来：无法阻止用户和产业参与者转向其他平台，也就是平台的转移成本过低，导致平台的忠诚度问题，从管理学角度来说叫作"多属现象"。产生这样的现象的实质就是竞争性的平台越来越多，在消费互联网阶段主要表现为用户对平台的黏性不够，通过多个平台的参与来降低自己的成本，用户始终会找到更好更划算的平台。随着竞争的加剧，这样的现象衍生到了消费侧，如互联网领域的竞争，同一个商户会参与不同的外卖平台，以及同一个司机会安装不同的打车软件等。可以说，平台的多属问题是外部环境竞争加剧的必然结果，也是产业端的竞争越来越跨界的结果。

生态视角的智能商业 2.0 提供了解决这个问题的新思路，即通过满足产业链的多个价值诉求来提升其转移成本。由于单个平台锁定能力有限，那么核心平台和相关平台（或者非平台）组合起来就提供了对产业链更大的锁定能力，也就提高了忠诚度。换言之，生态的逻辑就是从客户需求出发，整合各种资源，满足其需求，成为所有生态参与组合数据的资源提供方。对于产业互联网的生态战略而言，其核心能力就在于整合外部资源的能力，也就是通过准确把握产业生态的需求，用合理的平台组合提供更好的服务的能力。从管理学角度来说，我们称之为"多平台战略的能力"或者"生态构建能力"。从迈克尔·波特（Michael Porter）提供的价值链理论来说，他认为差异化优势不是单纯的与竞争对手不同，而是企业价值链活动能够映射到用户价值链的不同环节之中。通过用户视角来审视产业生态内部的制造流程，从而创造不同于竞争对手的价值。简而言之，决定生态战略是否能够带来竞争优势的核心不在于价值链自身，而是生态价值链与用户价值链之间是否存在共生性。

下面来讨论生态视角的战略是如何形成的，以及其中的关键要素。当我们理解了生态相对于平台的优势之后，我们就能够理解无论是消费互联网还是产业互联网，其共同特征就在于平台代替产品成为基本价值创造的单位，其核心在于如何创造共生关系来满足用户需求。在消费互联网时代，企业是通过横向分布的多平台互联网产生价值，而在产业互联网时代，企业是通过复杂的价值网络来产生的。前者的核心环节主要在于整合现有资源，而后者的核心在于整合资源的同时形成网络，实现价值创造的同时还需要考虑价值分配的逻辑。从经济学视角来说，产业互联网的生态战略的核心在于降低交易费用，从而让差异化的价值得以实现。这个交易费用不是某个环节的交易费用，而是整个生态的全局性的交易费用，因此需要通过整个生态的交易规则和结构的重新设计来实现。

在这个过程中，生态视角的智能商业战略至少要拥有以下部分：差异化的系统构建、数据驱动的战略思维、降低整体结构的交易费用、合作伙伴的深度锁定和跨平台的网络效应。差异化的系统构建也就是基于系统层面去理解企业内外部的资源边界和整合方式，从而实现对价值网络的重塑；数据驱动的战略思维也就是通过数据和智能化的方式来帮助决策，甚至直接对业务环节进行自动化的响应；降低整体结构的交易费用，如上文所说，如果无法以降低交易费用为结果交付差异化的价值，用户就不会为这样的产品买单；合作伙伴的深度锁定是生态视角区别于平台视角的核心，也是外部竞争不断扩大和升级的结果；跨平台的网络效应则实现了平台战略到生态战略视角关键的过渡，也是智能商业 1.0 到智能商业 2.0 的转变核心。

最后，讨论生态视角的智能商业的未来趋势。技术创新导致生产关系和生产力需要重新匹配，也就导致了商业逻辑的变革和新的企业组织的重构。消费互联网的技术创新是从 2000 年左右开始的，从本地体验到云端体验，从个人计算机互联网演进到移动互联网，出现了一系列基础性应用和众所周知的互联网企业。在这个过程中，互联网技术在计算、传输、终端、交互等领域都取得了突破性进展，在网络效应的驱动下，随之而来的是用户的增长和数据的爆炸，从而推动互联网从数据时代进入智能时代。当下，互联网正从消费互联网向产业互联网转变。我们可以看到，在消费互联网阶段，互联网企业已经完成了产业互联网阶段技术创新的所有要素的积累，为要素扩散和技术革命做好了准备。

产业互联网的出现，可以认为是互联网要素从互联网行业向其他行业扩散的过程，其中主要的参与者是互联网企业和互联网技术软件企业。互联网企业基于自身发展过程中的具体实践，将技术创新等要素注入产业互联网，具备技术和资本层面的优势；互联网技术软件企业则在多年服务企业客户的基础上形成了相应的技术实力和对具体行业的认知，具备服务和经验的优势。因此，互联网企业正利用自身的资本优势和平台优势收购和整合相应的互联网技术软件企业。换言之，产业互联网的浪潮是消费互联网企业借助技术扩散的浪潮，通过与互联网技术软件企业的深度整合来加速这一趋势。

不同于消费互联网的垄断性格局，产业互联网形成的是生态共同体。从要素重构到价值网络都需要生态共同体的各个角色参与，产业互联网的不同要素正是在这样的价值整合中形成了不同的解决方案并交付给传统企业，从而推动其生态产业互联网化。传统企业具备供应链和在传统领域的品牌优势，再借助产业互联网方案进行重构和生态扩张，可以获得更多消费者的认可并提升其整体的价值网络的边界。我们可以看到，产业互联网所形成的生态共同体是复杂和动态的，有别于消费互联网所注重的基于规模经济的网络效应，产业互联网强调的是整合生态能力推动复杂网络的形成。这是由于外部环境的不确定性所导致的，同类的企业可能选择不同的生态位来实施其产业互联网战略。

理解了以上逻辑后，我们就可以来看产业互联网发展的未来趋势：①在智能化浪潮下，尤其是人工智能和 5G 技术的发展，会推动不同行业的跨界竞争和整合，产业互联网会成为传统行业升级改造的核心解决方案和智能经济时代的重要实践；②传统互联网技术企业和互联网企业共同协作，推动各行各业的数字化转型，对于互联网企业来说，需要充分扎根每个垂直领域，创造和务实地对待每一个客户，才有可能成为产业互联网真正的推动者和主导者之一；③在智能商业的浪潮中，产业互联网将传统产业和互联网企业形成生态共同体，以互联网企业为核心的产业互联生态和以传统企业为核心的产业互联生态不断竞争和合作，共同推动智能商业浪潮的发展和行业的数字化转型。

以上就是对智能商业的核心模式的讨论和对产业互联网概念和战略的深入分析。理解这部分内容后，就能理解智能经济时代是如何发展起来的了。理解从消费互联网到产业互联网转型的内在逻辑，可以为我们理解技术趋势和真实商业之间的复杂的互动关系建立基本认知。

第18讲　区块链与共享经济

自从区块链技术在 2008 年底首次应用于比特币以来，关于区块链技术如何推动数字经济发展的讨论就从未停止。与此同时，由于技术不成熟以及"虚拟货币"泡沫，区块链的发展蒙上了阴影。区块链技术将彻底改变很多行业，但是整个过程显然比很多学者当初认为的要长很多，原因在于与 TCP/IP 这样的底层技术一样，区块链技术也是需要多方协调发展的基础性技术。区块链技术要真正成为数字世界的基础设施，引导行业和社会的变革，还需要很多时间的积累，因为区块链技术并非"颠覆性"的技术，而是"基础性"的技术，不像互联网可以用成本更低的解决方案创造商业模式，它只能作为信用的基础设施为经济和社会变革创造土壤。

根据国际数据公司 IDC 预测，到 2021 年全球区块链解决方案的支出将接近 100 亿美元。区块链技术正在从加密货币相关的领域转型到可信网络的建设中。区块链之于信任正如网络之于通信，未来区块链技术将改变人们参与交易的方式。大型企业和金融机构正在部署企业级的区块链解决方案，推动分布式数据库在更广阔领域的应用。随着数字证明、智能合约和共识机制等技术的广泛应用，可以预期在接下来几年内区块链技术将逐渐解决商业化应用过程中关于技术底层的可扩展性和成本效益的问题。这一讲我们将基于这样的判断来讨论作为基础性技术的区块链技术如何实现其价值、区块链技术如何在底层降低风险、共享经济与区块链技术之间的内在逻辑联系等问题，为读者构建一种理解区块链发展趋势的基本框架。

18.1　区块链的商业演化路径

要理解区块链技术的发展阶段，就要理解其作为基础技术的演化路径。不同于一系列所谓颠覆式创新的技术，区块链技术作为底层的基础设施技术，需要漫长的时间逐步成为整个互联网底层的代码。区块链技术是建立于互联网基础上的点对点的网络，它的发展路径应该类似于互联网底层的 TCP/IP 的路径，后者经过了三十多年时间才从单个案例逐渐发展为几乎所有互联网技术的底层协议，也创建了专属于互联网的平台经济模式，以及众所周知的明星企业。下面就从 3 个方面讨论区块链的演化路径：区块链经济的基础、区块链的普及过程和区块链技术的关键价值。

（1）区块链经济的基础。在真实的商业世界中，合同、交易和记录是无处不在的，无论是政治、经济还是法律等体系，这些要素都是关键的基础设施，它们保护了资产的价值并确定了组织的边界，建立并核实身份和关键信息，影响了不同国家、组织、社群和个人的互动，引导社会和控制风险。但是在区块链出现之前，我们在数字世界中并没有为这类制定规则和约束行为的合同找到合适的标的物，这也使得数字化世界对现实的改造仅限于信息经济的部分，而无法推动社会更底层逻辑的变化。在区块链技术出现之后，我们可以看到，未来的合同将通过区块链技术成为数字编码并保存到透明、共享的分布式数据库之中，一方面具备无法删除、篡改和修订的属性，另一方面每次基于合同的操作，都会产生可识别、验证、保存和分享的数字记录。区块链技术取代了中介的信用担保的作用，个人和组织之间通过机器和算法成为更加可信的社会体系。

区块链技术和 TCP/IP 这样的底层协议是非常类似的：后者的广泛应用使得信息双向发送

成为可能，前者的广泛应用使得金融双向交易成为可能。二者都具备共享、开源和分布式的特质，且发展路径都是从积极性很高但规模较小的极客群体中产生并流行的。TCP/IP 技术通过降低计算机的连接成本创造出了新的经济价值，而区块链技术则通过成为交易的记录系统降低了交易和信用的成本，将会创造新的经济模式，这也是区块链经济的基础与核心。在现有商业模式下，持续记录交易是每个企业的核心功能之一，这些记录显示了过去企业的行为和表现并将指导企业的下一步规划，这些记录不仅说明了组织内部的运营情况，也显示出了组织的外部关系。在企业组织内部每个部门都有自己的记录且不对外公开，很多企业组织没有记录所有活动的总账本，这些记录都由内部各部门自己掌管，这样就降低了企业的运营效率，尤其是降低了企业信息的透明度，导致企业运转出现信息不对称且决策依据不足的情况，任何一次账本信息的更新都需要经过大量的中间人充当资产和信息的担保人。而在区块链系统中，账本在大量相同的数据库中复制，每个数据库都由一个利益相关方主管和维护，任何一份文件的改动都会使其他文件同步更新，与此同时，如果出现了新的交易，交易资产和价值的记录就会出现在所有账本中并且永久保存下来，这就创造了一个不需要第三方中间人的底层系统，这是区块链经济运转的基本逻辑。

（2）区块链的普及过程。作为基础性技术，区块链技术在普及过程中主要由两种基本的力量推动其发展：第一，新技术对外界事物的影响程度，也就是解决问题的能力和门槛；第二，新技术的复杂程度，也就是新技术应用对生态的要求。作为基础性技术，区块链技术往往会需要非常多的相关方数据和多样化的产业生态，如社交网络技术，只有单个用户没有任何价值，只有足够多的用户才会产生价值。换言之，区块链技术本身的影响程度和应用区块链技术所必需的协调工作的复杂性是其发展最主要的影响因素。值得注意的是，与 TCP/IP 技术一样，区块链是一种复杂多元的应用，其应用场景也比较多元：区块链技术已经发展出单个案例，而其他的应用场景如本地化的服务和互联网服务的替代解决方案都尚未发展起来，具备颠覆性效应的自动生效的智能合约的应用还处于试验阶段。

作为基础性技术，区块链技术将沿着单一案例、本地化、取代和变革的路径发展，而不同的应用场景发展阶段不同。对于区块链技术来说，单一案例是最为基础的应用，这类应用的新颖程度和复杂程度都很低，带来的是定制化的、低成本的解决方案。本地化指的是通过本地的私有网络让多个组织通过分布式账本相互连接，如纳斯达克正在同区块链基础设施供应商合作以提供处理金融交易的技术，而大量的传统金融机构也在通过区块链技术在本地完成替代纸张的手动处理交易流程的工作，这些都属于私有网络中的典型应用场景。在不同行业领域通过区块链技术解决自动化交易流程和信用的私有网络内的问题，都属于本地化的场景。

在本地化之上就是区块链技术对现有的解决方案的替代，这类替代要求非常高的协调度并对现有的生态进行挑战，变革性的创新应用，对于区块链技术来说智能合约正是这样的应用，通过智能合约技术能够推动社会向自动化的智能社会进步，如公司基于智能合约的建立，带来了组织结构的内在变化，不再需要纸质的合约来监督相关行为的执行，新的基于非中心化社群的组织生态也将发展起来，推动社会向着更加公平和高效转变。然而这一技术的普及还处在试验阶段，目前区块链技术还处于非常早期的单一案例向本地化和取代性应用的过渡阶段，我们正在推动区块链技术的基础设施的落地以及"杀手级"应用场景的开发。

（3）区块链技术的关键价值。事实上区块链技术的关键价值是由其基本特点所决定的，主要有以下五个方面的特点。

- 分布式数据库：区块链中的每一方都有权查看整个数据库和完整历史，数据和信息不由任何一方单独掌管，各方都可以直接确认交易方的记录。
- 点对点传输：通信可以直接在各节点之间进行，不必再通过一个中央节点传输信息，每个节点都可以保存信息并向其他节点转发信息。
- 高安全可靠网络：区块链中的每个节点和用户都有自己的唯一地址，用户可以选择保持匿名状态或者向他人提供身份证明，交易发生在不同的区块链地址之间。
- 记录不可更改：一旦交易信息进入数据库，账户得到更新的同时记录就无法再更改，因为这些记录跟之前的每一条交易信息都有联系，使得这些数据库里记录是永久的、具备时间戳性质的信息。
- 计算逻辑推动：区块链交易是可编程的，也是基于计算逻辑推动的，因此用户可以设定算法和规则，并自动发起节点直接交易。这是区块链技术作为智能社会基础设施的核心特质。

从数字经济学视角来看，区块链在具备了以上特质的基础上，就能够发挥出 3 种基本的经济价值：①极大缩短多方交易结算的时间，推动跨境贸易等国际贸易的变革；②减少因中介产生的开支，推动经济在循环过程中的交易效率的提升；③减少人为违法产生的风险和危害，建立基于技术的信用经济，推动经济效益的提升。简而言之，如果接下来区块链技术在网关、集成层和技术标准等方面可以实现突破，区块链技术将真正带来基于信用的数字技术的基础设施的改变。正如之前对产业互联网的研究，技术创新需要与商业模式创新相结合。相对于互联网来说，区块链技术具备了分布式网络带来的信用和智能合约带来的自动化，能够在更广的范围内推动产业互联网的实现。由于区块链技术目前还未成熟，这样的预测也相对比较大胆，不过一旦这样的改变成为现实，那么区块链技术就能够成为产业互联网领域塑造业务流程和改变生产关系的真正有价值的技术，而不是聚焦于数字金融领域的狭窄的技术创新。

以上就是对区块链技术的商业演化过程的分析，随着区块链技术的成熟，它将与 TCP/IP 这样的底层协议一样，成为互联网的基础设施。一方面它将从金融领域的应用场景逐渐拓展到分布式账本和基础信用网络的建设中来，另一方面它将推动产业互联网向更广的范围和更高效的自动化发展。这是我们认为区块链技术商业应用演化的逻辑，也是我们期待区块链技术大规模商业化之后真正带给社会的价值。

18.2　区块链技术的风险控制

在区块链应用中，目前最重要的领域是数字金融，众所周知，金融行业的核心之一是风险控制和安全机制，区块链技术从本质上解决了虚拟世界中的连续性问题，从而很大程度上解决了虚拟世界中的信任问题。区块链技术的特征包括分布存储、时间序列、共识机制和智能合约，能追溯数字资产的最初来源，证明其真实性，并且所有交易须经过全网验证，以确保交易的唯一性。也就是说，区块链技术可以实现储存空间的无限扩展和完全冗余，无须中介即可形成连续性。这些特质保障了其在金融领域的应用，与此同时我们也应注意到，区块链技术并不能完全去中介化，也不能完全规避风险。

这一节我们将讨论区块链技术与风险控制之间的关系，以及区块链技术可以提供的解决方案与以往大数据金融风控的本质差异。

首先讨论大数据风控的发展，在传统风控模式中，大部分商业银行沿用的都是以程控交换为主的风险管理系统。程控交换风险管理系统虽然稳定性较强，但是客户容纳体量有限、交易通信指令复杂等缺陷让商业银行难以满足现代投融资需求，许多中小微型企业的存贷款需求早已突破了传统风控模式的压力测试、欺诈检测和风险监管的系统容量上限。需求促进创新，2008年开始，伴随着数据处理需求的增加和大数据技术的发展，商业银行等传统金融机构日渐意识到数据资产的重要性，并逐步将程控交换系统转换成以 IP 网络为主的大数据风险控制系统。由此，大数据风控逐渐成为金融机构升级传统金融风控模式的利器。可以说，大数据应用于金融行业成为过去十几年间金融行业的最重要的应用场景之一。随着我国的金融科技市场的发展，众多数字化金融、线上消费金融、机器人客服、流程自动化等创新应用，借助移动互联网技术、大数据技术的逐渐成熟而快速兴起。截至 2018 年，我国的各类金融 App 数量已经达到114 个，其中大部分金融机构都采用了基于大数据的风控技术，凸显了我国在线零售与支付领域的巨大潜力，从中我们也能看出相关技术的应用普及程度。

所谓大数据风控，是指利用大数据技术对交易过程中的海量数据进行量化分析，进而更好地进行风险识别和风险管理。大数据风控的核心原则是小额和分散，即预防资金相关者过度集中。小额的设计原则主要是针对海量数据构成的统计样本，尽量避免出现统计学中的"小样本偏差"。分散的设计原则主要是通过分析借款主体的人口属性、商业属性、行为属性和社交属性等数据来建立大数据风控模型。基于大数据的风险控制，突破了传统风险控制模式的局限，在更充分利用数据的同时降低了人为偏差，是金融机构创新传统金融风控模式的变革利器。应用大数据技术不仅可以提高风险控制的效率，还能节约风控过程中的管理成本。

当然，大数据风控技术也存在固有缺陷，主要体现在以下 3 个方面。

（1）大数据风控技术无法解决数据孤岛问题，即数据的开放和共享问题。目前，政府、银行、券商、互联网企业和第三方征信公司掌握的信息难以在短时间内互联互通，各方信息形成一个个信息孤岛。当交易在不同金融机构之间进行时，信息孤岛导致了信息的不对称、不透明，带来了大量的多头债务风险和欺诈风险。金融信贷行业若想利用大数据风控技术提升风控水平，就必须打破信息孤岛，解决信息不对称和信息获取不及时的问题。

（2）数据低质的问题也从一定程度上影响了大数据风控的质量。特别是来源于互联网的半结构化和非结构化的数据，其真实性和利用价值很低。如美国的 Lending club 和 Facebook 曾经合作获取并利用社交数据，在我国，宜信也曾大费周章地采集借款人的社交数据，以期实现对借款人信用的全面评定。但是两者得出的结论如出一辙：由于社交网络中的数据主观随意性很强，这些在网上提取的社交数据错误率非常高，根本不具有利用价值或者利用价值十分低。这些信息的收集与利用，几乎没有任何意义，基于这些低质数据的风控效果也会大打折扣。

（3）大数据风控过程中存在数据泄露风险。近年来，数据泄露风险事件屡见报道，2015年 2 月 12 日，汇丰银行大量秘密银行账户文件被曝光，这些文件覆盖的时间从 2005 年至 2007年，涉及约三万个账户，堪称史上最大规模银行泄密事件。类似的事件层出不穷，大大降低了大数据风控的可靠性。

由此我们可以看到，影响大数据风控有效性的关键因素是数据库的维护成本和信息传递效率。而从数据的角度来看，区块链是一个由所有参与者共同记录（而不是中心化机构单独记录）信息、由所有参与记录的节点共同存储（而不是存储在中心化机构中）并且不可随意篡改的数据库。在这个区块链数据库中，每个用户节点都拥有整个数据库的完整副本，并且当某个用户节点要对数据库写入数据时，它需要向区块链网络广播这些数据，以便其余用户节点对这些数据进行验证审核操作。只有全网共同验证和认可后，数据才能写入区块链，并且一旦数据写入区块链，就不能随意修改或删除。因此使用区块链技术构建的数据库，对于大数据风控有效性的提高有重要意义。我们也可以从以下 3 个方面来看区块链技术对风险控制的价值。

（1）区块链"去中心化"、开放自治的特征可有效解决大数据风控的信息孤岛问题，使得信息公开透明地传递给所有金融市场参与者。如果两家银行加入了同一区块链，就能即时辨别出客户的交易行为和风险，避免放贷总额超过抵押值。除了交易主体外，监管部门也可以作为一个用户节点加入区块链，实时监控其他用户节点的交易信息，防范风险事件的发生，无须再等到事后申报。利用区块链中全部数据链条进行预测和分析，监管部门可及时发现和预防可能存在的系统性风险，从而更好地维护金融市场秩序和提高金融市场效率。可见，区块链"去中心化"的特征，可以消除大数据风控中的信息孤岛，通过信息共享完善风险控制。

（2）区块链的分布式数据库可改善大数据风控数据质量不佳的问题，解决数据格式多样化、数据形式碎片化、有效数据缺失和数据内容不完整等问题。在区块链中，数据由每个交易节点共同记录和存储，每个节点都可以参与数据检查并共同为数据作证，这提高了数据的真实性。而由于没有中心机构，单个节点不能随意进行数据增减或更改，从而降低了单个节点制造错误数据的可能性。

举例来说，在银行或交易平台内部建立私有链，一位客户构成一个节点，一方面可以避免大量数据由单一信息中心集中录入和存储，降低操作风险；另一方面，卖方单方面的刷单行为可以通过买方的验证得到遏制，从而保证数据的真实有效。伪造的数据若想通过区块链网络的验证，必须掌握该私有链中超过 50%的计算能力，当节点足够多时，该私有链的控制成本会急剧上升。另外，区块链中每个节点都有完整的数据副本，只有当整个区块链系统发生宕机时数据才会丢失，并且数据记录一旦写入就不能修改。因此，区块链具备公开、透明和安全的特点，可以从源头上提高数据质量，增强数据的检验能力。

（3）区块链可以防范数据泄露问题。由于区块链数据库是一个"去中心化"的数据库，任何节点对数据的操作都会被其他节点发现，从而加强了对数据泄露的监控。另外，区块链中节点的关键身份信息以私钥形式存在，用于交易过程中的签名确认。私钥只有信息拥有者才知道，就算其他信息被泄露，只要私钥没有泄露，这些被泄露的信息就无法与节点身份进行匹配，从而失去利用价值。对于来自数据库外部的攻击，黑客必须掌握 50%以上的算力才能攻破区块链，且节点数量越多，所需的算力也就越大，当节点数达到一定规模时，进行一次这样的攻击所花费的成本是巨大的。因此，通过区块链对信息存储进行加密，保证数据安全，防范大数据风控中可能出现的数据泄露问题，是区块链的重要应用之一。

以上就是我们理解区块链技术如何推动大数据风控发展的方式，更深层次地说，我们可以将区块链与风险控制之间的关系延伸为一种风险与技术的基本框架，将风险区分为可预防风险、战略风险和外部风险：可预防风险是内部风险，由日常操作流程故障和员工失误或不恰当行为引起，如贿赂等个人行为；战略风险来自于企业的战略投资，如研发项目和金融企业的信用及市场风险；外部风险来自于不受控制的外部环境，包括网络风险、经济危机等。对于区块链技术防范风险的价值，我们可以从以下 3 个角度来理解。

（1）区块链技术可以用于消除可预防风险，也就是消除流程、人和系统带来的风险。日常流程带来的风险是因为数据存在丢失和被篡改的可能性，而区块链智能合约和自动化流程可以减少日常流程中人的介入，换句话说，区块链提供了一种非等级式的管理流程，决策分布在网络各个节点而非中心化处理。分布式自治组织使得其扁平化和民主化，让一切流程透明公开，可以让监管者降低公共流程的风险，使得整个组织受益，降低了单方面控制和改变故障带来的风险。因此，任何用于收集、存储和处理日常交易的操作系统（如财务会计系统）都可以从中受益。

（2）区块链技术可以用于降低战略风险，提高企业缓解风险的能力。区块链技术可以以数字合同编码的方式将金融信息放在共享分布式账本上，降低金融领域发生的债务债权相关争议。"去中心化"的共识和永久的实时数据让参与者在交易之前，可以有选择性地向交易各方显示可信数据，从而提高其自身价值的确定性，降低风险和信用暴露。除此之外，智能合约还可以将交易与相应支付同时进行，当交易对手违约的可能性增加时，智能合约可以将应收款及时转移。这些操作都可以在市场交易时基于双方的契约来降低市场的违约风险。

（3）区块链技术可以缓解外部风险，主要包括数字版权、网络风险等。在版权领域，区块链技术可以通过建立可信的网络，用作跟踪版权作品所有权的"链条"，解决从流媒体等非法渠道下载、复制和修改数字内容的问题。基于区块链的版权和所有权验证系统可以对更加集中化的解决方案做出升级，并将这类功能拓展应用到艺术品、手稿、照片等原创作品的分类和存储等领域。而在网络风险领域，基于区块链的分布式账本技术的系统能够提供比企业标准防火墙技术更高级别的网络安全保护。分布式账本具有自动化属性、信息共享的原则和共识协议的鲁棒性，是无法被轻易更改的。

以上就是关于区块链技术如何降低金融领域风险的讨论，我们对比了大数据风控和区块链技术风控的价值差异，并从风险分析的视角来理解区块链技术与风险控制之间的关系。正如之前所说，区块链技术处于发展的早期，未来可以看到基于加密网络的智能合约的出现，在不经过第三方认证的情况下可以实现可信的数字化交易，大幅降低交易成本。从理论上来说，区块链技术在金融领域应用的前景是非常广阔的，可以建立一种更加透明和安全的数字金融交易市场，且不需要为不同资产建立复杂的交易、清算和结算的场景。不过这样的技术实践需要监管和制度的配合，以控制其发展带来的潜在风险。

18.3　区块链与共享经济模式

虽然过去几年互联网共享经济在经历了共享出行和共享住宿的发展之后，并没有探索出更为成功的模式，但是从数字经济学视角来说，共享经济有其在制度和成本上的优势，正如罗宾·蔡斯（Robin Chase）在《共享经济：重构未来商业新模式》中所说，共享经济所提供的"产能过剩（闲置资源）+共享平台+人人参与"三要素，使资源在更多使用者之间分享，并通过鼓励组织和个人合作提升了经济配置效率。在区块链技术出现之后，相对于原来的互联网中所构建的以优步、滴滴为代表的共享平台，区块链技术有其独特的价值。这一节就来讨论区块链技术与共享经济背后的经济学原理。

首先我们来讨论共享经济的实质。有很多人认为共享经济本质是整合线下的闲散商品和服务，或者说是提高商品和服务的交易价值，这一类观点往往流于表面。任何一种新的经济形态产生与普及的关键在于能否通过制度的创新使交易成本最小化，如美国经济学家罗纳德·科斯（Ronald Coase）曾经提出企业组织替代市场的本质在于市场交易成本太高，企业的出现降低了市场交易的成本。互联网出现之后的平台经济也是这一特征的表现，平台经济也是共享经济的基础。共享经济的本质在于交易成本的最小化，因为互联网发展降低了交易成本推动原来不可交易的资源进入可以交易的范畴。交易水平受到技术的影响，而交易费用很大比例是用于搜集信息的费用，因此当网络出现降低了获取信息的成本以后，也就降低了交易费用。

在互联网平台模式之下，共享经济基于互联网和移动互联网推动了交易的变革，其本质在于降低信息不对称和减少交易成本。基于大数据的信用记录加强了市场主体的信用约束，而社交网络的扩展有利于实现规模效应。这些变化导致企业的边界和个人组织关系的变化，技术大幅度降低了企业间的交易成本，而消费者通过技术创造了新的价值，带来了个体化经济的崛起。与此同时，互联网技术降低了获取价格信息的成本，解决了从人格化交易到非人格化交易的问题，在陌生人之间构建了信任，从而使得信息不对称问题部分得到解决。简而言之，共享经济既不是传统的市场，也不是传统的企业，而是一种建构于互联网的新模式。正如2009年诺贝尔经济学奖获得者埃莉诺·奥斯特罗姆（Elinor Ostrom）所说，社群对资源的使用和管理的交易成本比市场和国家下的交易成本还低，这是因为社群在不同沟通和协调基础上所做出的制度安排比外部强加的制度更加有效，这是共享经济所创造的价值所在。

然后来讨论共享经济与区块链经济背后的经济学原理，也就是共享经济如何通过共享平台匹配供求双方的需求，从而降低交易成本，实现资源的最佳配置。在互联网中，共享经济是通过去中介化和再中介化的方式建立共享平台，这些共享经济平台并不直接拥有平台资产的全部产权，而是利用移动设备、互联网支付等技术方式有效地将供需双方进行最优匹配，从而使双方受益最大化。一般来说，市场交易可以分为匿名市场交易与非匿名市场交易，其中的关键在于价格机制的达成，而共享经济则利用规模效应达成了这种信息不对称情况下的价格机制。

在共享经济模式下，我们可以看到三种基本的经济学原理的作用：①共享经济是在产能过剩的前提下形成的，这使得闲置的资源能够通过更低的交易费用和更广的交易网络达成；②共享经济是在认知盈余的条件下形成的，所谓认知盈余是指受过教育并拥有自由支配时间的人的自由时间的集合体，简单来说就是"空闲时间和空闲精力"，这是人类社会所拥有的巨大资源，这个观点是克莱·舍基（Clay Shirky）提出的，他认为人们在闲暇时间既可以进行内容消费，也可以进行内容分享和创造，而后者的价值远大于前者，随着共享经济的发展，人们可以利用闲暇时间从事创造性活动而不仅仅是消费，这就是利用了信息时代的剩余价值，并在这个过程中实现共同生产；③共享经济是通过共享算法实现的，而这些算法背后的基本逻辑是短期契约对长期契约的替代，破除了长期生产要素对企业的依赖，将许多经济活动转移到企业外部，由供给方和消费者直接进行交易，增加了短期契约的数量。

除此之外，我们可以认为共享平台的算法是企业向平台参与者供给的长期商品和服务，而从契约关系来说，是提供了一种基于委托代理的长期契约关系。基于合约经济学的观点，共享是私有制度下的合约安排，互联网技术的发展推动租赁合约取代买卖合约，当交易费用为零时，采用租赁合约或者买卖合约对结果的影响不大。而对于租赁合约来说，其额外监管成本是高于长期合约的，这是导致资源利用不充分的原因，而技术的发展解决了这个问题。通过动态的短期契约的累积和委托代理的长期契约，带来了基于共享经济模式的发展。值得注意的是，不是所有的生产要素都适合这个方式，如果某些要素对生产商有特殊而难以割舍的用途，则不宜采用，如在美国曾经流行的电钻租赁模式，并没有降低交易的成本和费用。

从数字经济学中的产权理论角度来说，共享经济模式也有其价值。由于共享经济要求对产权、规则和制度的设定进行变革，因此它带来了产权领域的变革。这主要体现在两个方面：第一是交易成本低，使用权逐渐成为核心价值，也就是所有权和使用权之间的关系逐渐模糊，每个人拥有物品多余的产能都有可能在一个共同的平台分享，核心理念就在于"使用权高于所有权"和"不适用即浪费"的思想；第二就是接入所有权是共享经济的主要交易模式，目前共享经济存在接入所有权和转让所有权两种模式，而前者是目前的主流。由此，人们的产权观念也就向着共享转变，私有产权制度的有效性就成为了值得讨论的问题。从配置资源角度来看，私有产权制度并不是资源配置最有效的方式，尽管它解决了激励问题并使得外部性内在化，但是从资源利用角度来看，私有产权并没有充分利用资源。而建立在互联网基础上的共享产权，既保留了私有产权的特性，也使得更多人共享这种资源。

最后讨论从共享经济到加密经济的演变。以滴滴为代表的共享经济仍然是需要中介平台的，也仍然存在安全隐患和信息不对称等问题。在区块链技术所构建的网络中，"去中心化"、去组织化的加密经济的算法机制则完全拒绝了企业的介入，成为一种独立于企业的全新的资源配置机制。在共享经济中，通过信息网络和对中介平台的信任构成的平台，也就是再中介化的组织。这个平台是社会资本关系的凝结，每个参与者将剩余劳动力和生产工具的产能在平台上进行交易和释放，可以理解为一种基于社会资本的创新。而加密经济则通过激励相容的算法规则和契约安排，明确各方经济利益并调动参与者的积极性，推动有效的分布式协同机制。

我们一直强调，技术创新的同时需要制度和组织创新才能带来真正的变革。共享经济的关键是去中介化和再中介化，需要一些新的制度安排来完成经济生态的升级。最有效的制度就是交易费用最小的制度，而制度创新和组织创新的功能就在于降低交易费用，我们看到共享经济随着平台经济这一制度发展起来，相对应的，加密经济的发展也需要相应的资源配置的机制和制度，这一制度目前还没有完全探索出来，这也是加密经济发展相对受限的原因。值得注意的是，有观点认为加密经济这种基于智能合约的自动算法经济会走向计划经济，我们认为这种情况是不太可能发生的，因为算法经济是一种"去中心化"的、以短期契约为主的经济制度安排，并不具备计划经济的特点。除此之外，受制于其高昂的交易成本和交易费用，加密经济目前还不可能完全替代现有的经济模式，也就是说加密经济是现有经济模式的补充而非替代。

以上就是关于区块链与共享经济的讨论，我们可以认为共享经济代表了互联网时代最彻底的信息经济模式，而加密经济（或者说算法经济）则代表了正在和将要发生的经济模式，是否能够发展取决于是否能够形成一整套技术之外的制度，推动交易费用和制度成本的降低是二者结合的核心。理解共享经济和加密经济的内在联系，是我们理解区块链技术在共享经济领域应用的关键。

第19讲　网络化组织的创新

　　无论是互联网还是区块链所构建的组织本质都是网络化组织，从互联网企业诞生以来所构建的各类商业模式，相对于传统企业来说都具备非常有价值的创新能力。这一讲就来讨论网络化组织背后的创新逻辑是什么，以及如何在这类组织中定位相关的战略，建立企业自身的竞争优势的问题。正如之前讨论的，由于在消费端的互联网化程度越来越高，供给侧的互联网化正在以产业互联网的方式逐步开始落实。随着智能经济时代的到来，以及人工智能技术的发展，人类正在迈进以数据为主要生产要素、以人机协同为主要生产方式的时代，智能化的决策与如何满足个性化的消费者需求成为数字经济时代的重要目标。

　　除了生产力的提升和技术的变革，组织首先要考虑的问题就是数字经济对组织本身制度和结构的影响，以及如何创建在新技术环境下能够持续创新的组织生态，这是作为数字经济领域的基本商业逻辑。接下来分3个部分讨论上述问题：网络化组织模式、价值网络的协同以及创新与竞争优势。

19.1　网络化组织模式

　　无论是区块链技术还是互联网技术，其本质都是一种"网络"，对于组织形式来说，网络化的技术需要相应网络化的组织去匹配其运营效率。这里讨论网络化组织主要是讨论互联网和智能化技术带来的组织生态变化，而关于区块链技术带来的组织变化更多的只是从学术角度的理论探讨。本质上，区块链技术的组织将会带来的生态变化和互联网技术带来的变化是一致的，即网络化组织生态，差异只在区块链技术通过分布式网络让这样的组织有了更加可信的基础设施。

　　网络化组织有着双层结构，这是网络化组织与市场和企业机构最显著的差异。网络化组织是由平台和用户共同构成的双层生态结构，也就是说网络化组织作为平台产生了产品和服务，而用户则成为平台扩展过程中生态的重要组成部分。正因为这种特殊的结构，在智能化技术和网络化技术发展下的未来企业（网络化组织）通过点对点的协议形成了一种邻接式的契约，替代了工业经济时代的原子型的契约，同时拥有了扁平化和零交易费用的双重结构。后续会深入讨论这一结构的经济学原理，这里主要讨论这样的双层网络结构带来的好处。事实上，关于网络化组织的理论，在互联网时代就已经得到非常深刻的阐述，主要的理论叫作"网络效应"。这里简单介绍"网络效应"理论，一方面数字经济时代的网络组织理论仍然是在互联网的网络化组织基础上发展而来的，因此具备相关的经济学属性；另一方面，理解这些属性也能对理解数字经济时代的网络经济效应有更深刻的理解。

　　互联网时代的网络效应主要讨论供给侧规模效应和需求侧规模效应的体现，这是互联网时代最大的价值。

　　供给侧规模效应指的是随着规模增长和单位成本降低，带来了企业的成本优势，从而形成了垄断效应。供给侧规模效应不仅带来了巨大的投资和资源门槛，同时也带来了在规模累积当中学习曲线的增长，从而形成了效率和成本优势。需求侧规模效应就是我们通常关注的网络外部性，也就是说每个加入网络中的用户，在享有网络使用价值的同时也给网络本身增加了价值。

用户规模越大，网络对未加入用户的吸引程度也越大，因此形成了不依靠产品本身创造用户价值的模式，这就是社交网络的商业模式的实质。

随着数字经济的发展，数字经济时代的网络化组织的理论出现了新的特质，主要体现在以下3个方面。

（1）以网络化组织为主要资源配置的单位，打破了"芝加哥学派"关于资本专有和专用的理论，因此也就打破了关于垄断危害市场的理论基础。数字经济领域大部分服务和产品实际上都是垄断的，这种垄断现象正是网络化组织生态扩展性和高效率的体现，而通过所谓反垄断的机制对这样的平台或生态进行拆分实际上是非常"不自由"的经济方式，欧洲和美国不断发起反垄断的起诉就是因为没看清网络化组织的生态特质。正是由于网络化组织兼具企业和市场的双重性质，因此我们才在网络化组织中讨论效率问题，分别是平台效率（组织内部专业化分工产生的效率）和生态效率（组织外部扩张所形成的生态化的多样的效率）。在这样的理论结构下，也就形成了区块链技术所推动的加密数字经济和基于共识的社群网络经济的发展。

（2）网络化组织的双重结构突破了关于以产业为单位划分市场结构的理论，因为产业经济学只考虑基于产业结构的垄断行为，而没有考虑基于企业生态的垄断行为，所以互联网行业出现了所谓"巨无霸"的企业组织，它们不仅在自己的生态中构建了绝对核心的地位，而且通过收购、并购和自身创新等方式将影响力扩散到其他领域，如国内的阿里和腾讯之间的竞争，国外的谷歌和 Facebook 之间的竞争等，它们的竞争通常是生态级别的，而不仅是产业级别的，这就是因为网络化组织的双重结构。平台解释了其企业特质，而生态则体现了其产业特质，虽然二者在传统经济学是完全不同的两个概念，但是在网络化组织生态下是同一属性的概念。

（3）网络化组织结构放宽了产权界定的边界，使得产权从以拥有权为核心转变为以使用权为核心，因此使得共享经济成为数字经济领域重要的命题。在传统的组织结构中，企业是拥有资本专有性的，因此企业的边界是固定的，企业提供产品和服务的边界也是有限的，企业间的社会资本资源很难流通。而在数字经济时代，网络化组织是没有固定边界的，除了内部的平台和生态服务以外，网络化组织可以提供给生态以使用权为核心的产品和服务，能够提升整个生态效率。因此，网络化组织打破了产权理论中关于支配权的论述，构建了以使用权为核心的权益体系，未来我们会看到越来越多的企业以共享经济的生态出现，而分布式的组织则会在这样的生态系统中获得更大的价值。

这里需要强调的是，互联网和区块链网络在重塑企业的组织生态时的角色是有一定差异的：互联网提供了企业组织的网络化效应，从而构建起企业组织的平台和生态系统，这个商业逻辑在过去二十年间一直在持续发挥作用，而区块链网络中的"网络效应"理论继承了互联网的"网络效应"理论，只不过将网络的范畴从信息互联网扩展到了价值互联网。区块链通过"链"的方式将网络化组织的相关利益以共识技术机制的方式程序化，通过智能合约实现包括但不限于所有权、投票权、收益权、分配权、治理权等自动化分配的机制。传统经济生态中，企业的分配机制是通过股份和股权来进行激励和分配的，而在区块链网络生态中则通过技术化的契约机制，将所有权进行明确定义和分配，使得网络化组织形成一套基于智能合约的可信、高效、安全的自动化生产关系的系统，也就是实现了收入分配的程序化和制度化的转化过程。当然，这是基于对区块链技术发展的乐观预判得到的结论，如果相关的技术发展不尽如人意，那么相应的组织变革也就无从谈起。

简而言之，随着数字经济的新技术尤其是区块链技术和互联网技术的发展，网络化组织结构成为数字经济时代的主要结构。理解网络化组织结构要从"企业结构"和"市场结构"的双重结构去理解，简单来说网络化组织的平台部分相当于"企业结构"，网络化组织的生态部分相当于"市场结构"。正如波士顿公司（BCG）在关于平台化组织的研究中所发现的，作为未来组织的重要形态，平台化企业组织将给企业带来新的竞争优势，包括通过低成本试错进行快速创新、敏捷应对市场与环境的变化，以及易于扩大规模和实现业务的快速增长。组织一方面要实现平台化，具备大规模支撑平台和基础设施，另一方面要实现生态化，实现多元的生态体系和企业的创新发展。

虽然网络化组织都同时具备平台和生态的特性，但是我们将中心化比较明显的网络化组织称为"平台化网络组织"，对应的是大规模定制的生产方式，将另外一种非中心化特征比较明显的网络化组织称为"生态化网络组织"，对应的是个性化生产定制方式。这两种方式都具备网络化组织的特性，只不过本身侧重点不一样导致了能够服务的产业和生态也不一样，这一点读者要尤为注意。区块链经济通过分布式账本技术推动生产关系和分配权益的变革，使得整个企业网络化组织的利益关系得以重新分配，从而刺激整个商业生态成为自组织的"基于技术契约的利益相关方"网络，这就是我们认为数字经济时代的共享经济将成为主体的原因，同时也意味着新的网络化组织生态即将出现。这样的网络化组织有以下 3 个特点。

（1）网络化的组织生态用共享资产的方式替代了工业经济的固定投资，这是未来基于区块链网络的共享经济得以发展的基础，也是互联网时代未能完成的工作。由于互联网的信息网络无法提供金融和价格的要素，且无法实现完全的"去中心化"，导致共享经济止步于共享住宿和共享出行，而区块链网络则能够将这种共享经济拓展到几乎所有的数字化的服务和产品。

（2）通过以服务经济和体验经济为核心的虚拟服务和数字化生态的运作，重新分配资源和要素，从而实现了再一次的财富分配，这次是以价值为核心而不是以增资为核心的经济形态。传统企业组织基于股权的分配逻辑被重新塑造，所有用户、产品的提供方、管理者和投资人都会在同一个生态内得到收益分配，而不是只考虑投资人的收益，这将大大改变数字经济的基本格局和商业模式。

（3）网络化的组织生态构建起一种新的协作机制和经济演化生态，我们将网络化组织当作数字经济领域的创新主体的原因就在于其能够通过不断的演化获得持续创新的能力，同时基于类似生物有机结构之间的配合的逻辑创造了新的"共生组织关系"，从而形成一种基于用户的价值创造和生态塑造的高效协作的新型组织形态，在这种共生网络中所有的生态参与方互为主体、资源共通、价值共创、利益共享，在基于共识机制的技术契约下完成原有原子化的商业组织生态无法完成的演化。

以上就是对网络化组织尤其是互联网技术和区块链技术的组织理论探讨。我们从平台化组织和生态化组织两个角度对网络化组织的本质进行了讨论，也从互联网与区块链技术对组织带来的变革的异同进行了分析。我们要理解的是无论哪种技术，网络化组织的本质不变，就在于实现更加高效的协作机制和更加有创新能力的组织生态。正是由于外部市场环境的不断变化，需要新的组织方式来寻找客户不断变化的需求方向，实现对客户需求和用户价值的准确把握，从而获得市场竞争的优势。

19.2　价值网络的协同

在理解了网络化组织的优势之后，下面来具体讨论互联网领域的价值网络和商业生态的话题，尤其是价值网络的协同和平台生态圈的构建。在网络时代商业是互联、合作和共赢的，单个企业之间的竞争逐渐变为企业网络之间的竞争。作为持续竞争的根源，合作网络变得越来越重要，要赢得企业之间的竞争就必须基于网络的思想去考虑企业之间的合作行为，以及平台生态圈如何构建的问题。所有企业战略的核心都是构建竞争优势，而且是可持续的竞争优势。这意味着：第一，价值创造表明企业的利润不为零，也就是说需要持续创造新的利润空间；第二，企业的竞争对手在实施这类战略时有应对之策，也就是说当竞争者复制这类战略时往往无法对企业构成威胁，企业依然可以实施这种价值创造战略并获得竞争优势。因此，如何在网络化时代构建这样的长期可持续的战略就是需要关注的核心问题。

首先来讨论企业如何实施这样的战略，需要强调的是，在数字经济时代所有的竞争都是异质化的竞争而非同质化的竞争，因此企业所拥有的竞争优势也是异质化的而非同质化的。当企业所拥有的资源或者资源的组合满足如下几个特征时，我们可以认为企业具备可持续的竞争优势：价值化的和稀缺的。所谓价值化的，指企业拥有的资源能够利用外部环境中的机会或者规避环境中的威胁，从而实施某项价值创造战略，如低成本或者差异化。所谓稀缺的，指其可被替代性较低，其他竞争对手很难模仿。

在网络中，这样的战略核心就在于通过网络构建一种稀缺的核心资源，这样的资源对于其他竞争对手是难以模仿和获取的。一般而言，模仿和复制某种资源存在着 3 个壁垒：因果模糊、路径依赖和社会复杂性。因果模糊指的是竞争对手无法弄清楚这样的资源或者资源组合是如何构建的，而路径依赖和社会复杂性指的是即使知道了如何构建但是由于失去了先发的契机和不具备构造核心资源的复杂社会网络而无法进行模仿。我们需要注意的是，任何企业都处在复杂的社会分工协作系统中，因此构建核心资源的能力往往是通过这样的复杂网络所形成的，复制某个网络所需的成本如果超过了预期的收益，这样的跟随行为往往是无益的。

在这样的竞争优势构建过程之中，企业往往是通过合作网络实施的。一方面，企业所构建的合作网络可能直接有助于企业实施价值创造战略，成为竞争优势的直接贡献者；另一方面，合作网络可能提供学习机会，推动企业实施价值创造战略，也就是合作网络的学习和知识创造功能。如果我们将网络界定为节点及其联结所组成的组合体，那么以某企业为中心所构建的网络都是异质的，但是从网络本身而言任何企业都可以构建出属于自己的合作网络，因此需要构建的是有效的、稀缺的、异质化的合作网络。这样就要求以下几个要素的稀缺性：构成网络的因素，即节点企业；网络机制的形成，即制度安排；网络所处的外部环境，即行业特性。

换言之，也就是以下 4 个关键要素决定了企业合作网络的稀缺性：关系专用型资产、企业间的知识分享路径、互补性的资源与能力和网络的治理机制。关系专用型资产指的是网络中的节点对网络所做的投资，该投资仅在关系得到维系的前提下才能发挥出最大的价值，包括生产性企业位置的专用性、物质资产的专用性和人力资产的专用性；知识分享路径指的是网络中合作伙伴如何构建知识创造的网络；互补性的资源与能力强调的是对合作关系以及市场关系的区别关注，也就是对合作关系之间的利益和博弈格局的关注；网络的治理机制指的是所有以上要素都依赖于网络治理机制的有效性，之前讨论的区块链网络的治理也就是这个话题。如果以上 4 个要素都是难以模仿和可被替代性低的，那么企业就会占据网络位置中的有利位置，并获得持续竞争优势。

然后讨论商业生态的构建。传统行业所构建的是全球价值链而非价值网络，可以理解为价值网络较为基础的一种形式。互联网或者区块链构建的则是价值网络的新形式，也就是商业生态系统。传统的价值链过于强调各环节纵向关系的约束机制,弱化企业内生性成长的激励机制,高度重视企业间的治理结构,缺少对消费者诉求和外部环境变化的关注。

传统的企业组织形态会带来以下 3 个风险:①增大系统性风险,参与全球价值链分工是为了降低市场不确定性带来的风险,但是由于在这样的结构中权利关系不对称,原本由主导企业承担的市场风险被间接转移到了其他企业,主导企业获取了与其实际承担风险不相称的高额收益,而其他企业则不仅没能降低风险还增加了本该由主导企业承担的风险,因此全球价值链的系统性风险增加;②企业短期行为增多,由于主导企业不愿意看到价值链中的其他企业有超出预期的价值创造活动,特别是与自身核心业务竞争的技术投资行为,因此主导企业会通过一系列制度安排和竞争措施使其他企业只能为自身服务,这就极大地压缩了企业长期行为的开展空间,使得企业基本上只能着眼于短期行为,如我国很多制造企业都是为苹果这样的企业生产零部件,自身没有长期布局;③丧失市场敏感度,由于非主导企业长期与外部市场脱离,会逐步丧失在复杂多变的环境里整合资源和捕捉新的市场机会的能力,任何不确定性因素的爆发都会使其面临巨大的风险。因此,传统的全球价值链的分工存在着巨大的风险,需要新的价值网络构建的方式。

互联网的发展通过降低信息不对称性和消费者的搜索成本推动价值网络逐渐演进。在这个过程中,由于生产者和消费者边界逐渐模糊,生产者和消费者距离被极大缩短,产生了平台化、扁平化、网络化的组织形态,企业生产方式从之前工业经济时代下的大规模线性制造转向数字时代下的大规模个性化定制。在需求端,正在经历着由数量到质量、由单一向多元、由地理限制向空间拓展、由低层次需求向高层次自我价值实现转变,而开源的理念如开放、共享、合作正在持续推动价值网络的演化。在供给侧,开源理念更强调公共产权属性、模块化创新和个性化定制,认为合作与共享能够降低风险并超越竞争,大数据通过精确识别异质性消费需求促使企业有针对性地采取协同战略,开展价值创造活动,推动价值网络的持续演进。商业生态系统就是在更广范围内与外部环境产生交互,将消费者、投资者、研究机构、政府、供应商等纳入其中,形成一种具备开放性、包容性和自组织特征的价值网络形态。

在这样的商业生态系统中,企业分为 3 个类别:居于核心地位的骨干型企业、占据关键节点的主导型企业和专注特定价值创造活动的缝隙型企业。它们各司其职、协同创新,推动价值网络的形成。在数字经济的商业生态中,比较典型的是产业生态共同体。这是一种以消费者体验为起点、产销合一为特征、以生态的共生共存为目标、具有自洽稳定的、动态协同演化性质的共生型组织。正如之前讨论产业互联网的格局时提到的,产业互联网生态共同体涵盖了从产业互联网要素到消费者价值的全流程,它囊括了数字经济领域的所有商业逻辑,从而体现出其复杂性和动态性。这些商业逻辑包括但不限于消费互联网端的平台逻辑,也就是需求端的规模经济主导带来的效应;也包括产业互联网服务的解决方案逻辑,也就是整合资源来解决个性化复杂性问题的逻辑;甚至包括垂直行业的价值链逻辑,也就是通过价值链的不同环节来塑造产业生态的竞争优势。

最后,我们讨论如何在这样的商业生态圈中获得领导权,其核心在于提出系统性价值主张、去物质化战略和扩展网络边界。价值主张是企业与其他网络成员链接的界面,也是区别于其他网络成员的标志,因此提出有竞争性的价值主张是企业在价值网络中持续生存的关键,而商业生态中领导者的价值主张必然是系统性的,所聚焦的不再是单个企业或者产业,而是商业生态系统本身。由于商业生态的核心利益是建立一个完善的生态系统,而系统性的价值主张不仅促进有利益相关性的诸多群体之间彼此连接、互动和交流，更是形成对核心企业的共同依赖。系统性价值主张的提出，依赖于最大化密集与重构商业，而这个过程的核心就是去物质化。

这个价值的关键是通过信息的方式推动价值网络中价值创造和分配的结构与特征的变化，即如何通过数字化的方式推动无边界的生产和更高效率的价值网络运营。扩展网络边界则是通过增加网络效应，推动更多的成员加入生态之中来完成的。系统性价值主张拥有增加依赖和增加网络效应的特点，而扩张网络效应是使得这些特点发挥作用的关键行动。在消费互联网领域，商业生态模式中竞争优势持续增强的关键就在于网络效应，而网络效应依赖于网络节点数量的增加，这是增强商业生态系统核心竞争力的基本逻辑。

以上就是对价值网络协同话题的讨论。由于全球价值链的模式风险越来越大，因此我们需要在数字化技术的推动下，尤其是互联网、区块链等网络化技术的推动下，形成新的价值网络并实现系统性价值主张。有别于之前讨论的平台模式，价值网络具备了生态网络的属性。一方面需要基于平台的方式来实现规模效应，最大化地配置相应的资源；另一方面要基于生态的模式实现供给侧的资源整合，最大化地提供生态级别的解决方案。正如之前所讨论的，产业互联网反映的是技术和商业思维从互联网向其他领域的渗透，因此我们对商业生态研究的边界也得随之扩展。

19.3　创新与竞争优势

本节讨论网络化组织创新管理的理论，创新与竞争优势息息相关，也是目前大多数企业的战略核心。竞争优势就是企业获得持续超过产业平均水平收益的能力，传统的资源能力学派认为企业要保护其竞争优势，必须以稀缺或者流动性差的资源能力为基础。本节主要讨论的是在数字化浪潮中的创新，也就是如何通过数字化转型提高自身的创新能力，并且对数字化创新的特点进行分析。我们也会对传统的创新和商业模式的理论进行分析，因为无论技术如何变化，商业的本质不会变化，理解内在的逻辑关系比理解表面的创新机制更加重要。

首先讨论商业模式与企业价值来源之间的关系。商业模式指的是利益相关者的交易结构，任何企业都要与其利益相关者（包括客户、供应商、渠道、政府、投资者等）交易，而设计利益相关者的交易结构就是对商业模式的设计。好的商业模式能够通过好的交易结构给资源能力拥有者带来更合理的价值分享，从而不断获取、积累、隔绝和保持优势资源条件，减弱资源能力拥有者流动的动力。简而言之，一个好的商业模式总是能够为企业及其利益相关者创造最大的价值，也就是实现企业剩余与利益相关者剩余之和的最大化。

价值空间的创造来源于价值创造和价值耗散两个环节：价值创造指与传统商业模式所处的商业生态相比，市场空间扩大之后带来的价值；价值耗散指在既定市场中，没有分配给企业及其利益相关者等商业生态参与者创造的价值。前者意味着高交易价值的商业模式，后者意味着高交易成本的商业模式。换言之，商业模式创造了巨大的交易价值并付出了一定的交易成本，二者之差就是交易结构的价值空间。除了交易成本，企业和利益相关者还需要付出货币成本，如内部管理费用、原材料采购成本等，价值空间减去货币成本，就是商业模式为所有利益相关者实现的价值增值，其组成为企业剩余加上利益相关者剩余。创新商业模式的目标就是创建高价值创造、低价值耗散的合理价值共享的模式。

然后讨论企业创新的路径和商业模式的要素，这是我们理解二者内在结构的关键。商业模式是由以下 6 种元素构成的：①业务系统，也就是企业选择哪些行为主体作为其内部或者外部的利益相关者，业务系统由构型、角色和关系 3 部分组成；②定位，也就是企业满足利益相关者需求的方式，不同的满足方式体现了商业模式定位的差异；③盈利模式，也就是利益相关者划分的收支来源和相应的收支方式，同一个产品的收入来源和计价方式是可以多元化的；④关键资源能力，也就是支撑交易结构的重要资源和能力，不同商业模式要求企业具备不同的关键资源能力；⑤现金流结构，也就是利益相关者划分的企业现金流入的结构与流出的结构和相应的现金流形态，同一个盈利模式可以对应不同的现金流结构；⑥企业价值，评价商业模式优劣的核心标准就是企业价值的高低，也就是企业未来可持续赚钱的能力，可以从总资产回报率、销售利润率和销售额符合增长率 3 个方面进行分析。

商业模式的创新可以通过差异化定位创新、业务系统创新、盈利模式创新、关键资源能力创新和现金流结构创新来实现，我们具体讨论一下这 5 种创新方式。

（1）差异化定位创新可以通过产权转移、交易过程、交易客体来实现。产权转移就是将产权切割之后分配给不同交易者，将每个权力分配给能够创造更大交易价值或者降低交易成本的利益相关者，从而实现商业模式的最大化；交易过程就是通过细分和优化交易过程的环节来降低交易成本、提升交易价值并降低交易风险，如实体店和网上商店的差异；交易客体一般来说可以分为产品、服务、解决方案等多个形式，不同的交易客体定位带来的交易价值、交易成本和交易风险也不同。

（2）业务系统创新可以从构型、角色和关系入手。构型创新就是创新交易连接范式的网络结构，如苹果公司创造的 iTunes 和 AppStore 模式就在这个环节上进行创新；角色创新就是找到不同的利益相关者，如迪士尼通过游乐园、电影和电视剧等多个不同的模式来进行版权内容的创造和交易，不同的模式之间利益相关者是不同的；关系创新指变革治理关系，如连锁店有直营、合作和加盟等多种形式，分别对应独占所有权、混合所有权和市场化所有权。

（3）盈利模式创新可以通过收支来源和收支方式两个路径进行设计。企业的收支来源由收入来源和成本支付来源构成，可以通过设计不同的收入来源和成本支付方式来创新盈利模式，如我们在互联网上看到的广告模式、会员订阅模式等都是这类创新。收支方式的创新则可以通过固定、剩余和分成三种方式达成，同一个行业可以采取不同的收支方式。如家电行业的国美、苏宁是通过固定租金、按销售额的分成佣金和广告位销售来支持其商业模式，这种"固定+分成"的模式可以降低其前期投入成本和经营风险。而百思买则通过前期全部投入，从家电制造商处直接批量采购，利用自有员工通过零售渠道销售，这样前期成本非常高，后期也要继续投入资金支持货物流转，好处是对供应链控制力较强，在品牌定位方面有更强的优势。

（4）关键资源能力创新在于获取和组合，主要包括关键资源能力的判定、获取、组合和管理。一个企业的资源能力优势要转化为竞争优势，需要合适的商业模式，也就是需要关注这样的关键资源能力，其水平超过市场平均水准，同时与企业的商业模式即交易结构契合度很高，也就是"有效优势"。如何通过商业模式创新，强化和保持有效优势，把关键优势、无效优势、无关资源等通过重构交易结构、寻找交易合作转化成有效优势，从而形成竞争优势，才是企业获得持续优势的有效途径。

（5）现金流结构创新指的是企业可以通过创新金融工具来提升资本运营效率，降低企业经营风险，不同业务所呈现出的不同的现金流结构，可用不同的金融工具进行管理，这是判断现金流结构收益率和风险的方式，在数字经济领域往往通过金融科技的方式来实现。这类管理工具的设计，通过对企业现金流进行分块（业务板块、业务环节）、分层（分割为不同模块现金流，对应不同收益率和信用等级的金融工具）、分段（多轮接力投资）、分散（吸引多个不同的投资者）等方式，来匹配企业的现金流结构，满足投资者的需求。我们可以看到在互联网创新过程中，风险投资的发展就是在这个环节极大程度地推动了相关领域的创新。

最后总结下数字化创新模式和竞争优势的相关内容。通过创新商业模式，企业能够提升交易价值，减少交易成本并降低交易风险，从而创造竞争优势。不同的创新路径都有可能创造竞争优势，然而同样的商业模式在不同的利益相关者手中，其交易价值、交易成本和交易风险的分布是不同的。值得注意的是，不同的产业发展阶段对应着不同的创新模式，我们需要关注整个行业发展带来的变动，如随着互联网逐步从消费互联网阶段过渡到产业互联网阶段，这两个阶段的产业机会和创新模式就有所差异。

相应的产业机会主要集中在以下 3 个方面。

（1）我国各行各业呈现"小、散、乱"的特征，因为我国工业革命的历史只有几十年，而西方工业革命进行了二百多年，我国的各行各业可以通过资本和互联网这两个手段来进行行业整合。"互联网+"就是应用资本的力量加上互联网的模式创新，把各个行业的"小、散、乱"在新的规则下进行整合，从而使我们可以重构行业的规则。

（2）我国的信息化水平总体落后于西方，每个行业的信息化程度低，我们可以在建立产业互联网平台的基础上给行业平台的参与者提供免费的软件，解决他们内部信息化、客户管理和线上线下融合的能力等问题，同时提供供应链的支持。

（3）我国各个行业都存在账期问题和各种财务问题，如果能够把每个行业上下游打通，我们就能够把信息流、物流、资金流这样的产业大数据进行整合，并在此基础上进行金融创新，如供应链金融能解决行业的账期问题，又如进行互联网金融的创新，对终端进行众筹或贷款，通过这些手段使行业参与者可以获得更好的资金支持并提高资金的使用率。相应的创新就从简单的复制模式的创新，逐渐发展为强调通过"互联网+"或者产业金融的方式，帮助企业建立行业解决方案并构建符合自身发展需求的行业生态创新的阶段。

以上就是对数字化创新的讨论。简而言之数字化创新型组织通常具备以下共同特征：①通过数字化的技术来提升生产力、优化核心服务，这几年兴起的关于工业 4.0、智能制造等概念都是基于技术衍生出来的数字化创新方案；②通过数字化技术提供个性化的服务和高附加值的客户体验，这类创新以消费互联网端的各种不同的商业模式为代表，通过高标准的消费体验来实现市场规模的扩张是科技企业非常擅长的创新模式，目前种种互联网生态链有很多是基于这样的创新逻辑去构建的；③通过数字化技术支持的组织变革来实现数字化创新，这其中就有我们讨论过的平台化组织变革和生态化组织变革，技术的变革和组织的变革相结合才能真正推动企业的数字化创新浪潮，才能将创新能力嵌入整个组织中。

第 20 讲　智能经济时代的趋势与认知

最后一讲讨论智能经济时代的趋势，这些趋势影响不仅仅发生在技术层面，更重要的影响是在对信息文明带来的社会变革与认知层面。前者所涉及的主题主要是关于信息文明带来的"超连接性"，这种超连接性带来了人们对数字空间治理的挑战，如法律、公共空间和数字权利等问题。后者所涉及的主题是关于心灵和智能的认知讨论，如从演化的角度探讨互联网、心灵和智能之间的关系，以及如何从复杂网络的角度去思考网络中的自组织和涌现的现象等。事实上，这些领域正是数字经济学所专注的领域，即通过跨学科的方法论研究信息技术带来的人类社会认知层面的变革。

这一讲会抛开具体智能经济发展的技术范式的讨论，而从技术对社会和人类文明的影响来思考智能经济时代未来的发展趋势。正如之前所说，技术改变的不仅仅是生产效率，也改变了人们对信息空间的认知，改变了人们对智能化生物的认知和对互联网空间中虚拟身份的认知。我们希望在这里讨论一些发散性和探索性的话题，帮助读者梳理智能经济时代更深层次的逻辑。限于篇幅，在这里集中讨论三个话题：智能经济时代的治理与变革、人工智能的认知与边界、网络空间与意义互联网。

20.1　智能经济时代的治理与变革

在智能经济时代，随着人工智能技术和网络技术的发展，越来越多法律和治理的问题出现，成为我们目前面临的最大挑战之一。观察近几年的技术发展，我们会看到诸如社交网络的数据泄露、无人驾驶导致的安全问题和算法交易导致的金融风险等问题都是人们密切关注的问题。互联网和区块链技术逐步发展起来之后，人类社会进入了所谓分布式的社会，那么如何处理这些信息技术带来的治理问题和风险呢？这是理解技术与社会之间互动关系的重要角度，我们可以从思考信息技术所带来的责任和信息技术对法律的挑战两个角度来分析，并从中观察在这个进程中可能面临的问题。

首先思考信息技术带来的责任，具体分为两个方面：一方面是由政策制定者承担的责任，也就是从治理的视角来看，应该关注信息空间的系统如何设计，以便使每个个体能够在这样的空间中更好地行动并承担行动带来的责任；另一方面是每个个体所承担的责任，也就是对每个个体的行为所承担的责任。信息技术形成了基于社会技术的、具有超连接性的复杂系统，而这个复杂系统带来的不仅是便利，更是社会的变化。近些年学术界愈加关注意义互联网和信息社会相关的话题，随着信息生产的普及和广泛的网络关系，使得信息的流动性增强，信息空间的独立性和价值也就逐渐凸显出来，个体和自组织社区内的活跃实现了意义的再生产，推动社会形态呈现出新的趋势和结构变化。

这些变化发生在政治、经济和社会各个层面，与工业社会所缔造的以消费主义为核心的社会不同，个体的权利不再是人们的最终追求而是底线，利益驱动性成为动因之一而非唯一，每个个体被要求承担更多的责任以推动整个社会更加公平和正义。具体说来，我们可以看到信息时代的个体选择承担更多的责任，推动社会产生以下变化：①从个人走向他人，也就是承认其他个体拥有与自己相同的权利，并愿意为维护其他人的权利做出努力，不再仅仅出于"自私"

的基因来形成协作，而是有目的性地为他人承担责任，推动社会进步；②从市场走向社会，也就是个体行为的动因不再是本能的趋利避害，将所有行为都放在市场和商业化的角度考虑，而是不仅仅考虑市场结果，更加会考虑相应的社会效益；③从免于强制的消极自由走向自由获取的积极自由，也就是通过承担责任选择一种更加积极的自由态度，一个尊重他人选择并勇于维护自己积极自由的人，才是一个完备的自由人。

在这样的社会中，才能解决上文所讨论的治理问题。由于社会和技术的复合体的复杂性，导致我们在信息空间汇总很难确定相应的责任归属，计算机和程序代码是无法承担责任的，只有具体的个体和组织才能承担责任，因此需要建立一种责任和问责体系，推动技术和社会治理之间的进步和融合。随着人们从物质匮乏和信息不便的时代转向物质丰富和信息便利的时代，人与人之间的社会关系必然会产生新的变化，我们认为未来的信息社会是一种更加积极主动承担责任和节制个体私欲的社会。换言之，在智能经济时代的法律体系之中，往往会以生态共同体来作为责任的主体，尤其是随着互联网空间的几何级增长，网络世界中的法律问题会不断增多，传统的在线解决纠纷的机制——诉讼外纠纷解决机制（Alternative Dispute Resolution，ADR）将无力应对这样的爆炸性的法律纠纷的增长。

然后从法律角度来看智能经济时代应该用什么样的机制解决相应的问题。这里尤其强调数据权利和数据资产带来的法律相关问题，一方面数据资产问题是近几年互联网治理过程中重要的争论议题之一，另一方面隐私保护问题也是迄今为止无法从法律和技术层面得到有效解决的问题。大数据是伴随着互联网产业产生的，而大数据革命这个概念事实上也是随着对消费者的数据资产的攫取而产生的。我们可以看到，对于轻资产的互联网公司，数据资产的价值是其核心价值，因此对于互联网领域的数据资产的不正当竞争也层出不穷。从法律角度来说，数据的所有权以及使用权的分离是这类围绕数据展开的利益争夺战的基础，互联网时代的信息所有权事实上是不重要的，重要的是对这些信息和数据的使用权以及这些数据所产生的价值。大数据革命实现的前提是，互联网平台利用网络产生的海量数据形成有价值的数据资产，而相关的法律问题也就集中在对这些数据资产的争夺上。

与此同时，由于互联网的产生是基于一种开放共享的开源主义，因此对互联网企业的数据垄断批评也层出不穷。从商业逻辑看，约束个人信息流通非常重要。目前的互联网通过用户协议将互联网隐私界定为可以追溯和识别个人身份的基础信息，它适应了信息技术的现实并取代了传统的空间隐私权的地位，并承诺未经用户许可不向第三方出售或者转让用户隐私。它的缺陷在于没有赋予用户对个人数据的控制权，造成了个人信息被无序收集、买卖和盗窃等问题。

事实上，随着智能经济时代的到来，个人隐私的终结似乎不可避免。由于在隐私的归属和使用权上的冲突是不可调和的，因此需要考虑在没有数据隐私的前提下如何建立一种新型的治理结构。隐私信息化一方面推动着隐私脱离主体，人失去了对自己隐私的控制权而受制于信息技术；另一方面，由于信息技术的复杂性和人们对技术的依赖性，作为数据资产拥有者的企业或组织事实上逼迫人们将隐私从个人空间向公共空间转移，如社交网络的相关信息数据被用于电子商务的交易和广告系统的投放之中。

隐私商品化标志着目前的互联网商业对隐私态度的根本性的颠覆，也是我们进入信息社会后的转型焦点。即使在互联网技术相对发达的美国，其在 2017 年 3 月颁布的《互联网隐私规则》也被法律界人士批评为"相对于商家的商业机密，用户的隐私的价值并不高"。事实上，隐私关乎个人的责任能力，占有隐私并获得保护就需要承担相应的社会责任，当获得了人们交出的隐私控制权之后，商家就应该承担起更大的责任，这就是之前探讨的信息社会的治理结构的问题。巨头平台的兴起对个人数据利用的混乱状况是一种纠偏，允许第三方开发者进行有序的开发也正在发生。总之，可以预见，隐私的终结会在信息社会的发展过程中成为现实。

信息社会和智能经济的发展推动着日常生活数字化和信息化的进程，并将这些数字化的资产交给算法和技术进行智能化管理，当算法可处理的数据反映了人们在真实世界的需求和行为之后，就需要引入新的治理制度和责任意识。在实践过程中，传统的非诉讼纠纷解决机制（ADR）正在向在线纠纷解决机制（ODR）转变，尤其是在电子商务、医疗保健、社交媒体等领域。信息社会诞生于这样的数据化的过程之中，而现实中的法律和制度安排也需要在数字化的背景下进行拓展，人们在网络上将不再享有传统意义上的隐私，而是会为了更便利的生活让渡部分权利。

20.2　人工智能的认知与边界

关于人工智能的讨论前面已经说了很多，这一节我们来看两种完全不同的观点：一种观点来自积极乐观的技术主义者，认为人工智能能够创造类似人脑的复杂思考模式并发展出类似人类的认知模型；另一种观点来自保守理性的技术主义者，认为目前的人工智能研究跟数十年前一样，基于行为主义和联结主义来表达，与真正的智能之间还有很大的差距。也有相当多的学者和专家对人工智能发展表现出担忧，正如斯蒂芬·霍金所说，"由于生物学意义上的限制，人类无法赶上技术的发展速度，人类无法与机器竞争并会被取代，人工智能的全方位发展可能导致人类的终结"。这一节中分别讨论这两种人工智能哲学的内在逻辑和演化，并基于此对未来人工智能的发展进行分析。

首先来看积极乐观的人工智能哲学，这类探讨认为人工智能技术发展将迎来新起点，推动心灵、智能和理性从计算机系统中诞生，这其中的代表人物是雷·库兹韦尔（Ray Kurzweil）、凯文·凯利（Kevin Kelly）和本·戈策尔（Ben Goertzel）。雷·库兹韦尔是谷歌的首席未来学家，他认为到 2030 年人工智能意识将成为现实，在 2045 年左右人工智能将超越人类智能，存储在云端的仿生大脑将与人类的大脑通过脑机接口进行对接。《连线》杂志的首任主编凯文·凯利则认为人类对智能的理解是片面和错误的，在看待人类智能的时候，我们可能会将自己视为中心，其他智能都围着我们转，就像宇宙学的地心说理论，而事实上我们并不是什么中心。很多时候，人类智能无法或者有相当大的难度去理解一些问题，无论是科学上还是商业上的。他强调我们对人类智能的理解会随着人工智能技术的提高而改变，而开发人工智能系统的过程就是不断发现不同智力和思考模式的过程，每一种模式对人工智能的研究都很有用。美国通用人工智能会议主席和首席科学家本·戈策尔则认为目前技术的发展将带来从心灵模块到心灵的元系统跃迁（metasystem transition），这种跃迁将推动人类和人工智能系统共同组成一个涌现系统，通过将互联网和其他通信技术连接在一起形成"全球脑"的概念，并认为人工智能将基于网络发展出类似人类心灵和意识的机制。

对于戈策尔的理论，这里稍微深入探讨一下。首先要理解这个理论对智能本质的解释，它提出将心理学上的智能理论应用于人工智能中，也就是将智能理解为以下三种因素的相互关联：①构成智能行为基础的结构和过程，也就是通过元组件、执行组件和知识获取组件来实现智能；②这些结构和外部世界的实现目标问题上的应用，也就是将智能理解为对新的结构和过程的学习和应用；③经验在塑造智能及其应用上的作用，也就是智能的核心在于塑造智能思维，这个思维的过程是完成适应环境、塑造环境或者选择环境的目标。换言之，智能并不是盲目或者随机的心理活动，这些活动包含了在经验层次上的信息处理组建，智能是有目的地实现对这三个全局目标的追求。

基于以上对智能的理解，戈策尔判断我们目前所拥有的技术是"全球脑"的第一个阶段，也就是作为增强人类交互的计算机和通信技术。在这个阶段主要是进行内容和软件的开发，并没有产生任何元系统的跃迁。到了下一个阶段，智能的互联网将成为人工智能的核心，计算机和通信系统通过某种自组织演化与人类工程结合，变成了在其自身之上一致的心灵，或者与它们栖居的数字环境相适应的一组一致心灵的表达。最后一个阶段，也就是"奇点"阶段，通过重写自身代码，使得比人类所想象的更聪明的超人类人工智能程序最终出现。我们目前是无法理解奇点之后的人工智能的，这样基于演化的思想看待人工智能技术的范式变革是非常重要的，戈策尔理论基本框架也和迈克斯·泰格马克（Max Tegmark）在《生命3.0》一书中的逻辑保持了一致性，即通过生物和技术的交叉视角去看待人工智能作为技术如何改变人们对生命本质和基本形式的认知。

值得注意的是，上述几种乐观的人工智能的预测几乎都提到了复杂系统的突现，也就是奇点的到来是一种跃迁或者突变的过程，复杂性学科的研究和基于复杂性原则的概念得到了充分的重视。正如数字经济学理论中是以复杂经济学为基础的，智能研究中对复杂系统的理解也是其根基。在这些前沿学者看来，智能就是实现复杂目标的能力，是对复杂的量化进行最优化。换言之，智能只是复杂性的一种特定表现形式，关键是模式的网络，也就从越来越复杂的模式中凸显的模式的网络。在智能经济的发展过程中，我们最重视的也是智能化与网络化是如何融合的。智能化的技术帮助人们更高效地实现某些特定的目标，而网络化的技术则将这些目标的成果和效用进行扩散，基于网络效应从单个用户扩散到整体网络，从消费互联网扩散到未来的产业互联网中。

基于复杂性的逻辑分析，人工智能系统至少会表现出以下3种特性：①人工智能系统需要有很好的连通性和高度试探性，即通过网络和高度模块化的结构使得不同的部分响应不同的输入；②人工智能系统需要处于混沌的边缘才能体现出心灵的状态，即具备比较大的参数空间区域导致行为的不确定性；③复杂系统是依赖元系统动力学所推进的，也就是系统具备自主的演变和涌现的过程。除此之外，这类人工智能系统往往是建立于并行的、分布的、模拟的计算系统，而不是传统的冯·诺依曼架构。由于单独的计算机无法模拟人脑的计算能力，因此只有并行的基于控制论的架构才有可能推动"全球脑"这样的人工智能出现。

持类似看法的还有上文提到的麻省理工学院教授迈克斯·泰格马克，他在《生命3.0》一书中围绕生命的进化、智能的发展和人类的意识进行系统讨论，并预测了一个人类与机器相互融合的未来。他基于宇宙演化的历史和生命演化的逻辑，提出了人工智能未来发展的趋势。根据复杂程度他将生命分为从1.0到3.0的三个阶段：1.0阶段的生命依赖进化改变软件和硬件，如非人类的所有物种；2.0阶段生命可以通过软件设计改变进化路径，如人类可以通过学习来改变；3.0阶段生命可以通过软件和硬件的重新设计改变自身演化路径，提出朝着数字生命演化是目前人工智能未来最大可能性之一。不过泰格马克强调，如何创造有益的人工智能仍然是关键，这在很长周期看来是人类作为物种存续的关键，也是人工智能技术是否威胁人类的关键。

接下来简单介绍对人工智能持保守意见的学者的看法。这类学者往往具备丰富的工程实践经验，或者在人工智能学习领域长期实践，其中的代表是目前人工智能专家迈克尔·乔丹

（Michael Jordan）。乔丹是目前机器学习领域唯一一位获得美国科学院、美国工程院、美国艺术与科学院三院院士的科学家。他曾指出机器学习与统计学之间的联系，推动机器学习界广泛认识到贝叶斯网络的重要性，同时还在机器学习应用领域普及了形式化的变分近似推理方法和最大期望算法。2016 年，乔丹被《科学》杂志评为"全世界最有影响力的计算机科学家"之一。他认为目前的人工智能发展不可能创造出智能或者智慧，对于强人工智能他也持否定态度。他认为目前的人工智能是使用数据并用来进行预测、制定决策或者帮助机器完成某些特定任务，过去这类技术被称为统计、数据分析或者机器学习，现在则被认为是"人工智能"。目前真正的挑战不在于如何推动智能的发展，而是如何让现代技术的系统成为像市场那样的组织生态，即通过数据推动市场资源的优化配置和高效运转，而不是探索超越人类智能的存在。

事实上，在人工智能技术发展的早期，逻辑学派创始人赫伯特·亚历山大·西蒙（Herbert Alexander Simon）和艾伦·纽厄尔（Allen Newell）所提出的"物理符号系统假说"中，认为符号（信息）选择一旦实现自动化就可以说是有智能的，这套理论也是目前人工智能技术的基础之一。它可以概括如下：任一物理符号系统如果是智能的，则必能执行对符号的输入、输出、存储、复制、条件转移和建立符号结构这六种操作。这一自动化符号选择则是"模拟数理科学的发展方式，将知识系统地整理成公理体系，这种方法将数学严格公理化，从公理出发由逻辑得到引理、定理和推论。广义而言，将数学发现整理成一系列的逻辑代数运算，将直觉洞察替代为机械运算"。

西蒙、纽厄尔和达特茅斯会议的发起人麦卡锡和明斯基后来被称为"人工智能的奠基人"，也就是基于这套理论。这套理论后来被神经网络的自适应控制逐步替代和优化，其原因就在于对智能的概念把握不准确。除了数字符号系统所推动的规则，人类智能还具备创造符号和利用符号把握世界并赋予世界意义的能力。也就是说，除了应用符号系统进行逻辑推演之外，人类智能至少还具备以下 3 种能力：①人类可以给出符号并用符号系统指代对象，如语言系统的发明和完善；②人类可以通过语言学习知识和组织社会行动，这样的行为可以使主体意识复杂化并产生社会意识；③人类可以通过自由意志指向某种符号系统，演化出一个外在的复杂世界系统，反过来这个复杂的世界也会影响人类所创造出来的符号系统。目前在这几个领域人工智能的研究都没有涉及更深刻的部分，使得关于智能的探索停滞于表面。

最后总结如何看待人工智能对现代社会生活的长期影响。一方面我们可以看到在现有的技术路径中，人工智能和过去历史上的新技术带来的生活方式和生产力变革类似，不会改变现代社会的基本结构。近代以来的技术发展在推动社会进步的同时，也带来了技术的异化。人们对技术的担忧更多的是对自身道德和信仰被技术和金钱冲击之后的焦虑。另一方面，从很小的概率和相当长的周期来看，人类可能不自觉地参与了某种物种的演化过程，正如泰格马克在《生命 3.0》一书中所提到的硬件和软件能够自我定制的未来。我们需要关注的不仅是人工智能技术本身，更是关于整个人类社会的目标，以及如何将科学和人文从现代性中重构起来，避免其成为文明衰落的原因。

以上就是对人工智能发展趋势的分析，这其中既包括了它带来的正向的关于技术、生命和未来智能社会的趋势的分析（在这里我们脱离智能经济的视角，转向更为宏大的关于社会、生命和法律层面的深度思考）；也包括了人工智能技术在现实层面的发展的具体情况，大多数技术领域的专家表达了对这一轮人工智能技术发展的保守看法，认为我们离真正的智能、意识和生命还相当遥远，大多数关于人工智能的分析都是基于对未来过于乐观的想象。这里其实涉及的是我们以什么样的视角和时间长度来看待技术的具体发展，如果站在整个人类技术变迁史的角度，我们可以持更加乐观的看法，如果站在短周期内的技术实现的角度，我们则可能得到相对保守的结论。

20.3 网络空间与意义互联网

理解了人工智能的未来发展趋势之后，最后讨论网络化的技术的长期价值，网络空间带来的关于信息技术哲学的思考。对于某种新技术，一方面我们要看到具体技术的价值和意义，理解前沿技术的外在表达和内在影响，另一方面也要看到其本质逻辑，其与其他领域的互动，如与社会、经济和人类的认知观念的互动。以区块链技术为例，它不是一种单独的而是组合的技术范式，是基于互联网发展起来的具备自身特点的网络技术，因此我们需要在互联网的基础上来理解其价值和未来发展趋势。下面从三个角度讨论这个问题：互联网信息空间，意义互联网的价值和区块链的意义。

首先讨论互联网信息空间的演变。迄今为止我们可以将互联网的发展分成 3 个阶段：①第一阶段可以称之为"前网络阶段"，也就是通过电子邮件和世界性新闻组网络所进行的直接的、即时的小文本交换，通过文件传输协议（File Transfer Protocol, FTP）技术进行间接的、延时的大文本、视觉图像和计算机程序的交换；②第二阶段称之为"网络阶段"，在这个阶段可以进行声音、图像和大量文本的直接、即时的交换，以及书籍和音乐等的在线出版，计算机程序通过 FTP 的交换仍然是延时的、间接的和依赖于体系结构的；③第三阶段称之为"网络计算阶段"，这个阶段互联网变成了实时的软件资源，所有以上的信息都可以进行即时的交换。

我们重点关注网络计算阶段的前景，事实上作为计算范式的网络在数十年之前经历了冯·诺依曼架构和并行分布式的类脑架构的竞争，基于当时技术和经济的原因，前者获得了最终的胜利。一方面冯·诺依曼架构取得了巨大的成功，奠定了过去数十年间信息技术领域的巨大发展的基础，取得了前所未有的辉煌成就；另一方面，冯·诺依曼架构存在的性能瓶颈掣肘互联网发展，其核心原因就在于传统的计算机体系在内存容量以指数级提升以后，CPU 和内存之间的数据传输带宽成为痛点。最显著的矛盾就在于芯片行业，随着特征尺寸的不断缩小，栅极对沟道的控制能力减弱，因此必须引入新的器件结构以满足晶体管的要求。从时间上可以看到这种明显的趋势：平面工艺晶体管的特征尺寸缩小过程持续了数十年，到 2013 年下半年，14 纳米/16 纳米节点工艺正式引入鳍式场效应晶体管（Fin Field-Effect Transistor, FinFET），然而 FinFET 仅仅维持了十年不到，2020 年左右 3 纳米/5 纳米节点就必须转入 GAA（Gate-All-Around）结构。

这就意味着在最新芯片技术工艺的节点，即使不考虑一次性成本，平均成本的下降空间也变小了。摩尔定律的主要动力就是成本下降，而在一次性成本快速提升、平均成本下降有限的时候，摩尔定律的发展动力就不那么强了。除此之外，随着摩尔定律特征尺寸缩小，半导体电路的性能提升速度却在减缓。在摩尔定律发展的黄金时代，随着特征尺寸缩小，器件可以运行在更高频率，而器件阈值电压也同步下降，因此每代工艺之间的电源电压也在下降。很显然，需要新的计算体系来解决这个问题，也就是基于分布式的、并行的、网络计算体系。

然后来讨论意义互联网的概念，这个概念是由北京大学新闻与传播学院胡泳教授等人于 2014 年提出的，主要探讨互联网如何从技术互联网和商业互联网演变成一个意义生成的互联网。所谓"意义"是一种基于系统的、平台的权力来抵消目前真实世界的单一权力架构，这是在哲学和认知层面对网络的思考。到了互联网时代，人们认为意义是多元和动态的，信息生产的普遍性让各种观点在互联网上传播，复杂多元的意义互联网正在诞生。

事实上意义互联网的概念为我们思考网络化的技术提供了重要的视角。在互联网时代，意义互联网带来三个基本变化：①从数字鸿沟到认知盈余，如今的互联网是信息流的世界，数据并不是存放在某个网站，而是被推送到任何可能对它感兴趣的人的手中，每个人只需付出一点努力，就会处于信息饱和状态，从而造成了普遍的认知盈余现象；②社会计算到情境计算，随着技术手段的进步，现实生活中越来越多的东西可以被信息化，这种广泛的信息化现象目前似乎仍看不到边界，自社会计算开始，互联网就开始构建更加智能的个性化信息流；③从 PC 互联到移动互联，互联网的移动化趋势由来已久，这种使用场景的转化越来越不可逆转，由于上网场景不再局限于桌面和办公环境，而是渗入生活的方方面面，人们对信息推送具有更强的依赖，移动互联注定是实时的连网，实时和移动特性赋予互联网更多的可能性，手机的使用场景不再固定，连网时间不再受限，移动互联打通了线上和线下的隔膜，使得现实世界和网络空间的互嵌成为可能。

认知盈余、情境计算和移动互联都是互联网发展历程的延续，它们共同将互联网的变革和重组推向新的高度。它们既是对过去的延续，也是未来转型的开始，一个生根于工业时代的产物开始撼动工业时代根基，意义互联网的兴起只是更大变革的开始。我们可以从这个概念理解网络与智能之间的关系，以及互联网的真正价值所在。我们一方面要思考智能化的世界对现实社会的价值和意义所在，如之前讨论的关于人工智能的哲学、社会学和法律相关话题，另外一方面也要看到网络化的空间引发的虚拟世界的社会结构与现实社会的内在逻辑之间的互动和变迁。

最后，基于以上对网络空间的认知，我们来探讨区块链技术的意义。区块链技术是意义互联网向下延展的一种技术架构和具体形态，可以从以下三个角度来分析。

第一，意义互联网所创造的是"适当社会"，而这个社会的基础是透明的、可信的网络，这是区块链技术可以提供的核心价值。适当社会的意义就是有节制的社会，在这个社会中人们不再只醉心于积累财富，而是在自我需求满足后转向对他人提供帮助，它是对过度物化的传统消费社会的调整。基于区块链技术所形成的未来网络，提供了一种基于数据透明的共识技术的基础，这将是未来社会的转折点。目前的互联网无论是个人计算机端还是移动端，都无法将信用作为一种技术性的基础设施建构起来，而区块链技术提供了一种可行的解决方案。

第二，未来的网络是基于并发的网络，智能传感器和生物信息技术将把所有人链接在一起，而区块链技术无疑是目前最大最普遍的分布式网络技术。在所有基于共识构建的技术理念之中，唯有区块链技术通过比特币进行了一次重大的试验，虽然这还远远不够。我们认为区块链技术所构建的未来社会是财富生产和分配协同，生产方式、消费方式和生产关系被重新定义的新型社会。在这样的社会当中，最核心的价值是信用和共识，最大的共识在于分配的公平和正义，而社会的基础就在于构建分布式的区块链网络和相应的治理制度。我们在面临智能化浪潮时更多地考虑的是在现实层面的技术生产革命带来的结构化的挑战，而在面临网络化浪潮时考虑的是虚拟空间和现实空间相互融合的过程中带来的结构化的挑战。把握这两个关系，就能够理解技术与社会之间深刻的内在互动关系。

第三，区块链技术将带来更多的社群网络组织，这些网络组织是非物质利益所驱动的。我们在物质和能量方面正在进入丰裕和过剩的时代，区块链技术对生产和消费的即时记录和回应，可以解决信息传递和资源分配造成的滞后。"去中心化"的分布式社区组织不仅是更有效率的商业化组织的一种形态，也是对差异化的精神需求的社区更有价值的形态。事实上，无论是"去中心化"的分布式组织还是网络时代的社群，都是从互联网诞生伊始就讨论的社交概念的衍生，重点在于网络技术对人与人之间组织关系的改变，尤其是在市场之外大规模地进行协作机制的探索。理解了这一点就能够理解所有关于组织变革和区块链技术的本质，即使区块链技术无法发展到我们预期的某个特定的程度，也一定有其他类似的网络化的技术范式来推动更加高效的技术化的组织形式产生。

在人工智能技术和区块链技术的驱动下，我们正在进入基于网络技术和智能技术形成的智能经济时代。由网络技术提供的不断增加的信息节点与传感器和由分布式智能技术提供的算法将带来新的经济生态。按照数字经济学理论，这样的经济生态将是自组织和混沌的，伴随着复杂的、叠加的模式。我们面临的挑战不仅仅是技术层面的，如人工智能技术在深度学习算法所掀起的浪潮之后应该如何在边缘计算领域和分布式人工智能上取得突破，以及区块链技术如何从低效的分布式网络技术转向高效的可信网络技术。我们面临的更重要的问题在于技术对社会、经济、商业等层面的影响，这是全书最后一部分从多个其他领域的角度讨论技术的原因所在。对于研究者来说，理解现实的技术框架和产业趋势是必要的工作，但是建立一种更加复杂和多元的理解世界的框架才是最有价值的。

简而言之，在本书的最后，我们希望读者能够结合之前所介绍的研究成果来思考：智能经济时代是在数据所推动建立的算法化和智能化的技术浪潮之中，结合网络技术所推动建立的网络化的经济模式，构建出来的下一代经济生态。在智能经济时代商业的特质发生了巨大的转变：从"万物互联"到"万物智能"，从互联网生态到智能商业生态，从传统组织到共生型组织。

技术带来的不仅有好的影响，还有发展的风险。2016 年 9 月，在瑞典斯德哥尔摩，包括四位前世界银行首席经济学家在内的十三名经济学家举行了为期两天的会议，达成了"斯德哥尔摩陈述"，其中对"全球技术和不平等带来的影响"作出如下陈述："随着近来的技术进步，政策制定领域出现一项特殊的挑战。技术进步连接了全球劳动市场，使得发展中国家的劳动者无须流动就能够在当地为全球市场和消费者工作。这固然为劳动者提供了新的机遇，但同时也加剧了国内的不平等程度。对于高收入国家，倾向于将此看作是一个劳动力竞争的问题，即发达国家与发展中国家的劳动者存在利益冲突。然而不幸的是，这忽视了一个更现实的问题，即劳动与资本的竞争问题。自动化、机器人技术的兴起和劳动力市场的全球化进程，替代劳动者收入的是公司和机器所有者的更高额利润。这些后果是我们必须解决的问题，而非将此转化为全球劳动力间的角力问题。"

2018 年 10 月，诺贝尔经济学奖颁发给了美国经济学家威廉·诺德豪斯（William Nordhaus）和保罗·罗默（Paul Romer），后者在 1986 年发表的 "Increasing Returns and Long-Run Growth"（收益增长与长期增长）中提出了一种内生经济增长模型，他认为知识和技术研发是经济增长的源泉，技术进步的最大推动力是企业，是企业追求利润最大化的结果。毫无疑问，技术已经在推动这个世界朝着未来飞速前进，而我们只须选择继续向前。

参考文献

[1] 周理乾. 论信息概念的历史演化及其科学化[J]. 自然辩证法研究, 2016(3): 73-78.

[2] 肖峰. 信息方式与哲学方式[J]. 洛阳师范学院学报, 2016(4): 1-9.

[3] 徐献军. 具身认知论——现象学在认知科学研究范式转型中的作用[M]. 杭州: 浙江大学出版社, 2009.

[4] 李建会, 赵小军, 符征. 计算主义及其理论难题研究[M]. 北京: 中国社会科学出版社, 2016.

[5] 卡斯特. 网络社会的崛起[M]. 夏铸九, 王志弘, 等译. 北京: 社会科学文献出版社, 2003.

[6] 卡斯特. 千年终结[M]. 夏铸九, 黄慧琦, 等译. 北京: 社会科学文献出版社, 2006.

[7] 泰格马克. 生命 3.0[M]. 汪婕舒, 译. 杭州: 浙江教育出版社, 2018.

[8] 弗洛里迪. 计算与信息哲学导论[M]. 刘钢, 译. 北京: 商务印书馆, 2010.

[9] 美国联邦储备委员会. 分布式账本技术在支付、清算与结算领域的应用: 特征、机遇与挑战[Z]. 2016.

[10] 李建军, 朱烨辰. 数字货币理论与实践研究进展[J]. 经济学动态, 2017(10): 115-127.

[11] 凯伦·杨, 林少伟. 区块链监管: "法律"与"自律"之争[J]. 东方法学, 2019, 69(3): 123-138.

[12] 德勤企业管理咨询公司. 即将来临: 区块链及金融基础设施的未来[Z]. 2017.

[13] 赫拉利. 未来简史[M]. 林俊宏, 译. 北京: 中信出版社, 2017.

[14] 如是金融研究院. 金融科技: 一场静悄悄的革命[Z]. 2018.

[15] 国际证监会组织. 金融科技研报告[Z]. 2017.

[16] 谢世清, 何彬. 国际供应链金融三种典型模式分析[J]. 经济理论与经济管理, 2013(4): 80-86.

[17] 王广宇. 新实体经济[M]. 北京: 中信出版社, 2018.

[18] 蔡维德, 姜嘉莹. 区块链中国梦: 法律的自动执行将颠覆法学研究、法律制度和法律实践[Z]. 2018.

[19] IULIIA K, JOHN K T. A review of 40 Years of cognitive architecture research: core cognitive abilities and practical applications[Z]. 2016.

[20] 谭铁牛. 人工智能的历史、现状和未来[J]. 求是, 2019(4): 39-46.

[21] 朱大奇, 史慧. 人工神经网络原理及应用[M]. 北京: 科学出版社, 2006.

[22] 贺毅朝, 王熙照, 赵书良, 等. 基于编码转换的离散演化算法设计与应用[J]. 软件学报, 2018(29): 2580-2594.

[23] 曾鸣. 智能商业[M]. 北京: 中信出版社, 2018.

[24] 中国人工智能产业发展联盟. 电信网络人工智能应用白皮书[Z]. 2018.

[25] 杨望, 曲双石, 毛可若. 区块链+大数据: 传统风控的变革利器[J]. 当代金融家, 2016(9): 98-101.

[26] 陈永伟, 叶逸群. 在"平台时代"寻找奥斯特罗姆[J]. 群言, 2017(8): 20-22.

[27] EVANS D. Platforms economics:essays on multi-sided businesses[J]. Competition Policy International，2011.

[28] EVANS D. Why the dynamics of competition for online platforms leads to sleepless nights but not sleepy monopolies[Z]. SSRN Working Paper，2017.

[29] 冯华，陈亚琦. 平台商业模式创新研究：基于互联网环境下的时空契合分析[J]. 中国工业经济，2016(3)：99-113.

[30] 朱武祥，魏炜，林桂平. 创新商业模式：创造与保持竞争优势[J]. 清华管理评论，2012(2)：26-38.

[31] 段永朝. 意义互联网：新轴心时代的认知重启[M]. 北京：东方出版社，2019.

[32] 舍基. 认知盈余[M]. 胡泳，哈丽丝，译. 北京：北京联合出版有限公司，2018.